HOTTA, Masahiro 堀田昌寛

入門 現代の量子力学

Quantum Mechanics: A Modern Introduction

量子情報・量子測定を中心として

講談社

ブックデザイン　桐畑恭子　本文図版　㈱さくら工芸社

ま え が き

現代物理学の柱となっている量子力学は、素粒子からビッグバン宇宙までの非常に幅広い科学研究領域の基礎となり、驚くべき自然の姿を人類に明らかにしてきた。また今世紀には量子通信や量子コンピュータなどの様々な技術の要ともなって、応用工学分野から大きな関心を集めるようになった。

量子力学は 20 世紀前半には場の理論を含めて完成を見た。しかしその完成に至るまでの試行錯誤では、現在では間違っていることがわかっている物質波の解釈の仕方や、正確ではなかった不確定性関係の議論もなされていた。そこで本書では、そのような歴史的順序そのままの紆余曲折のある論理を辿らないことにした。一方で、線形的な状態空間やボルン則を用いた確率解釈やシュレディンガー方程式などを天下り的に公理とするスタイルもとらない。代わりに情報理論の観点からの最小限の実験事実に基づいた論理展開で、確率解釈のボルン則や量子的重ね合わせ状態の存在などを証明する。また情報が書き込まれている量子系に対する物理操作の考察からシュレディンガー方程式を一般的な形で導出することで、量子力学は、古典力学に出てくる粒子の位置や運動量の値のように測定以前から存在している物理的実在を扱う理論ではなく、物理量の確率分布に基づいた一種の情報理論であると正しく認識させることを目標としている。その過程では、実数ではなく複素数の値をとる波動関数の正体が量子系に関する情報の集まりに過ぎないことを明らかにしつつ、観測すると波動関数が光速度を超えた速さで収縮するのは理論の不備だと思ってしまう初学者のよくある誤解も回避させていく。

また本書では量子情報や量子測定の理論の基礎となる量子もつれなどの様々なアイテムを網羅的に紹介し、量子技術の応用にもスムーズに繋がる知識を身に付けさせることも目標にしている。そして最後には量子力学とは異なる理論を含む広い枠組みにおける解析を行って、多数の候補からなぜ自然が量子力学の実装を選択したのかについて考察し、それを通じて理論としての量子力学をより深く理解させる。

本書の理解に必要な主な前提知識は、力学、電磁気学、複素数も採り入れた線形代数および多変数関数の微積分である。線形代数の最低限の説明は、付録

B.1 および付録 B.2 に与えた。またフーリエ級数とフーリエ変換も本書では多用するが、これらの導出は付録 D.1 で説明している。またディラックのデルタ関数については付録 D.2 を参照して欲しい。

第 1 章から第 7 章まではスピンなどの離散準位系を用いて、量子力学の基礎とともに、量子情報、量子測定の諸概念をまとめてある。第 1 章では、シュテルンとゲルラッハの実験装置を用いた、二準位スピンの方向量子化の実験を説明する。また二つのスピンを用いて、古典力学的な隠れた変数の理論が満たすべきベル不等式の簡略版である CHSH 不等式を示す。そして CHSH 不等式の実験的な破れを説明し、この世界の物理系は古典力学的な普通の実在論や決定論では説明がつかないことを述べる。一方、量子力学は現在まで実験と整合し続けている強力な理論であることを紹介する。第 2 章では、物理量の観測確率やその期待値が量子状態を定めることを二準位スピンを用いて説明する。そしてスピン自由度の方向量子化とスピン期待値のベクトル性の実験事実を用いて、量子状態の密度演算子や状態ベクトルから物理量の確率分布を計算できるボルン則を導出する。また量子状態の一般的な数学体系を紹介し、量子力学において物理量がエルミート行列で記述される背景を解説する。第 3 章では、第 2 章の結果を多準位系に拡張する。量子状態や物理量を操作論的に実験で定義する基準測定の概念を導入することで線形的な状態空間が構成でき、その定式化の中で確率解釈におけるボルン則が導かれる。第 4 章では、二つの量子系の合成をテンソル積を用いて定式化する。第 5 章では、二つの量子系の物理量の間の相関を考察する。古典力学には現れなかった強い相関である量子もつれを定義し、その具体例を紹介する。第 6 章では、量子系に対する物理操作の一般論を展開し、量子系の時間発展が一般にシュレディンガー方程式で記述できることを導く。また量子系の対称性と物理量の保存則の密接な関係も紹介する。第 7 章では、量子測定の一般論を説明し、測定過程を記述する様々なツールや、不確定性関係を解説する。また所謂「波動関数の収縮」は、未だ物理学で説明のつかない不思議な現象ではなく、古典確率論でも普通に生じた知識の増加による確率分布の更新に過ぎないことも説明する。

第 8 章から第 13 章までは、連続的な空間自由度を持つ粒子の量子力学を扱っている。第 8 章では N 準位系の $N \to \infty$ 極限において、粒子の位置演算子と運動量演算子を導入する。第 9 章では量子的な粒子の具体例として調和振動子を記述するモデルを導入し、その解析を行う。第 10 章では一様磁場が垂直にかけられている二次元平面内を運動する荷電粒子を考え、その運動量の量子測定を論じる。第 11 章では AB 効果、トンネル効果など量子的粒子ならではの様々な挙動を紹介する。第 12 章では空間回転と量子的な角運動量の一般論を展開し、角運動量の合成や、軌道角運動量の固有関数の導出を行う。第 13 章では、三次元球対称ポテンシャル問題を考察する。またスピン角運動量と軌道角運動量の間の保存則を示す。

第 14 章では量子情報物理学の具体的例として、量子的重ね合わせ状態の複製禁止定理、量子テレポーテーション、量子計算を紹介する。最後の第 15 章では、量子力学を導出する情報理論的な原理の可能性がある情報因果律という概念を紹介する。

本書は多くの人々の協力によって形にすることができた。所属している東北大学理学部物理教室のメンバーの方々には当然ながら、特に量子力学や量子情報、量子測定の議論や共同研究を通じて本書の基盤作りに貢献して頂いた、泉田渉氏、ウィリアム・ウンルー氏、小澤正直氏、唐澤時代氏、木村元氏、アヒム・ケンプ氏、小芦雅斗氏、柴田尚和氏、清水明氏、ラルフ・シュッツホルト氏、杉田歩氏、高木伸氏、田崎晴明氏、高柳匡氏、立川裕二氏、谷村省吾氏、筒井泉氏、鶴丸豊広氏、南部保貞氏、林正人氏、藤井啓祐氏、布能謙氏、マイケル・フレイ氏、細谷曉夫氏、エドワルド・マーティンマルティネス氏、前野昌弘氏、松本啓史氏、松本路朗氏、宮寺隆之氏、森川雅博氏、森前智行氏、遊佐剛氏、吉田紅氏、笠真生氏、渡辺悠樹氏、渡辺優氏、綿村尚毅氏の皆様にまず感謝を申し上げたい。この一部の方々にはご厚意で原稿にも目を通して頂いた。またヨビノリたくみ氏（予備校のノリで学ぶ「大学の数学・物理」）、中道晶香氏（アストロ・アカデミア）にも原稿へのご意見を頂くことができたことに感謝をしている。大学院の研究指導の中で、様々な量子情報的な物理学のテーマを共に深く考えてきたホセ・トレビソン氏、久家友成氏、山口幸司氏、富塚健志氏、勝部瞭太氏、山下冬悟氏からも本書は影響を受けている。また原稿に目を通して、誤植の指摘や有用なコメントをして頂いた、東北大学理学部生である石毛達大氏、岩谷拓実氏、内山偉貴氏、大隅拓海氏、太田那生也氏、近藤暖氏、周星陽氏、菅野翼氏、鈴木崇人氏、竹谷英久氏、田島史門氏、鄭潤賢氏、中本大河氏、橋川莞氏、松井晏輝氏、渡邉秀長氏、若林大貴氏の皆様、および学生モニターとして信頼する研究者仲間からご推薦頂いた池田侑哉氏（東大）、梅村洸介氏（東大）、大島久典氏（東大）、木本泰平氏（京大）、そして森雄一朗氏（東大・KEK）にも改めて感謝を申し述べたい。本書の執筆はSNSのTwitterにおける物理学のアウトリーチを切っ掛けにして始まった。本書の内容と関連したアンケート調査等にもご協力下さりながら、教科書執筆を応援し、支えて下さった数多くのTwitterユーザーの皆様にも感謝を述べたい。また貴重なご意見を送って下さった中嶋慧氏と、誤植を報告して頂いた小金澤亮祐氏、愛甲泰大氏、中田真秀氏にも感謝したい。そして粘り強く執筆作業を最後まで支えて頂いた講談社サイエンティフィクの慶山篤氏に深く感謝を申し上げる。最後に研究教育活動と本書執筆を常に支え続けてくれた最愛の妻に心から感謝したい。

2021年1月　堀田昌寛

【サポートページについて】

誤植訂正と補足は、下記の著者サポートページを参照。

https://mhotta.hatenablog.com/entry/2021/07/31/101358

CONTENTS
目　次

CONTENTS
目　　次

CONTENTS

目　　次

第8章 一次元空間の粒子の量子力学

CONTENTS

目　　次

CONTENTS

目　　次

CONTENTS

目　次

付録

記　号　表

δ_{ab}：クロネッカーのデルタ

$\delta(x)$：デルタ関数

$\Theta(x)$：ヘビサイドの階段関数、$\Theta(x<0)=0, \Theta(x=0)=\frac{1}{2}, \Theta(x>0)=1$

$\ln x$：自然対数、$\log_e x$

$\pm, \mp$：複号。複号が現れる等式ではそれらは同順として記述される

$\hat{I}$：単位行列、または恒等演算子。混乱がない場合に限り、単に 1 と略記されることがある

$\hat{\sigma}_x, \hat{\sigma}_y, \hat{\sigma}_z$：パウリ行列、$\hat{\sigma}_x = \begin{pmatrix} 0 & 1 \\ 1 & 0 \end{pmatrix}$, $\hat{\sigma}_y = \begin{pmatrix} 0 & -i \\ i & 0 \end{pmatrix}$, $\hat{\sigma}_z = \begin{pmatrix} 1 & 0 \\ 0 & -1 \end{pmatrix}$

$\dagger$：エルミート共役

$*$：複素共役

det：行列式。付録 B.1 参照

Tr：トレース、$\mathrm{Tr}\left[\hat{A}\right] = \sum_n \left(\hat{A}\right)_{nn}$

$\hat{\rho}$：密度演算子、$\mathrm{Tr}\left[\hat{\rho}\right] = 1, \hat{\rho} \geq 0$

$|\psi\rangle_A$：量子系 A のケットベクトル ψ, 複素縦ベクトル

$\langle\psi|_A$：量子系 A のブラベクトル ψ, 複素横ベクトル

$\langle\psi|\phi\rangle$：複素ベクトル ψ と ϕ の内積、$\langle\psi|\phi\rangle = \sum_n \psi_n^* \phi_n$

$\|\vec{v}\|$ ：ベクトル $\vec{v}$ の長さ

$\Gamma[\cdot]$ ：TPCP 写像、量子チャンネル

$\otimes$：テンソル積、$\left(\hat{A} \otimes \hat{B}\right)_{ij,kl} = \left(\hat{A}\right)_{ik} \left(\hat{B}\right)_{jl}$

$\mathcal{S}$：状態空間

$\mathcal{H}$：ヒルベルト空間

id：恒等写像

h：プランク定数、$6.62607015 \times 10^{-34}$ J $\cdot$ sec $= 6.62607015 \times 10^{-27}$ erg $\cdot$ sec

$\hbar$：換算プランク定数、$\hbar = h/(2\pi)$

c：光速度、2.99792458×10^{8} m/sec $= 2.99792458 \times 10^{10}$ cm/sec

第1章

隠れた変数の理論と量子力学

1.1 はじめに

アルバート・アインシュタイン (Albert Einstein, 1879–1955) の量子力学への不信感を示す「神はサイコロを振らない」という言葉は有名である。この言葉を入り口にして、ここでは量子力学がどのようにそれまでの物理学の考え方を大きく変えたのかを見ておこう。

図 1.1 のように普通のサイコロを振ると、サイコロの目つまり表の面に出る数字は、無作為に出るように見える。しかし 19 世紀までの古典力学的な見方では、サイコロを作っている粒子、サイコロを取り巻く空気、サイコロを振る手などは、厳密にニュートン方程式に従っており、その運動には偶然性はなく、最初から決定されていると考える。このような考え方は**決定論** (determinism) と呼ばれ、サイコロのどの目が出るのかも実際には決まっていたのだと主張される。だからたとえ電子や原子核などの当時では未知な部分が多かったミクロな対象を実験しても、それは出る目を決して当てられないサイコロのようなも

図 1.1 振られる古典的なサイコロ

のではないだろうと、アインシュタインは言ったのである。

量子力学では、あるミクロな物理系を六面を持ったサイコロのように考えることができる※1。これを使って、アインシュタインが信じなかった量子力学の常識破りな特徴を説明してみよう。まず振る前のそのサイコロでは、図 1.2 のように全ての面の目が存在していない。振られて止まったサイコロの表の面に光を当てて観測すると、初めてその目が出現するというのである。またそのサイコロの側面にも、既に一つの目が選ばれて出ているだろうと信じること自体も間違いだというのだから、その衝撃は大きかった。例えば図 1.3 のように、表の面に 1 の目が出ているサイコロの横の面を観測すると、例えば 5 の目がその時点で現れるのだが、今度は表の面に出ていた 1 の目が消滅する。おかしいなと思って、再び表の面を測定しても、さっきの結果とは異なる 3 の目が現れたりする。そして先ほどの横面の 5 の目は消えてしまう。サイコロの各面は、あたかも光が当たるタイミングでサイコロの目がランダムに映し出されるモニターのように振る舞う。そして当てる光の状態やサイコロの内部をいくら詳しく調べても、どの目が出るかを正確にいつも予言することは不可能だということが原理になっている非決定論的な理論が、量子力学なのである。

この量子力学は不完全な理論であり、どんなサイコロの目でも正確に予言で

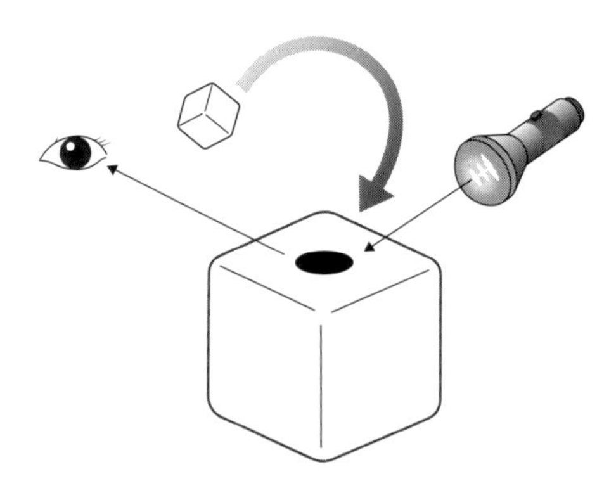

図 1.2 振られる量子的なサイコロ

※1……既習者向けの註：ここでの量子力学のサイコロは、例えば角運動量の量子数が $j = 5/2$ である量子スピンを想定し、x 方向、y 方向、z 方向の各面の表に出る数値は、角運動量演算子の各成分 $\hat{J}_a$ $(a = x, y, z)$ を換算プランク定数で割って $7/2$ を足して作った物理量の 1 から 6 までの固有値のどれかに対応している。

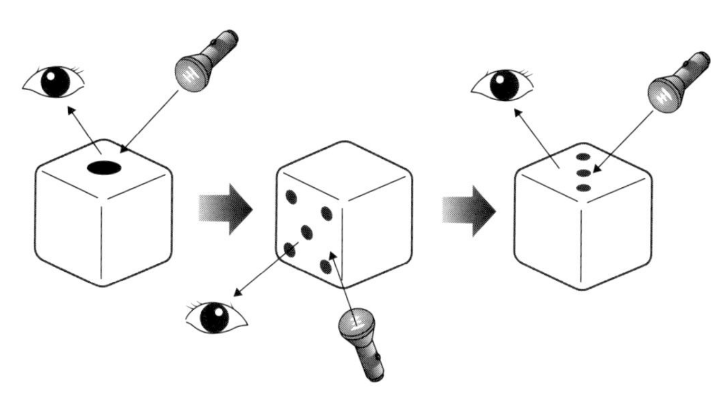

図 1.3 量子サイコロの観測

きる基本的な理論が他にあるはずだと信じていた物理学者は、アインシュタイン以外にもいた。このような先駆的研究で有名なルイ・ドブロイ (Louis de Broglie, 1892–1987) やデビッド・ボーム (David Bohm, 1917–1992) だけでなく、量子力学の実験的検証に使われているベル不等式理論 [1] で有名なジョン・ベル (John Bell, 1928–1990) 自身の興味も、実はそこにあった。

再び上のミクロなサイコロのたとえを用いて、ベルが考えた理論を説明してみよう。まずサイコロの目は測定前でも存在しており、実験的にまだ見つかっていないサイコロの未知の他の自由度もある。その自由度が目の出方に影響を与える「変数」になっており、その自由度まで考慮すると、どの目が出るのかは正確に決定できる。観測者から見れば、その自由度はまだ「隠れている」ので、このような理論は一般に**隠れた変数の理論** (hidden variable theory) と呼ばれている。この理論では、各瞬間で全ての面にはっきりとした目が出ている。そして各面の目は測定機などから受ける未知の力によって変えられてしまうことがあると考える。サイコロの他の面を観測すると表の面の目が変わる状況を説明するのには、これはこれで自然な可能性のようにも一見思える。

しかし、1.3 節で説明するように、当たり前の性質を持った全ての隠れた変数の理論は、ベル不等式の破れの発見によって実験的に否定された。したがって測定前でも物理量の値はその系単独で定まっていると考えられないことが現在では確定してしまっている。一方、20 世紀後半から現在に至るまで、様々な実験による量子力学の検証が非常に高い精度で行われており、量子力学の正しさは立証され続けている。どれだけ古典力学的感覚とかけ離れ、不思議であろうとも、奇妙な量子力学の考え方を実験事実は支持しているのである。

次に、その隠れた変数の理論が実験的に否定された経緯を、オットー・シュテルン (Otto Stern) とヴァルター・ゲルラッハ (Walther Gerlach) の実験 (**シュテルン = ゲルラッハ実験**、以下では SG 実験と呼ぶ) と、量子的粒子が持つ固有の角運動量自由度である「スピン」を用いて説明しよう。

1.2 シュテルン = ゲルラッハ実験とスピン

1.2.1 実験の原理

図 1.4 のように、不均一な磁場を作る二つの磁石から SG 装置は構成されている。古典力学で記述される磁気モーメント $\vec{\mu} = (\mu_x, \mu_y, \mu_z)$ を持つ電気的に中性な物体がこの二つの磁石を通ると、z 方向には μ_z の値に応じて、上か下かの向きに力がかかる。その力は、磁場の z 成分 B_z の z 微分を使って、$\mu_z \frac{\partial B_z}{\partial z}$ と近似できる※2。

ここで銀原子のような磁気モーメントを持つ中性のミクロな粒子をこの SG 装置に通す実験を考えよう。ビーム源から出てきたばかりで、$\vec{\mu}$ の方向もまだ

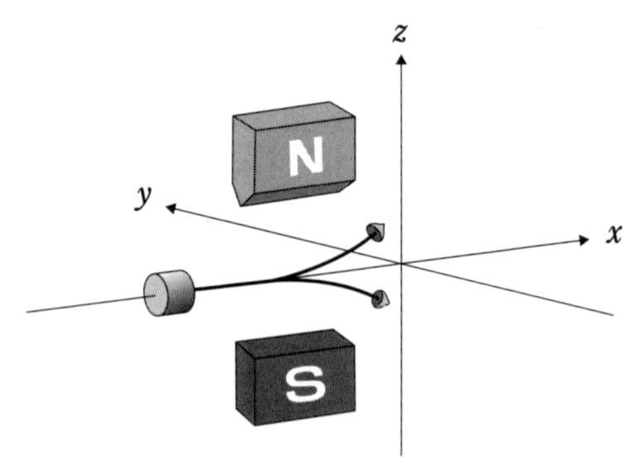

図 1.4 SG 実験の概念図

※2……磁石の間の $y = 0$ の平面を通る軌跡の粒子では、x, y 方向の粒子運動への影響は無視できる設定になっている。

揃っていない粒子ビームが、x 軸正方向に伝搬しているとしよう。

1.2.2 スピンの上向き状態と下向き状態

面白いことに銀原子の場合では、図 1.4 のように入力ビームが上下二本の細いビームへと分解される。古典力学ならば μ_z は連続的な値をとるので、出てくるビーム粒子も連続的に z 方向へ分布するはずだ。実験結果は μ_z が特定の二つの値しかとれないことを示唆している。これはベクトルとしての $\vec{\mu}$ が勝手な方向をとれるわけではなく、μ_z の値が限定された特別な方向だけが可能だということである。この特異な現象は**方向量子化** (quantization of direction, space quantization) と呼ばれている。**量子** (quantum) という言葉は、磁気モーメントの z 軸成分などの物理量に最小単位があり、その単位の整数倍の値しか観測されないという現象を表現するために作られた用語である。様々な量が粒子のようにつぶつぶになるという気持ちを表す。実際にはより一般的な形で使われており、物理量が一定単位の整数倍でなくても離散的な観測値をとる場合には、その現象は**量子化** (quantization) という名前で呼ばれる。

古典的な物体の磁気モーメントはその自転角運動量に比例するため、銀原子の $\vec{\mu}$ も固有の角運動量に比例していると解釈しよう。その角運動量を**スピン角運動量** (spin angular momentum) と呼ぶ※3。それを記述する固有の自由度を粒子の空間的な位置自由度と区別して、スピン自由度または簡単に**スピン** (spin) と呼ぶ。銀原子のように、電子や陽子も二つの状態を持つスピン自由度を有することが知られている。このような物理系を**二準位スピン系** (two-level spin system) と呼ぶ。また二つ以上のスピンの状態を持つ粒子も知られており、一般に N 個の状態を持つスピンの場合は N 準位スピン系と呼ばれる※4。

※3 …… スピン角運動量は後に軌道角運動量との合計が保存することで起こるアインシュタイン＝ドハース効果等で実験的に確認された。

※4 …… 本来「N 準位」という言葉は、後で出てくるエネルギーの高低を伴った N 個のエネルギーの固有状態を意味することが多いが、ここでは N 個の状態で指定できるスピン系を N 準位スピンと呼ぶ。これは外部磁場などを加えて適当なハミルトニアンを用意することで、N 個のエネルギー固有状態を導入することがいつでもできるためである。なお量子情報理論では、エネルギーの有無を仮定せずに、二準位系を**キュービット** (qubit)、D 準位系を**キューディット** (qudit) と呼ぶこともある。

装置の上から出た銀原子ビームを再び同じ方向に向いた別な SG 装置に通すと、図 1.5 のように今度は上方向にずれたビームしか出ず、下方向のビームは出ない。同様に最初の装置から出た下方向ビームを再度同じ方向に向いた別な SG 装置に通しても、下方向のビームだけが出てきて、上方向のビームは出てこない。出てきたビームに以降で同じことを何回も繰り返しても同様になる。この意味で一番最初に通った SG 装置は、測った方向に関して揃った二つの状態を準備していると解釈できる。そこで、上に出たビーム中の粒子のスピンは上向き状態であると定義することにし、同様に、下に出たビーム中の粒子のスピンは下向き状態であると定義しよう。

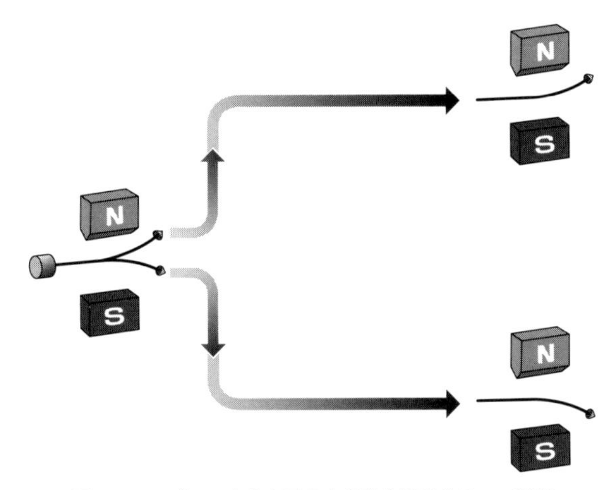

図 1.5 スピンの上向き下向き状態を用意する SG 装置

1.2.3 傾けた SG 装置

次に一つの SG 装置によって z 軸に対して上向き状態に揃えられたスピンのビームを、

$$\vec{n} = (n_x, n_y, n_z) = (0, \sin\theta, \cos\theta) \tag{1.1}$$

という単位ベクトルの方向で測ってみる。これは図 1.6 のように、z 軸方向に向いていた SG 装置を角度 $-\theta$ だけ x 軸を中心に回転させて、前の SG 装置か

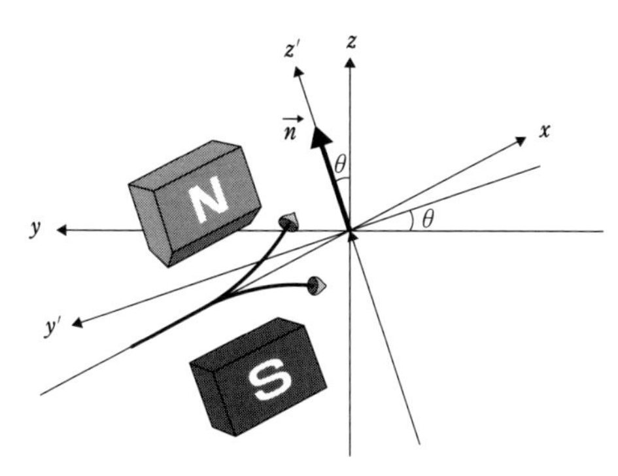

図 1.6 上向き状態のスピンが入射される傾いた SG 装置

ら出てきた z 軸上向き状態のスピンのビームを通過させればできる※5。単位ベクトル $\vec{n}$ の方向にひかれた空間軸を z' 軸と呼ぼう。

角度 θ を連続的に変えても、入射したビームは z' 軸に沿った上下のビームに分かれる。面白いことに、装置を出た直後の上のビームと下のビームの間の距離は θ によらずに一定になる。普通だったら古典力学のように $\cos\theta$ に比例して連続的に変化してもよさそうなのだが、そうはならない。これは磁気モーメントのどの方向成分の差も、全て一定であることを意味する。磁気モーメントとそれに比例するスピン角運動量の方向量子化は、任意の $\vec{n}$ 方向の測定で起きている。

二つの各ビーム中の粒子数を元の入射ビーム中の粒子数で割って得られる比を考え、実験を繰り返して全粒子数を非常に大きくすると、一つの粒子のスピンが z' 軸での上向き状態に観測される確率 $p_{+z'}(\theta)$ と、z' 軸での下向き状態に観測される確率 $p_{-z'}(\theta)$ が、小さな誤差の範囲で計測される。そして実験から

$$p_{+z'}(\theta) = \cos^2\left(\frac{\theta}{2}\right), \tag{1.2}$$

$$p_{-z'}(\theta) = \sin^2\left(\frac{\theta}{2}\right) \tag{1.3}$$

となることが判明している。

※5……もしくは第 6 章 6.5 節で説明されるように、磁場を粒子にかけて、そのスピン角運動量の期待値の軸を回転させることでもよい。

1.3 隠れた変数の理論の実験的な否定

1.3.1 隠れた変数の理論は古典力学的

古典力学では、例えば非常に多くの粒子が互いに力を及ぼし合っているときに一部の粒子を観測すると、その物理量は予言できないほどに不規則に揺らいで見える。しかし見ている粒子と見ていない他の粒子の個々の物理量の値は、全て各時刻に決まっていて、さらにその運動はニュートン方程式から厳密に予言できると考えていた。隠れた変数の理論でもこれと同様で、粒子のスピンなどの一つ一つの物理量は揺らいで見えるが、実はどれも決まっており、そして見えていない部分を含めた運動方程式があり、それを用いれば運動の詳細は予言できると考える。

(1.2) 式と (1.3) 式で表される実験結果でも、素朴に考えれば、最初の SG 装置で z 方向に揃えられたスピンが、他の方向については不規則にばらついて見えていただけとも解釈できるだろう。このような隠れた変数の理論の立場では、個々の粒子のスピンの x 軸成分と y 軸成分も確定した値を持っていると考える。実際一つのスピンまでならば、(1.2) 式と (1.3) 式を説明する隠れた変数の理論は作れる。付録 G.1 ではこの例を紹介している。

1.3.2 隠れた変数の理論は正しいのか？

一個のスピンの SG 実験を説明できるならば、この隠れた変数の理論でも悪くないという感触を持つかもしれない。しかし二個のスピンを使うことで、ごく自然な条件を満たす隠れた変数の理論は、全て実験で否定されているのである。有名なベル不等式 [1] の簡略版であるクラウザー＝ホーン＝シモニー＝ホルト不等式 [3] を用いて、以下でこのことを解説しよう。この不等式は、提案した四人の研究者であるジョン・クラウザー (John Clauser)、マイケル・ホーン (Michael Horne)、アブナー・シモニー (Abner Shimony)、リチャード・ホルト (Richard Holt) の苗字の頭文字をとって、CHSH 不等式と通常呼ばれている。

1.3.3 CHSH 不等式の観測量

二準位スピンを持った二個の粒子が、空間的に離れた場所にあるとしよう[※6]。そしてそれぞれのスピン自由度を、物理系としてスピン A、スピン B と呼ぼう。それぞれの場所に置かれた SG 装置に粒子を入れると、そのスピンの向きに応じて装置の上方または下方から出てくる。その結果を「上」と「下」という二つの要素からなる情報として扱おう。そしてその情報の解析をしやすくするために、その「上」と「下」に数字を割り振ろう。区別さえできればどんな数字でもよいのだが、簡単のためにここでは上方に出たスピンには $+1$ 、下方に出たスピンには -1 という数字を、その物理量としてのスピンの値の定義として選択する[※7]。

表 1.1 SG 装置の出力結果とスピンの値の対応

SG 装置の出力	スピンの値
上方（↑）	$+1$
下方（↓）	-1

z 軸に向けられた SG 装置で測られるスピン A は ± 1 のどちらかの値をとるが、そのスピンの値をまとめて σ_{zA} と表記する。また図 1.7 のように、SG 装置を x 軸を中心にして z 軸から $-90°$ 回転させた場合には、スピン A の値を σ_{yA} と表記しよう。x 軸を中心にして z 軸から SG 装置を $+45°$ 回して、スピン B を測る場合には、その値を $\sigma_{z'B}$ と書こう。また x 軸を中心にして z 軸から SG 装置を $-45°$ 回転させた場合には、同様にそのスピン B の値を $\sigma_{y'B}$ と書こう。

このとき

$$D = \sigma_{yA}\left(\sigma_{y'B} - \sigma_{z'B}\right) + \sigma_{zA}\left(\sigma_{y'B} + \sigma_{z'B}\right) \tag{1.4}$$

※6 …… 空間的に離れた二粒子という設定は、相対論的な因果律を実験に課すときに使われる。

※7 …… 方向量子化の実験事実から、方向ベクトル $\vec{n}$ にスピンの値が依存しないようにとるのが自然である。この ± 1 というスピンの値は、後述するプランク定数 h を使ったスピン角運動量の値である $\pm h/(4\pi)$ とは違うことに注意。SG 装置から出てくるビームの上下は $\mu_z \frac{\partial B_z}{\partial z}$ の符号が決めている。スピン角運動量は磁気回転比 γ を比例係数とするこの磁気モーメントとの比例関係にある。ここでは $\gamma \frac{\partial B_z}{\partial z}$ の符号を正と仮定して、スピンの符号を決めることに対応している。

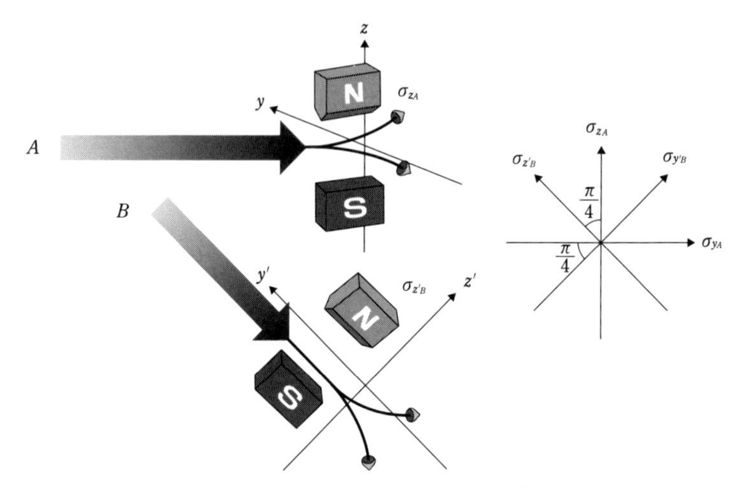

図 1.7 二つの場所に置かれた SG 装置の概念図

表 1.2 各場合のスピンの値の記号

測定されるスピン	SG 装置の測定軸	スピンの値
スピン A	z 軸	$\sigma_{zA} = \pm 1$
スピン A	y 軸（$-90°$ 回転）	$\sigma_{yA} = \pm 1$
スピン B	z' 軸（$+45°$ 回転）	$\sigma_{z'B} = \pm 1$
スピン B	y' 軸（$-45°$ 回転）	$\sigma_{y'B} = \pm 1$

という量を考察してみる。隠れた変数の理論では σ_{yA} と σ_{zA} のそれぞれ（また同様に $\sigma_{y'B}$ と $\sigma_{z'B}$ のそれぞれ）は同時に確定した値を持っており、可能な各スピンの値を場合分けすると (1.4) 式から $D = \pm 2$ が示される（演習問題 (1)）。また D を展開すると

$$D = \sigma_{yA}\sigma_{y'B} - \sigma_{yA}\sigma_{z'B} + \sigma_{zA}\sigma_{y'B} + \sigma_{zA}\sigma_{z'B} \tag{1.5}$$

と計算できることもわかる。

(1.5) 式右辺の四つの項に出てくる σ_{zA} や σ_{yA} という量はスピン A の物理量であり、それらに係数として掛け算されている $\sigma_{y'B}$ と $\sigma_{z'B}$ はスピン B の物理量であることを思い出そう。一般にスピン A の物理量 O_A とスピン B の物理量 O_B の各々を測定して、$\sigma_{yA}\sigma_{y'B}$ のようにその値の積を計算すると、二個

のスピンの間の相互の関係性が読み取れる O_AO_B が構成できる。O_AO_B を**相関量** (correlation quantity) と、ここでは呼ぶ。例えば O_A と O_B が ± 1 の値を取り、実験結果がいつも $O_AO_B=+1$ を満たす場合、$O_A=+1$ のときは必ず $O_B=+1$ となり、$O_A=-1$ のときは必ず $O_B=-1$ になるとわかる。つまりスピン A を測定するだけで、その後のスピン B の測定結果についても予言できる。ここで必ずしも $O_AO_B=+1$ にならず、ある確率で $O_AO_B=-1$ を満たす場合が観測されることもあり得る。それでも $O_AO_B=+1$ を満たす結果が現れる頻度がより高ければ、同様の予言はある程度可能となる。(1.5) 式の D も、そのような四つの相関量の和になっている。D の平均値の絶対値が大きいほど、片方のスピンの測定結果が他方のスピンの値を予言する能力は高いと解釈される※8。

なお以降では、一般的な物理量 A に対して、その値 a_n の出現頻度としての確率分布 p_n を考えるとき、$\langle A\rangle=\sum_n a_np_n$ という量を、実験前に A に対して期待ができる値という意味で、A の**期待値** (expectation value) と呼ぶ。また物理量 A の値 a が連続的ならば、確率密度 $p(a)$ を用いて期待値は $\langle A\rangle=\int ap(a)da$ で表される。

上で述べた O_AO_B が表す二つの系の相互の関係性には自明なものも含まれている。例えば 100% の確率で $O_A=O_B=+1$ となる場合も $O_AO_B=+1$ を満たす。この場合はスピン A をわざわざ測定しなくても $O_B=+1$ ということがわかっている。このようなつまらない場合では、相関量のこの確率での期待値 $\langle O_AO_B\rangle$ と各々の期待値の積である $\langle O_A\rangle\langle O_B\rangle$ が一致することに注目しよう。そこで非自明な関係性を示す量として、相関量の期待値 $\langle O_AO_B\rangle$ からつまらない相関の寄与である $\langle O_A\rangle\langle O_B\rangle$ を引いた、$C_{AB}=\langle O_AO_B\rangle-\langle O_A\rangle\langle O_B\rangle$ がしばしば使用される。この C_{AB} のことを共分散 (covariance)、それを $\sqrt{\langle(O_A-\langle O_A\rangle)^2\rangle}\sqrt{\langle(O_B-\langle O_B\rangle)^2\rangle}$ で割ったものを**相関係数** (correlation coefficient) と呼ぶ。なおこの教科書では相関係数が非零ならば物理量 O_A と

※8……隠れた変数の理論や量子力学では達成できないが、D を理解するための一番極端な例は、$\sigma_{yA}\sigma_{y'B}=+1$、$\sigma_{yA}\sigma_{z'B}=-1$、$\sigma_{zA}\sigma_{y'B}=+1$、$\sigma_{zA}\sigma_{z'B}=+1$ が成り立つときで、このとき D は最大値 4 を持つ。この場合、スピン A の σ_{yA} または σ_{zA} を測れば、その結果を用いて、スピン B を測る前に正確に $\sigma_{y'B}$ と $\sigma_{z'B}$ の値を予言できてしまう。このような例は、第 15 章で紹介をする、量子力学を超えた確率理論である PR 箱理論で許される。

O_B との間には**相関** (correlation) があると表現する[※9]。相関係数の絶対値が大きいときには、O_A と O_B の相関は大きい、もしくは強いと表現する。

1.3.4 CHSH 不等式

隠れた変数の理論では、一般に $\Pr(\sigma_{yA}, \sigma_{zA}, \sigma_{y'B}, \sigma_{z'B})$ という同時確率分布が存在する。ここで「確率分布」の前に「同時」が付いているのは、任意の同時刻において、σ_{yA} と σ_{zA}、そして $\sigma_{y'B}$ と $\sigma_{z'B}$ の値のどれもが、独立に確定しているという意味である。以下では $s = y, z$ および $s' = y', z'$ という値をとる変数 s と s' を考えよう。

自然な隠れた変数の理論とは、(1.5) 式に出てくる四つの相関量 $\sigma_{sA}\sigma_{s'B}$ それぞれの期待値が、相関量 $\sigma_{sA}\sigma_{s'B}$ に確率 $\Pr(\sigma_{yA}, \sigma_{zA}, \sigma_{y'B}, \sigma_{z'B})$ をかけたものの総和である

$$\langle\sigma_{sA}\sigma_{s'B}\rangle = \sum_{\sigma_{yA}=\pm1}\sum_{\sigma_{zA}=\pm1}\sum_{\sigma_{y'B}=\pm1}\sum_{\sigma_{z'B}=\pm1}\sigma_{sA}\sigma_{s'B}\Pr(\sigma_{yA}, \sigma_{zA}, \sigma_{y'B}, \sigma_{z'B}) \tag{1.6}$$

というごく当たり前の形で計算できる場合の理論を指すこととする。この場合は $\langle\sigma_{yA}\sigma_{y'B}\rangle - \langle\sigma_{yA}\sigma_{z'B}\rangle + \langle\sigma_{zA}\sigma_{y'B}\rangle + \langle\sigma_{zA}\sigma_{z'B}\rangle = \langle D\rangle$ が自動的に成り立ち、そして D は ±2 の値しかとれないので、その期待値 $\langle D\rangle$ は -2 と $+2$ の間の値しかとれないことが保証される。したがって (1.6) 式を満たす任意の隠れた変数の理論に対して、

$$-2 \leq \langle\sigma_{yA}\sigma_{y'B}\rangle - \langle\sigma_{yA}\sigma_{z'B}\rangle + \langle\sigma_{zA}\sigma_{y'B}\rangle + \langle\sigma_{zA}\sigma_{z'B}\rangle \leq 2 \tag{1.7}$$

という不等式が得られる。これが CHSH 不等式 [3] である。この (1.7) 式に現れる $\langle\sigma_{sA}\sigma_{s'B}\rangle$ の四つの項全ては、二つの SG 装置の向きを変えた四つの独立な実験で直接測られる。

※9 …… 一般的な二つの物理系 A と B において O_A と O_B をそれぞれの物理量とし、a, b を実数として、$O'_A = O_A + a$ および $O'_B = O_B + b$ のように各物理量の原点をずらしても $C'_{AB} = C_{AB}$ となって、相関係数は変化しない。なお O_A と O_B の C_{AB} が零でも、実数関数 $f(x), g(x)$ を使って定義される $f(O_A), g(O_B)$ という物理量の間の共分散や相関係数は零にならない場合もあるので注意が必要である。

1.3.5 CHSH 不等式からチレルソン不等式へ

隠れた変数の理論にとっての最大の打撃は、(1.7) 式を破るようなスピン A とスピン B の初期状態を用意できるという実験結果であった [4][5]。この状態は、第 5 章で述べる量子もつれ状態に当たる。ここで強調すべきこととしては、二個の二準位スピンに限らずに二つの任意の系を用意して、その各々の系で特定の二つの状態を指定し、それらをスピン上向き状態と下向き状態にみなして、それ以外の状態が観測される確率を零にするような実験でも、隠れた変数の理論が正しければ CHSH 不等式が成り立つという点である。このため基本的に、(1.6) 式を満たす隠れた変数の理論は、CHSH 不等式を破る量子もつれ状態が作れる他の全ての系でも否定されていると主張できる。

これまでの実験で調べられた範囲では、(1.7) 式の代わりに、

$$-2\sqrt{2} \leq \langle \sigma_{yA}\sigma_{y'B} \rangle - \langle \sigma_{yA}\sigma_{z'B} \rangle + \langle \sigma_{zA}\sigma_{y'B} \rangle + \langle \sigma_{zA}\sigma_{z'B} \rangle \leq 2\sqrt{2} \quad (1.8)$$

という不等式が成り立っている。この結果はボリス・チレルソン (Boris Tsirelson) によって理論的に導かれた量子力学の予言と厳密に一致し、(1.8) 式は**チレルソン限界** (Tsirelson bound) や**チレルソン不等式** (Tsirelson inequality)※10と呼ばれている [6]。隠れた変数の理論とは異なり、量子力学は実験を高い精度で説明する理論になっている。

1.3.6 原理的に取り除けない量子揺らぎと純粋状態

スピンの z 軸方向上向き状態において (1.2) 式と (1.3) 式の確率で起きる z' 軸方向のスピン観測値の揺らぎは、量子力学の立場では、たとえ実験技術を高め、あの手この手で取り除こうとしても、決して取り除くことができない揺らぎである。この揺らぎは第 7 章で述べる不確定性関係に起因しており、量子力学の原理に基づいて自然が生み出す不可避な揺らぎであり、**量子揺らぎ** (quantum fluctuation) と呼ばれている。二準位スピンの上向き状態と下向き状態のそれぞれは、消去可能な実験ノイズを最大限落とし切って、原理的に制御され尽くされた状態であり、量子力学では**純粋状態** (pure state) と呼ばれている。なお純粋状態の定義は第 2 章 2.4 節、それ以外の混合状態の定義は第 2

※10 …… 量子力学既習者向けの参考として、チレルソン不等式の導出は付録 A で説明してある。

章 2.8 節で与える。

また図 1.6 のように、傾いた z' 軸方向の SG 装置から出てくるスピンの状態も、上下二つの異なる純粋状態である。そしてこの傾いた z' 軸での上向き純粋状態にあるスピンを、元の z 軸方向の SG 装置に通すと、(1.3) 式の $p_{-z'}(\theta)$ に等しい確率で、再び図 1.4 のように下向き純粋状態にあるスピンも観測されてしまう。$\theta = \frac{\pi}{2}$ のときを考えると、元々は $+1$ の値を持っていたスピン z 軸成分でも、y 軸方向の測定を経た後には、$p_{-z'}\left(\frac{\pi}{2}\right) = \frac{1}{2}$ の確率でスピン z 軸成分の値が -1 へと変わってしまうことを示している。これは y 軸方向の測定が不可避な量子揺らぎをスピン z 軸成分に与えるために起こる。そしてこれは図 1.3 のミクロのサイコロの上面と側面の目の測定で述べたことと同様の現象である。第 7 章で説明されるように、この現象は対象系と測定機が力を及ぼし合うことで生じ、量子測定の**擾乱**(じょうらん) (disturbance) と呼ばれる。

1.3.7 量子力学は情報理論

古典力学は、位置や運動量を含む全ての物理量の値が定まる実在を仮定する素朴実在論であるとも言われることがある。しかし (1.7) 式が破れてしまったという実験事実は、従来の古典力学で理解できる実在がこの世に存在しないことを意味している。それを反映して、量子力学は素朴実在論ではなく、実験データとそこから読み取れる情報だけを扱う情報理論であることが、次章以降で理解されていくことだろう。

SUMMARY

まとめ

(1.6) 式を満たす自然な隠れた変数の理論は、ベル不等式の簡略版である (1.7) 式の CHSH 不等式を満たさなければならない。しかしこの不等式を破る状態が実験で作れたために、その理論は否定された。そのため古典力学のような素朴実在論では自然界を記述できないことがわかった。一方量子力学は、第 5 章の量子もつれ状態を使って CHSH 不等式が破れることを正確に説明する。CHSH 不等式の代わりに (1.8) 式のチレルソン不等式が理論的に成り立ち、これまでの実験結果でも満たされている。量子力学では、最も制御された純粋状態にあるスピンでも、(1.2) 式と (1.3) 式のような原理的に取り除けない量子揺らぎというものが存在する。

EXERCISES

演習問題

問 1 (1.4) 式の D について、隠れた変数の理論では $D = \pm 2$ であることを確かめよ。

解 (1.4) 式に現れる $\sigma_{y'B} - \sigma_{z'B}$ という量が零にならないのは、$\sigma_{y'B} = -\sigma_{z'B} = \pm 1$ の場合だけであり、$\sigma_{y'B} - \sigma_{z'B}$ は $+2$ か -2 かになる。そして同じ右辺に出てくる $\sigma_{y'B} + \sigma_{z'B}$ という量はいつも零になる。逆に $\sigma_{y'B} + \sigma_{z'B}$ が非零の値をとるのは $\sigma_{y'B} = \sigma_{z'B} = \pm 1$ のときであり、したがって $\sigma_{y'B} + \sigma_{z'B} = \pm 2$ しか許されない。代わりに $\sigma_{y'B} - \sigma_{z'B}$ がいつも零になる。さらに σ_{yA} と σ_{zA} は、各々 ± 1 しかとらないことを思い出すと、いつでも $D = \pm 2$ が成り立つことがわかる。

REFERENCES

参考文献

[1] J. S. Bell, *Physics Physique Fizika* **1**, 195 (1964).

[2] W. Gerlach and O. Stern, *Zeitschrift für Physik* **9**, 349 (1922).

[3] J. F. Clauser, M. A. Horne, A. Shimony, and R. A. Holt, *Physical Review Letters* **23**, 880 (1969); Erratum, *Physical Review Letters* **24**, 549 (1970).

[4] A. Aspect, P. Grangier, and G. Roger, *Physical Review Letters* **47**, 460 (1981).

[5] B. Hensen, et al., *Nature* **526**, 682 (2015).

[6] B. S. Cirel'son (Tsirelson), *Letters in Mathematical Physics* **4**, 93 (1980).

第2章

二準位系の量子力学

ベル (CHSH) 不等式の破れから古典力学的粒子のような実在は存在しないことが実験でわかったので、そのような実在が決して出てこない理論を考え、実験で計測できる観測値の出現確率を求めるのが、量子力学である。自然界には多様な**量子系** (quantum system)、つまり量子的な物理系が存在するが、それを記述する量子力学の数学的な体系は、どの系でも共通している。ここでは第1章でも使った二準位スピン系を例にして、量子状態に関する体系を説明しよう。

2.1 測定結果の確率分布

第1章では、SG装置に入射するスピン粒子の進行方向を x 軸とし、z 軸や傾いた z' 軸の方向のスピン成分を測定した。任意の単位ベクトル $\vec{n}=(n_x,n_y,n_z)$ で指定される方向のスピン成分である $\sigma(\vec{n})$ を測りたい場合には、$\vec{n}$ と直交する方向に粒子を伝搬させて、二つの磁石を $\vec{n}$ 方向に設定したSG装置に入射させればよい。これまで多くの実験が二準位スピン系でなされてきたが、その結果から、測定可能な物理量は全て、$a\sigma(\vec{n})+b$ の形のように、$\sigma(\vec{n})$ に実定数 a をかけて、それに実定数 b を加えて得られている。したがってこの系の物理量は、本質的に $\sigma(\vec{n})$ だけで尽きていると考えられている※11。

$\sigma(\vec{n})$ を測定したときには、SG装置から出てくる二本のビームを意味す

※11 …ここで言う物理量とは、一つの実験試料に対する測定（シングルショット測定）においても、必ず測定値を出すものを指している。同じ状態にある沢山の実験試料を測定して、そのデータを統計処理することで初めて得られる、ベリー位相や弱値や波動関数の絶対値などのような観測量も存在するが、それはむしろ統計量の一種である。そのため、ここでは物理量とは呼ばない。

る $\sigma(\vec{n}) = +1$、もしくは $\sigma(\vec{n}) = -1$ の二つの値しか観測されない。二準位スピンの場合は第三のビームが観測される可能性はないので、出現確率 $p(\sigma(\vec{n}) = \pm 1)$ に対して全確率が 100%、つまり合計確率は 1 であることを意味する

$$p(\sigma(\vec{n}) = +1) + p(\sigma(\vec{n}) = -1) = 1 \tag{2.1}$$

という関係が必ず成り立つ。量子力学では、様々な $\vec{n}$ に対して (2.1) 式を満たす、この確率分布の集合 $\{p(\sigma(\vec{n}) = \pm 1) \mid \|\vec{n}\| = 1\}$ を定める最小要素としての情報を、量子的な状態、つまり**量子状態** (quantum state) と呼ぶ。

興味深いことに、x 軸、y 軸、z 軸方向の単位ベクトル $\vec{e}_x, \vec{e}_y, \vec{e}_z$ に対するスピン成分 $\sigma_a = \sigma(\vec{e}_a)$ $(a = x, y, z)$ の期待値 $\langle\sigma_a\rangle$ だけを使って、任意の $\vec{n}$ 方向の SG 実験の確率分布 $p(\sigma(\vec{n}) = \pm 1)$ を決定できる。従ってこの三個の $\langle\sigma_a\rangle$ の値によって、一つの量子状態が指定されていることになる。では具体的に以下でそれを見てみよう。

2.1.1 スピン期待値と確率分布

まず $\vec{n}$ 方向のスピン $\sigma(\vec{n})$ の期待値は、定義により

$$\langle\sigma(\vec{n})\rangle = (+1) \times p(\sigma(\vec{n}) = +1) + (-1) \times p(\sigma(\vec{n}) = -1) \tag{2.2}$$

と計算される。この $\langle\sigma(\vec{n})\rangle$ の定義式と (2.1) 式を組み合わせると

$$p(\sigma(\vec{n}) = +1) = \frac{1}{2}(1 + \langle\sigma(\vec{n})\rangle), \tag{2.3}$$

$$p(\sigma(\vec{n}) = -1) = \frac{1}{2}(1 - \langle\sigma(\vec{n})\rangle) \tag{2.4}$$

という関係が得られる。つまり $\langle\sigma(\vec{n})\rangle$ がわかれば、確率分布 $p(\sigma(\vec{n}) = \pm 1)$ 自体も決定される。

2.1.2 スピン期待値のベクトル性

古典力学的な物体では、磁気モーメント $\vec{\mu}$ は自転角運動量 $\vec{J}$ に比例していた。そして $\vec{J}$ には連続的に変化できる大きさと方向を持つベクトル量の性質があった。例えば $\vec{J}$ の $\vec{n}$ 方向の値 $J(\vec{n})$ は、$\vec{J}$ のその方向への射影成分 $\vec{n} \cdot \vec{J}$ に一致した。スピンの成分を並べた $\vec{\sigma} = (\sigma_x, \sigma_y, \sigma_z)$ という量を古典的な物体の

$\vec{J}$ と同様に考えるのならば、$\vec{\sigma}$ も連続的な値をとるベクトル量であるべきで、$\vec{\sigma}$ を $\vec{n}$ 方向に射影した $\vec{n}\cdot\vec{\sigma}$ という量も SG 実験で観測される $\sigma(\vec{n})$ に一致するべきである。しかし実際には $\vec{\sigma}$ は $(+1,-1,+1)$ 等の離散値しかとれない※12。そして方向量子化から $\sigma(\vec{n})$ は ± 1 しかとれないが、$\vec{n}$ は連続的に変えられるので $\sigma(\vec{n}) \neq \vec{n}\cdot\vec{\sigma}$ となり、$\vec{\sigma}$ はベクトル量として解釈ができなくなる。

ところが意外なことに、同じ実験を多数回繰り返して得られる確率分布から評価される期待値 $\langle\vec{\sigma}\rangle$ は、正しくベクトル量として振る舞う。つまり実験では

$$\langle\sigma(\vec{n})\rangle = n_x\langle\sigma_x\rangle + n_y\langle\sigma_y\rangle + n_z\langle\sigma_z\rangle = \vec{n}\cdot\langle\vec{\sigma}\rangle \tag{2.5}$$

という関係が高い精度で成り立つことが知られている。ここで $\langle\vec{\sigma}\rangle$ は $(\langle\sigma_x\rangle, \langle\sigma_y\rangle, \langle\sigma_z\rangle)$ であり、それぞれの $\langle\sigma_a\rangle$ $(a = x, y, z)$ は、独立した実験において計測される各方向のスピン成分の確率分布 $p(\sigma_a = \pm 1)$ を用いて、$\langle\sigma_a\rangle = (+1)\,p(\sigma_a = +1) + (-1)\,p(\sigma_a = -1)$ で定義されている。実際 (2.5) 式は SG 実験の (1.2) 式と (1.3) 式の確率分布からも確かめられる。つまり $\langle\sigma(\vec{n})\rangle = (+1)\cos^2\left(\frac{\theta}{2}\right) + (-1)\sin^2\left(\frac{\theta}{2}\right) = \cos\theta$ となるため、その $\langle\sigma(\vec{n})\rangle$ は確かに $\vec{n} = (0, \sin\theta, \cos\theta)$ と $\langle\vec{\sigma}\rangle = (0, 0, 1)$ の内積 $\vec{n}\cdot\langle\vec{\sigma}\rangle$ と一致している。そこで量子力学では (2.5) 式が厳密に成り立つ関係式であると考える。

2.1.3 状態を決定するスピンの期待値

(2.5) 式の $\langle\vec{\sigma}\rangle$ のベクトル性は、量子力学の定式化にとっても大きな意味がある。これは (2.5) 式を (2.3) 式と (2.4) 式に代入することで、任意の $\vec{n}$ に対して

$$p(\sigma(\vec{n}) = \pm 1) = \frac{1}{2}\left(1 \pm \vec{n}\cdot\langle\vec{\sigma}\rangle\right) \tag{2.6}$$

という関係が得られるためである。このおかげで $\langle\vec{\sigma}\rangle$ が二準位スピン系の量子状態を定義していると考えることができる。したがって (2.6) 式は、量子状態を決めたときに物理量の観測確率分布を与える量子力学の重要な公式になっている。2.3 節で示されるように、確率解釈のボルン則はこの (2.6) 式を行列で書き換えたものに過ぎない。

※12…量子力学では隠れた変数的に σ_a の値は定まっていないが、仮に値が定まっているとしても、ベクトルとしてはおかしいというのが、方向量子化である。また x, y, z 成分を測るためには、同じ状態にある三つのスピンを用意して、一つでは σ_x、一つでは σ_y、最後の一つでは σ_z を測る。

2.1.4 量子状態の幾何的表現

ここで $\langle\vec{\sigma}\rangle$ と $\vec{n}$ のなす角度を $\theta_{\sigma n}$ と定義すると、(2.5) 式と内積の定義から

$$\|\langle\vec{\sigma}\rangle\|^2 \|\vec{n}\|^2 \cos^2\theta_{\sigma n} = \langle\sigma(\vec{n})\rangle^2 \tag{2.7}$$

という関係がある。$\sigma(\vec{n}) = \pm 1$ からその期待値 $\langle\sigma(\vec{n})\rangle$ は $[-1, 1]$ の領域の値をとるため、(2.7) 式右辺の $\langle\sigma(\vec{n})\rangle^2$ は 1 以下となる。したがって $\|\vec{n}\|^2 = 1$ という $\vec{n}$ が単位ベクトルである条件を、$\theta_{\sigma n} = 0$ の場合に (2.7) 式へ代入すれば

$$\|\langle\vec{\sigma}\rangle\|^2 = \langle\sigma_x\rangle^2 + \langle\sigma_y\rangle^2 + \langle\sigma_z\rangle^2 \leq 1 \tag{2.8}$$

という不等式が導かれる。2.4 節で述べるが、$\langle\sigma_x\rangle^2 + \langle\sigma_y\rangle^2 + \langle\sigma_z\rangle^2 = 1$ を満たす状態は純粋状態に対応する。また $\langle\vec{\sigma}\rangle = (0, 0, 1)$ の量子状態において SG 装置を様々に回転させた後に、粒子を通過させて、その SG 装置でのスピン上向き状態を選べば、$\langle\sigma_x\rangle^2 + \langle\sigma_y\rangle^2 + \langle\sigma_z\rangle^2 = 1$ を満たす他の全ての $\langle\vec{\sigma}\rangle$ は物理的に用意可能である。また長さが 1 より小さな $\langle\vec{\sigma}\rangle$ も、全て物理的に実現可能な量子状態[※13]に対応することが、2.8 節で説明する確率混合の議論からわかる。この物理的に許される $\langle\vec{\sigma}\rangle$ を図示したものが図 2.1 であり、図中の半径 1 の球は、物理学者フェリックス・ブロッホ (Felix Bloch) にちなんで、**ブロッ**

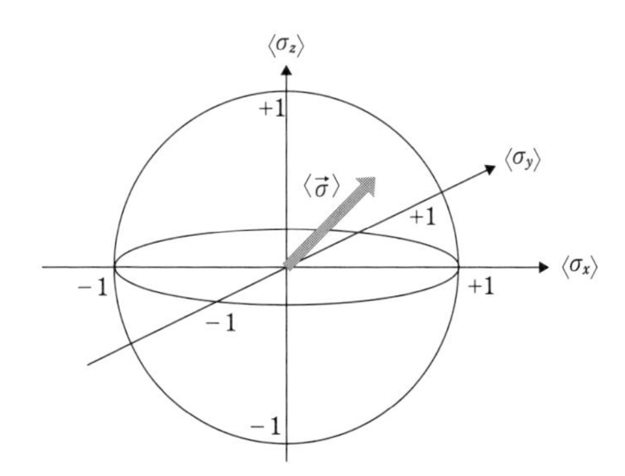

図 2.1 量子状態のブロッホ球表示

※13 … ここで量子状態が「実現可能」とは、ある観測者はそのような状態にある量子系を実験で準備できるという意味であるが、その量子状態が全ての観測者に対して共通する一つの物理的な実在であるという意味ではない。量子状態は状態準備をしたその観測者が行う物理量測定の結果を予想する確率分布の集まりに過ぎない。

ホ球 (Bloch sphere) と呼ばれている。ブロッホ球領域の各点は物理量の観測確率の集合 $\{p(\sigma(\vec{n}) = \pm 1) \mid \|\vec{n}\| = 1\}$ と等価な情報を持ち、二準位スピン系の量子状態を表している。

2.2 量子状態の行列表現

$\langle\vec{\sigma}\rangle$ を図示したブロッホ球には直観に訴える利点があるが、量子状態には、行列を使ったもっと定量的な行列表現が存在する。まず $\langle\vec{\sigma}\rangle = (\langle\sigma_x\rangle, \langle\sigma_y\rangle, \langle\sigma_z\rangle)$ から

$$\hat{\rho} = \begin{pmatrix} \frac{1}{2}(1 + \langle\sigma_z\rangle) & \frac{1}{2}(\langle\sigma_x\rangle - i\langle\sigma_y\rangle) \\ \frac{1}{2}(\langle\sigma_x\rangle + i\langle\sigma_y\rangle) & \frac{1}{2}(1 - \langle\sigma_z\rangle) \end{pmatrix} \tag{2.9}$$

という二次元エルミート行列を作ってみよう※14。$\hat{\rho}$ がエルミート行列であるとは、$\hat{\rho}$ の a 行 b 列の成分の複素共役を b 行 a 列に置いて作られるエルミート共役行列 $\hat{\rho}^\dagger$ が、元の行列 $\hat{\rho}$ に等しいことを意味する。つまりエルミート行列は実対称行列を複素数的に拡張したものと言える。この $\hat{\rho}$ は (2.9) 式の形から明らかなように $\hat{\rho}^\dagger = \hat{\rho}$ を満たしている。また $\hat{\rho}$ は

$$\mathrm{Tr}[\hat{\rho}] = 1 \tag{2.10}$$

を満たしている。ここで Tr は正方行列のトレースであり、対角成分の和、つまり今の場合は $\frac{1}{2}(1 + \langle\sigma_z\rangle) + \frac{1}{2}(1 - \langle\sigma_z\rangle)$ である。(2.10) 式のこの条件には、$\hat{\rho}$ の**規格化条件** (normalization condition) という名前が付いており、後で出てくる物理量の観測確率の数式の扱いを簡単にする※15。なお行列を含む線形代数については付録 B.1 を参照して欲しい。また [1] の参考文献もわかりやすい。

次にヴォルフガング・パウリ (Wolfgang Pauli, 1900–1958) によって導入された**パウリ行列** (Pauli matrices) と呼ばれる以下の三つのエルミート行列を定義しておこう。

※14 …… 以降では行列または演算子の記号には $\hat{O}$ のようなハット付きにする。

※15 …… もしこの規格化条件を課さないと、後で出てくるボルン則の (2.27) 式の右辺は $\mathrm{Tr}[\hat{\rho}]$ で割っておく必要がある。

$$\hat{\sigma}_x = \begin{pmatrix} 0 & 1 \\ 1 & 0 \end{pmatrix}, \hat{\sigma}_y = \begin{pmatrix} 0 & -i \\ i & 0 \end{pmatrix}, \hat{\sigma}_z = \begin{pmatrix} 1 & 0 \\ 0 & -1 \end{pmatrix}. \tag{2.11}$$

パウリ行列には様々な性質があるが、これも付録 B.2 を参照して欲しい。ここで特に重要な性質は $a = x, y, z$ に対して

$$\mathrm{Tr}\left[\hat{\sigma}_a\right] = 0 \tag{2.12}$$

になっている点と、$a, b = x, y, z$ に対して

$$\mathrm{Tr}\left[\hat{\sigma}_a \hat{\sigma}_b\right] = 2\delta_{ab} \tag{2.13}$$

という関係が成り立っている点である。δ_{ab} はクロネッカーのデルタと呼ばれている量であり、$a = b$ のときは $\delta_{aa} = 1$ であり、$a \neq b$ のときは $\delta_{ab} = 0$ であると定義されている。また二次元の任意のエルミート行列は単位行列

$$\hat{I} = \begin{pmatrix} 1 & 0 \\ 0 & 1 \end{pmatrix} \tag{2.14}$$

とパウリ行列の実係数の線形和で書けることも重要である※16。この和に現れる各行列の係数も一意に決定される。例えば (2.9) 式の $\hat{\rho}$ もエルミート行列なので、単位行列とパウリ行列を使って

$$\hat{\rho} = \frac{1}{2}\left(\hat{I} + \langle \sigma_x \rangle \hat{\sigma}_x + \langle \sigma_y \rangle \hat{\sigma}_y + \langle \sigma_z \rangle \hat{\sigma}_z\right) \tag{2.15}$$

と展開できる。$\langle \sigma_a \rangle$ を与えれば、定義から $\hat{\rho}$ は計算できるが、逆に $\hat{\rho}$ が先に与えられていれば、(2.12) 式と (2.13) 式から

$$\mathrm{Tr}\left[\hat{\rho}\hat{\sigma}_a\right] = \langle \sigma_a \rangle \tag{2.16}$$

という公式で $\langle \sigma_a \rangle$ を復元できる。つまり量子状態について $\hat{\rho}$ は $\langle \vec{\sigma} \rangle$ と同じ情報を持っている。(2.15) 式は量子状態の**ブロッホ表現** (Bloch representation) と呼ばれている。

(2.15) 式に $\langle \sigma_a \rangle$ の定義を代入すると

$$\hat{\rho} = \frac{1}{2}\hat{I} + \frac{1}{2}\sum_{a=x,y,z} \left(p\left(\sigma_a = +1\right) - p\left(\sigma_a = -1\right)\right)\hat{\sigma}_a \tag{2.17}$$

※16 …… 複素係数まで考えれば、任意の二次元正方行列は単位行列とパウリ行列の線形和で書ける。

と書かれるため、この $\hat{\rho}$ の正体は確率分布 $p(\sigma_a = \pm 1)$ である[※17]。したがって $\hat{\rho}$ は第 8 章に出てくる波動関数 $\psi(x)$ と同様に、古典電磁気学の電磁波のような相対論的因果律に支配される物理的な実在ではなく、これからの実験の結果を予想できる情報的な存在である。クロード・シャノン (Claude Shannon, 1916–2001) の有名な情報理論では確率分布に含まれる情報を扱っているが、量子力学もまた同様に、物理量の確率分布に含まれる量子系の情報を扱う理論である。

与えられた $\hat{\rho}$ に対する $\det(\hat{\rho} - p\hat{I}) = 0$ という方程式の解 p は、$\hat{\rho}$ の**固有値** (eigenvalue) と呼ばれる[※18]。この固有値は行列としての $\hat{\rho}$ の特徴を表現する大切な量であり、この方程式に (2.9) 式の $\hat{\rho}$ を代入して解くと、固有値は

$$p_{\pm} = \frac{1}{2}\left(1 \pm \sqrt{\langle\sigma_x\rangle^2 + \langle\sigma_y\rangle^2 + \langle\sigma_z\rangle^2}\right) \tag{2.18}$$

という二つの値になることが確かめられる。$\langle\vec{\sigma}\rangle$ が物理的に許される値をとるならば、(2.8) 式が成り立つため、(2.18) 式から $p_{\pm}$ は負ではない実数値をとる。この教科書では $\hat{\rho}$ がエルミート行列で、かつ固有値が負にならないということを、

$$\hat{\rho} \geq 0 \tag{2.19}$$

と表記する。各行列成分が零である正方な零行列は $0 \times \hat{I}$ とも書けるため、この右辺では零行列を 0 と略記している[※19]。

二準位スピン以外の量子系においても、原理的に実現可能な全ての量子状態は、$\mathrm{Tr}[\hat{\rho}] = 1$ と $\hat{\rho} \geq 0$ を満たす**密度行列** (density matrix) もしくは一般的に**密度演算子** (density operator) と呼ばれる $\hat{\rho}$ で記述されると量子力学では考える。このことは実験で検証されるべきことだが、現在まで密度演算子で記述

※17 …… この $\hat{\rho}$ の式は、$p(\sigma_a = +1) - p(\sigma_a = -1)$ という差の寄与しか含んでいないように見えるが、$p(\sigma_a = +1) + p(\sigma_a = -1) = 1$ も使えば、$p(\sigma_a = \pm 1)$ が再現できることを思い出そう。

※18 …… ここで det は行列式の記号である。行列式と固有値については付録 B.1 を参照。N 次元正方行列では、一般には N 個の固有値が現れる。またエルミート行列の固有値は実数になることが保証されている。

※19 …… 行列の積は可換でないことがあるのが特徴だが、複素数 c を単位行列にかけた $c\hat{I}$ は、普通の数のように、あらゆる正方行列と可換となる。そこで混乱を起こさない場合に限って、$\hat{I}$ を略して単に c と書くことがある。ただし例えば $c \neq 0$ のときにトレースを計算する場合には $\hat{I}$ を略してはいけない。

されない量子状態の実験的生成は報告されていない。

2.3 観測確率の公式

ここでは量子状態が密度演算子 $\hat{\rho}$ という行列で書けるメリットを最大限生かし、$\hat{\rho}$ との相性が良い線形代数の知識を用いて、(2.6) 式の物理量の観測確率分布の公式を書き直そう。そのためのヒントとして、物理量 $\sigma(\vec{n})$ の期待値の計算では、$\sigma(\vec{n})$ の個別の観測値にその観測確率をかけて和をとっていたことにまず注目をしよう。2.2 節で述べたように、その観測確率の情報は今は行列 $\hat{\rho}$ に埋め込んである。そこで (2.5) 式の関係を思い出しながら、$\hat{\rho}$ との行列的掛け算が可能な

$$\hat{\sigma}(\vec{n}) = n_x\hat{\sigma}_x + n_y\hat{\sigma}_y + n_z\hat{\sigma}_z = \begin{pmatrix} n_z & n_x - in_y \\ n_x + in_y & -n_z \end{pmatrix} \tag{2.20}$$

というエルミート行列を物理量 $\sigma(\vec{n})$ に対して導入すると、以降の見通しが良くなる※20。

最初に行列としての $\hat{\sigma}(\vec{n})$ の性質を把握しておくために、その固有値方程式

$$\begin{pmatrix} n_z & n_x - in_y \\ n_x + in_y & -n_z \end{pmatrix}\begin{pmatrix} u_1 \\ u_2 \end{pmatrix} = \lambda\begin{pmatrix} u_1 \\ u_2 \end{pmatrix} \tag{2.21}$$

を調べておこう※21。$\hat{\sigma}(\vec{n})$ が作用するベクトルを

$$|u\rangle = \begin{pmatrix} u_1 \\ u_2 \end{pmatrix} \tag{2.22}$$

と書くと、(2.21) 式は $\hat{\sigma}(\vec{n})|u\rangle = \lambda|u\rangle$ とコンパクトに書ける。λ は $\hat{\sigma}(\vec{n})$ の

※20 …… 人間が決めた物理量の単位と原点の定義を変更しても自然界の物理の本質は変更されないことと同様に、任意の実数 a と b を用いたエルミート行列 $\hat{A} = a\hat{\sigma}(\vec{n}) + b\hat{I}$ を採用しても、以下の議論は本質的には変わらない。ここでは後に出てくる (2.33) 式の $\sigma(\vec{n})$ の期待値の公式の見た目を簡単にするために、$\hat{A}$ の固有値 $\pm a + b$ がちょうど $\sigma(\vec{n})$ の二つの観測値である ± 1 に一致する場合の $a = 1, b = 0$ を採用することで、$\sigma(\vec{n})$ に対応するエルミート行列を (2.20) 式で定義してある。

※21 …… 固有値方程式に関しても、詳しくは付録 B.1 を参照。

固有値であり、$|u\rangle$ は固有値 λ に対応する $\hat{\sigma}(\vec{n})$ の**固有ベクトル** (eigenstate) と呼ばれる。

なおここでは複素縦ベクトルを、ポール・ディラック (Paul Dirac, 1902–1984) が始めたブラケット表記で $|u\rangle$ と書いている。一般に $|u\rangle$ と書かれる縦ベクトルを**ケットベクトル** (ket vector) と呼ぶ。また以降では 2 行 1 列行列としての $|u\rangle$ に対するエルミート共役な 1 行 2 列行列である複素横ベクトル $|u\rangle^\dagger = (u_1^* \ u_2^*)$ を、$\langle u|$ と表記する。そして $\langle u|$ を、ケットベクトル $|u\rangle$ の**ブラベクトル** (bra vector) と呼ぶ。そして $|u\rangle$ と $|v\rangle$ の内積は $\langle u|v\rangle$ と書く[※22]。このブラケット表記は自明に高次元複素ベクトル空間へ拡張できる。

固有値方程式の右辺を左辺に移行すると、それは零ベクトル $\mathbf{0}$ を用いて $\left(\hat{\sigma}(\vec{n}) - \lambda\hat{I}\right)|u\rangle = \mathbf{0}$ と書ける。ここで $\hat{\sigma}(\vec{n}) - \lambda\hat{I}$ という行列がその逆行列を持ってしまえば、その逆行列をこの方程式の左からかけることで、$|u\rangle = \mathbf{0}$ となってしまう。(2.21) 式が零ベクトルではない $|u\rangle$ を持つには $\hat{\sigma}(\vec{n}) - \lambda\hat{I}$ が逆行列を持たない必要があるため、$\det\left(\hat{\sigma}(\vec{n}) - \lambda\hat{I}\right) = 0$ という条件が要求される[※23]。$\|\vec{n}\|^2 = 1$ を使ってこの条件を解くことで、固有値は $\sigma(\vec{n}) = \pm 1$ と同じ値を持つ $\lambda_\pm = \pm 1$ になることが確認される。$\lambda_+ = +1$ と $\lambda_- = -1$ に対応する固有ベクトル $|u\rangle$ を $|u_+(\vec{n})\rangle$ と $|u_-(\vec{n})\rangle$ と書こう。付録 B.1 にあるように、一般にエルミート行列の異なる固有値に対応する固有ベクトル同士は直交するため、$\langle u_+(\vec{n})|u_-(\vec{n})\rangle = 0$ となる。また固有ベクトルは定数倍しても (2.21) 式を満たす固有ベクトルになるため、適当に定数倍をすることで $\langle u_\pm(\vec{n})|u_\pm(\vec{n})\rangle = 1$ を満たすようにできる。そのような $|u_\pm(\vec{n})\rangle$ は二次元ベクトル空間の正規直交基底を成すので、

$$\hat{I} = |u_+(\vec{n})\rangle\langle u_+(\vec{n})| + |u_-(\vec{n})\rangle\langle u_-(\vec{n})| \tag{2.23}$$

という完全性の関係が示される[※24]。また (2.23) 式の両辺に左から $\hat{\sigma}(\vec{n})$ をかけ、$\hat{\sigma}(\vec{n})|u_\pm(\vec{n})\rangle = (\pm 1)|u_\pm(\vec{n})\rangle$ を使うと

※22 …この教科書では、$|u\rangle$ は抽象ベクトルそのものではなく、その抽象ベクトルの特定の基底における成分ベクトルを指す。ブラベクトル $\langle u|$ とケットベクトル $|v\rangle$ の名は、ベクトルの内積である $\langle u|v\rangle = \langle u||v\rangle$ の括弧記号を意味する英語の bracket の前部の bra と後部の ket が語源である。

※23 …付録 B.1 の逆行列の節を参照。

※24 …付録 B.1 の (B.22) 式と (B.31) 式を参照。

$$\hat{\sigma}(\vec{n}) = (+1)\,|u_+(\vec{n})\rangle\langle u_+(\vec{n})\,| + (-1)|u_-(\vec{n})\rangle\langle u_-(\vec{n})\,| \tag{2.24}$$

が得られる。この関係式は $\hat{\sigma}(\vec{n})$ の**スペクトル分解** (spectral decomposition)※25と呼ばれる。

ここまでは行列 $\hat{\sigma}(\vec{n})$ に対する数学的な性質に過ぎないが、我々の目的である $\sigma(\vec{n}) = \pm 1$ の観測確率の計算のために、$\hat{\sigma}(\vec{n})$ の固有ベクトルから作られる

$$\hat{P}_+(\vec{n}) = |u_+(\vec{n})\rangle\langle u_+(\vec{n})\,|,\ \hat{P}_-(\vec{n}) = |u_-(\vec{n})\rangle\langle u_-(\vec{n})\,| \tag{2.25}$$

という二つの行列も導入しておこう。この $\hat{P}_\pm(\vec{n})$ は、$\hat{P}_\pm(\vec{n})^2 = \hat{P}_\pm(\vec{n})$ と $\hat{P}_\pm(\vec{n})\,\hat{P}_\mp(\vec{n}) = 0$ を満たし※26、また複素数 $c_\pm$ を用いて $|\psi\rangle = c_+|u_+(\vec{n})\rangle + c_-|u_-(\vec{n})\rangle$ と書けるベクトルに対して $\hat{P}_\pm(\vec{n})\,|\psi\rangle = c_\pm|u_\pm(\vec{n})\rangle$ という射影操作を与えるエルミートな射影演算子である。また (2.23) 式と (2.24) 式を使えば、

$$\hat{P}_+(\vec{n}) = \frac{1}{2}\left(\hat{I} + \hat{\sigma}(\vec{n})\right),\ \hat{P}_-(\vec{n}) = \frac{1}{2}\left(\hat{I} - \hat{\sigma}(\vec{n})\right) \tag{2.26}$$

という関係も導かれる。

これらの準備を踏まえて、全ての $\vec{n}$ に対する $\sigma(\vec{n})$ の確率分布に対して (2.6) 式を出発点にし、(2.10) 式、(2.16) 式、(2.26) 式およびトレースの線形性を用いると、次の重要な公式が得られる。つまり密度演算子 $\hat{\rho}$ から物理量 $\sigma(\vec{n})$ の観測確率を直接計算できる、

$$p(\sigma(\vec{n}) = +1) = \mathrm{Tr}\left[\hat{\rho}\hat{P}_+(\vec{n})\right],\ p(\sigma(\vec{n}) = -1) = \mathrm{Tr}\left[\hat{\rho}\hat{P}_-(\vec{n})\right] \tag{2.27}$$

という**ボルン則** (Born rule) を導くことができる（演習問題 (2) 参照）。このボルン則という名前は、実験結果を説明するため確率解釈を導入したマックス・ボルン (Max Born, 1882–1970) に由来している。この教科書ではボルン則を天下り的に量子力学の原理（公理）にはせず、実験で検証されているスピンの方向量子化とスピンの期待値のベクトル性から自然に演繹したことに注意をして欲しい。なお付録 B.1 の (B.57) 式を使うと

$$\mathrm{Tr}\left[\hat{\rho}\hat{P}_\pm(\vec{n})\right] = \mathrm{Tr}\left[\hat{\rho}|u_\pm(\vec{n})\rangle\langle u_\pm(\vec{n})\,|\right] = \mathrm{Tr}\left[\langle u_\pm(\vec{n})\,|\hat{\rho}|u_\pm(\vec{n})\rangle\right]$$

※25 …… 一般のエルミート行列のスペクトル分解については付録 B.1 の (B.33) 式を参照すること。
※26 …… 演習問題 (1) 参照。

$$= \langle u_\pm (\vec{n}) | \hat{\rho} | u_\pm (\vec{n}) \rangle \tag{2.28}$$

が成り立つことから、(2.27) 式のボルン則はトレースを使わずに

$$p(\sigma(\vec{n}) = +1) = \langle u_+ (\vec{n}) | \hat{\rho} | u_+ (\vec{n}) \rangle, \; p(\sigma(\vec{n}) = -1) = \langle u_- (\vec{n}) | \hat{\rho} | u_- (\vec{n}) \rangle \tag{2.29}$$

とも書ける。

2.4 状態ベクトル

上の結果を踏まえて、ここでは以下の性質を満たす特別な密度演算子を考察してみよう。(2.18) 式から

$$\langle \vec{\sigma} \rangle^2 = \langle \sigma_x \rangle^2 + \langle \sigma_y \rangle^2 + \langle \sigma_z \rangle^2 = 1 \tag{2.30}$$

を満たす場合には、$\hat{\rho}$ の固有値は 1 と 0 になる。固有値 1 に対応する $\hat{\rho}$ の固有ベクトルを $|\psi\rangle$ と表記しよう。ここで $|\psi\rangle$ は単位ベクトルとする。他方の固有値は 0 であるから、その固有ベクトルは $\hat{\rho}$ のスペクトル分解※27に寄与せず、そのため $\hat{\rho}$ は簡単に

$$\hat{\rho} = |\psi\rangle\langle\psi| = \begin{pmatrix} \psi_1 \\ \psi_2 \end{pmatrix} \begin{pmatrix} \psi_1^* & \psi_2^* \end{pmatrix} = \begin{pmatrix} \psi_1\psi_1^* & \psi_1\psi_2^* \\ \psi_2\psi_1^* & \psi_2\psi_2^* \end{pmatrix} \tag{2.31}$$

と書かれる。2.6 節で述べるように、任意の単位ベクトルは、物理的に用意できる量子状態を表す。そのためこの $\hat{\rho}$ に対応する $|\psi\rangle$ を**状態ベクトル** (state vector) と呼ぶ。そして状態ベクトルが張るベクトル空間を**状態空間** (state space) と呼ぶ。一つの状態ベクトルで表される量子状態を、改めて**純粋状態** (pure state) と定義しよう。なお $\mathrm{Tr}[\hat{\rho}] = 1$ は $\langle\psi|\psi\rangle = 1$ から満たされているが、この $\langle\psi|\psi\rangle = |\psi_1|^2 + |\psi_2|^2 = 1$ という条件は、状態ベクトルの**規格化条件** (normalization condition) と呼ばれている。

なお $\hat{\rho}$ が先に与えられても、それに対応する $|\psi\rangle$ は一意ではなく、位相因子の不定性がある。つまり δ を実数として $|\psi'\rangle = e^{i\delta}|\psi\rangle$ というベクトルを考え

※27 … スペクトル分解については付録 B.1 の (B.33) 式を参照。

ても $|\psi'\rangle\langle\psi'| = |\psi\rangle\langle\psi|$ なので、物理的には同じ状態を与えることに注意をして欲しい。以降では、特に強調する必要がある場合以外は、位相因子 $e^{i\delta}$ を露わに書かないことにする。

(2.30) 式を満たす $\hat{\rho} = |\psi\rangle\langle\psi|$ の場合には、(2.29) 式のボルン則は簡単になり、

$$p\left(\sigma\left(\vec{n}\right) = +1\right) = \left|\left\langle u_{+}\left(\vec{n}\right)|\psi\right\rangle\right|^{2},\ p\left(\sigma\left(\vec{n}\right) = -1\right) = \left|\left\langle u_{-}\left(\vec{n}\right)|\psi\right\rangle\right|^{2} \quad (2.32)$$

と書ける。$|\psi\rangle$ で記述される純粋状態において $\sigma\left(\vec{n}\right) = \pm 1$ が観測される確率を知りたければ、$\left\langle u_{\pm}\left(\vec{n}\right)|u_{\pm}\left(\vec{n}\right)\right\rangle = 1$ という規格化条件を満たす $\hat{\sigma}\left(\vec{n}\right)$ の固有ベクトル $|u_{\pm}\left(\vec{n}\right)\rangle$ を用いて、$\left\langle u_{\pm}\left(\vec{n}\right)|\psi\right\rangle$ を計算し、その絶対値の二乗を求めればよいことになる。ここで確率を導き出す $\left\langle u_{\pm}\left(\vec{n}\right)|\psi\right\rangle$ という量には、**確率振幅** (probability amplitude) という名前が付いている。

2.5 物理量としてのエルミート行列という考え方

上の議論では普通の実数であるスピンの物理量を先に定義してから、スピンの方向量子化とスピン期待値のベクトル性の実験結果に基づいて (2.6) 式の公式を導き、それを物理量に対応するエルミート行列の固有ベクトルを使って書き換えて、ボルン則を論理的に導出した。

しかしこれを逆順に考えることも、量子力学の議論ではしばしば行われる。つまり理論の要請として、任意のエルミート行列は物理量に一対一対応していると考える。このことは「量子力学では物理量はエルミート行列になる」と表現されることもある※28。

まず任意のエルミート行列 $\hat{A} = a\hat{\sigma}(\vec{n}) + b\hat{I}$ に対応する物理量 A の観測値は、$\hat{A}$ の固有値 $\pm a + b$ であると定義する。そして $\pm a + b$ に対応する $\hat{A}$ の単位固有

※28 …実際には、密度演算子や状態ベクトルを使わずに、(2.6) 式の確率分布の集合をそのまま扱えば、量子力学でエルミート行列を使う必要は全くない。「物理量はエルミート行列」という同一視をすることで、その確率分布の集合に対して有用な線形代数の知見が使えるという意味に過ぎない。エルミート行列 $\hat{A}$ は、物理量 A がとる定義値と、ボルン則に必要な射影演算子を書き留めたメモのような存在である。

ベクトルを $|u_\pm(\vec{n})\rangle$ と書く。そして、$|\psi\rangle$ で記述される純粋状態において $A = \pm a + b$ という結果が観測される確率は、$p(A = \pm a + b) = |\langle u_\pm(\vec{n})|\psi\rangle|^2$ というボルン則で与えられると要請する教科書も多い。このような天下り的な定式化も、2.3 節のロジックを踏まえれば、その裏付けが与えられることになる。

$\hat{A}$ の固有ベクトル $|u_\pm(\vec{n})\rangle$ に対応する量子状態は、物理量 A の**固有状態** (eigenstate) と呼ばれ、その状態で A を測定すると対応する $\hat{A}$ の固有値が 100% の確率で観測される。測定前に $|\psi\rangle$ で記述される純粋状態にある二準位スピンに対して A を測定する SG 実験をすると、測定後にはその結果 $A = \pm a + b$ に応じてスピンは $|u_\pm(\vec{n})\rangle$ で記述される A の固有状態になるため、$\langle u_\pm(\vec{n})|\psi\rangle$ と $|\langle u_\pm(\vec{n})|\psi\rangle|^2$ は、量子状態 $|\psi\rangle$ から量子状態 $|u_\pm(\vec{n})\rangle$ への**遷移振幅** (transition amplitude) と**遷移確率** (transition probability) とも表現されることがある。

任意の物理量 $A = a\sigma(\vec{n}) + b$ の期待値は、(2.29) 式のボルン則と (2.23) 式、(2.24) 式と $\hat{A} = a\hat{\sigma}(\vec{n}) + b\hat{I}$ を用いて、

$$\langle A\rangle = (+a+b)\langle u_+(\vec{n})|\hat{\rho}|u_+(\vec{n})\rangle + (-a+b)\langle u_-(\vec{n})|\hat{\rho}|u_-(\vec{n})\rangle = \mathrm{Tr}\left[\hat{\rho}\hat{A}\right] \tag{2.33}$$

と計算できる。つまり観測確率の情報が埋め込まれた $\hat{\rho}$ に、A の定義値の情報が埋め込まれた $\hat{A}$ を行列的にかけて、トレースで行列の対角成分の和をとると、期待値 $\langle A\rangle$ が求まる構造になっている。

また $\hat{\rho} = |\psi\rangle\langle\psi|$ の場合は

$$\langle A\rangle = \langle\psi|\hat{A}|\psi\rangle \tag{2.34}$$

と簡単になる。つまり純粋状態における物理量の期待値 $\langle A\rangle$ は、物理量に対応するエルミート行列 $\hat{A}$ を、状態ベクトルにエルミート共役な横ベクトル $\langle\psi|$ と、状態ベクトルである縦ベクトル $|\psi\rangle$ とで左右から挟んで行列の掛け算をして求めればよい。

2.6 空間回転としてのユニタリー行列

以下で説明するように、二準位スピン系では $\hat{U}^\dagger\hat{U} = \hat{I}$ を満たす任意のユニ

タリー行列 $\hat{U}$ がスピンを空間回転させる物理操作に対応している※29。このことから、物理的に実現可能なある純粋状態 $|\psi\rangle$ に $\hat{U}$ を作用させると、物理的に実現可能な他の純粋状態 $|\psi'\rangle = \hat{U}|\psi\rangle$ が作れることが保証される。

まず $|\psi\rangle$ を、$\hat{\sigma}_z$ の固有ベクトルである

$$|+\rangle = \begin{pmatrix} 1 \\ 0 \end{pmatrix}, |-\rangle = \begin{pmatrix} 0 \\ 1 \end{pmatrix} \tag{2.35}$$

の一つにとってみよう。$|\psi\rangle = |+\rangle$ の場合に σ_z を測定するときは、(2.32) 式のボルン則から、スピンの z 軸成分の観測確率が

$$p(\sigma_z = +1) = |\langle +|\psi\rangle|^2 = 1, p(\sigma_z = -1) = |\langle -|\psi\rangle|^2 = 0 \tag{2.36}$$

となるので、この $|+\rangle$ は z 軸方向上向き純粋状態と同定される。同様に $|\psi\rangle = |-\rangle$ の場合では

$$p(\sigma_z = +1) = |\langle +|\psi\rangle|^2 = 0, p(\sigma_z = -1) = |\langle -|\psi\rangle|^2 = 1 \tag{2.37}$$

となるため、$|-\rangle$ は z 軸方向下向き純粋状態と同定される。なおこの $|\psi\rangle = |\pm\rangle$ の場合、$\langle\sigma_x\rangle = \langle\psi|\hat{\sigma}_x|\psi\rangle = 0$,$\langle\sigma_y\rangle = \langle\psi|\hat{\sigma}_y|\psi\rangle = 0$,$\langle\sigma_z\rangle = \langle\psi|\hat{\sigma}_z|\psi\rangle = \pm 1$ から、$\langle\vec{\sigma}\rangle$ は z 軸に平行なベクトルになっている。

次に、任意の $|\psi\rangle$ に対して次のような物理的意味付けをしよう。つまりある $\vec{n}$ が存在し、$|\psi\rangle$ はその $\vec{n}$ 方向のスピンが上向きである純粋状態になっていることを確かめる。以下では先取りして $|\psi\rangle$ に上向きを意味する $+$ の添え字を付けて、$|\psi_+\rangle$ と書いておく。そして四つの実数パラメータ $R_\pm$、$I_\pm$ を用いて

$$|\psi_+\rangle = \begin{pmatrix} R_+ + iI_+ \\ R_- + iI_- \end{pmatrix} \tag{2.38}$$

と表す。$R_\pm$、$I_\pm$ は $|\psi_+\rangle$ の規格化条件から

$$\langle\psi_+|\psi_+\rangle = R_+^2 + I_+^2 + R_-^2 + I_-^2 = 1 \tag{2.39}$$

※29…以下では実験装置や人間の手によって達成できる操作を物理操作と呼ぶことにする。またここで出てくる $\hat{U}^\dagger\hat{U} = \hat{I}$ を満たすユニタリー行列は、$\hat{R}^T\hat{R} = \hat{I}$ を満たす実直交行列の複素数的な拡張である。ユニタリー行列についても付録 B.1 を参照。また第 12 章 12.2 節では、スピン角運動量に対応するエルミート行列が、スピンの量子状態に対して空間回転の生成子として考えられることも説明される。

を満たし、この解全体は三次元球面を成す。(2.39) 式から $0 \leq \theta \leq \pi$ という角度変数 θ を用いて、$R_+^2 + I_+^2 = \cos^2\left(\frac{\theta}{2}\right)$ および $R_-^2 + I_-^2 = \sin^2\left(\frac{\theta}{2}\right)$ と置ける。したがって R_+, I_+, R_-, I_- は、$0 \leq \phi < 2\pi$、$0 \leq \delta < 2\pi$ を満たす ϕ, δ を用いて、$R_+ = \cos\left(\frac{\theta}{2}\right)\cos(\delta - \phi)$、$I_+ = \cos\left(\frac{\theta}{2}\right)\sin(\delta - \phi)$、$R_- = \sin\left(\frac{\theta}{2}\right)\cos\delta$、$I_- = \sin\left(\frac{\theta}{2}\right)\sin\delta$ という形で書くことができる。これらを (2.38) 式に代入すると、任意の $|\psi_+\rangle$ は

$$|\psi_+\rangle = \begin{pmatrix} (\psi_+)_+ \\ (\psi_+)_- \end{pmatrix} = e^{i\delta} \begin{pmatrix} e^{-i\phi}\cos\left(\frac{\theta}{2}\right) \\ \sin\left(\frac{\theta}{2}\right) \end{pmatrix} \tag{2.40}$$

と表せる。この $|\psi_+\rangle$ に対して $\hat{\sigma}_x, \hat{\sigma}_y, \hat{\sigma}_z$ の三つの場合に (2.34) 式を計算すると、$\langle\vec{\sigma}\rangle$ は $(\sin\theta\cos\phi, \sin\theta\sin\phi, \cos\theta)$ という単位ベクトルになる。例えばこの $\langle\vec{\sigma}\rangle$ の x 成分の計算は

$$\langle\sigma_x\rangle = \langle\psi_+|\hat{\sigma}_x|\psi_+\rangle = \left(e^{i\phi}\cos\left(\frac{\theta}{2}\right)\ \sin\left(\frac{\theta}{2}\right)\right) \begin{pmatrix} \sin\left(\frac{\theta}{2}\right) \\ e^{-i\phi}\cos\left(\frac{\theta}{2}\right) \end{pmatrix} = \sin\theta\cos\phi \tag{2.41}$$

のようにできる。そこで $\vec{n}$ を $\langle\vec{\sigma}\rangle$ に一致させよう。このとき $\hat{\sigma}(\vec{n})$ は

$$\hat{\sigma}(\vec{n}) = \begin{pmatrix} n_z & n_x - in_y \\ n_x + in_y & -n_z \end{pmatrix} = \begin{pmatrix} \cos\theta & e^{-i\phi}\sin\theta \\ e^{i\phi}\sin\theta & -\cos\theta \end{pmatrix} \tag{2.42}$$

と書かれる。これから確かに $\hat{\sigma}(\vec{n})|\psi_+\rangle = (+1)|\psi_+\rangle$ が成り立っていることが、(2.40) 式と (2.42) 式の直接代入で証明できる（演習問題 (3) 参照）。このため $|\psi_+\rangle$ は $\hat{\sigma}(\vec{n})$ の固有値 -1 の固有ベクトル $|u_-(\vec{n})\rangle$ と直交する。したがって (2.32) 式から $p(\sigma(\vec{n}) = +1) = 1$、$p(\sigma(\vec{n}) = -1) = 0$ となることから、$|\psi_+\rangle$ は $\vec{n}$ 方向の上向き状態であることが示された。

ちなみに $\hat{\sigma}(\vec{n})|\psi_-\rangle = (-1)|\psi_-\rangle$ を満たす、$\vec{n}$ 方向の下向き状態 $|\psi_-\rangle$ は δ' を実数として

$$|\psi_-\rangle = \begin{pmatrix} (\psi_-)_+ \\ (\psi_-)_- \end{pmatrix} = e^{i\delta'} \begin{pmatrix} -\sin\left(\frac{\theta}{2}\right) \\ e^{i\phi}\cos\left(\frac{\theta}{2}\right) \end{pmatrix} \tag{2.43}$$

で与えられる。ここで $\theta \to \pi - \theta, \phi \to \phi + \pi$ ととると、$\vec{n}$ は $-\vec{n}$ と反転する。そして (2.43) 式で $\theta \to \pi - \theta, \phi \to \phi + \pi$ とし、かつ $\delta' = \delta - \phi + \pi$ とすると、

$-\vec{n}$ 方向の $|\psi_-\rangle$ は、$\vec{n}$ 方向の $|\psi_+\rangle$ になることも具体的に確かめられる[※30]。

なお第 1 章の (1.2) 式と (1.3) 式は、ボルン則の (2.32) 式において $\vec{n} = (0, \sin\theta, \cos\theta)$ ととり、状態を $|\psi\rangle = |+\rangle$ とし、そして $\phi = \frac{\pi}{2}$ を代入した (2.40) 式と (2.43) 式の $|\psi_\pm\rangle$ をボルン則の $|u_\pm(\vec{n})\rangle$ の部分に代入することで示される。

(2.40) 式の $|\psi_+\rangle$ と (2.43) 式の $|\psi_-\rangle$ は、z 軸方向の上向き状態 $|+\rangle$ と下向き状態 $|-\rangle$ にユニタリー行列

$$\hat{U} = \begin{pmatrix} (\psi_+)_+ & (\psi_-)_+ \\ (\psi_+)_- & (\psi_-)_- \end{pmatrix} = \begin{pmatrix} e^{i\delta}e^{-i\phi}\cos\left(\frac{\theta}{2}\right) & -e^{i\delta'}\sin\left(\frac{\theta}{2}\right) \\ e^{i\delta}\sin\left(\frac{\theta}{2}\right) & e^{i\delta'}e^{i\phi}\cos\left(\frac{\theta}{2}\right) \end{pmatrix} \tag{2.44}$$

をかけて、$|\psi_\pm\rangle = \hat{U}|\pm\rangle$ のように作ることができる。なお $|\psi_\pm\rangle$ はこの二次元複素ベクトル空間の任意の正規直交基底を成すため、(2.44) 式の $\hat{U}$ は任意の二次元ユニタリー行列を再現することも保証されている。

この $|\psi_\pm\rangle$ に対応するスピンベクトルの期待値は $\langle\vec{\sigma}\rangle = \pm\vec{n}$ と計算される。元の $|\pm\rangle$ では $\langle\vec{\sigma}\rangle = \pm\vec{e}_z$ だったため、この $\hat{U}$ は $\vec{e}_z$ を $\vec{n}$ へと空間回転させるスピン系の物理操作に対応していると解釈できる。同様に、ユニタリー行列 $\hat{U}$ で一般の密度演算子 $\hat{\rho}$ を $\hat{U}\hat{\rho}\hat{U}^\dagger$ とする変換も、空間回転させる物理操作に対応している[※31]。

ここでは、任意の状態ベクトルがある $\vec{n}$ 方向に対する $\hat{\sigma}(\vec{n})$ の固有ベクトル $|\psi_+\rangle$ や $|\psi_-\rangle$ で書け、そしてこの $|\psi_\pm\rangle$ が表す量子状態は空間回転操作を用いて物理的に実現できる純粋状態であることを述べた。このため $\vec{n}$ の方向を任意に変えることで作られる純粋状態の集合は、ブロッホ球の表面全体を覆っている。

スピン系以外の二準位系でも、状態空間の定式化は数学的に同じ構造を持つ。たとえ未知の二準位系であろうとも、任意のユニタリー行列がその系の実験で実現可能な物理操作に対応するということを、量子力学という理論では前提にしている。

※30 …… この $|\psi_\pm\rangle$ は (2.21) 式の固有値方程式の単位固有ベクトル $|u_\pm(\vec{n})\rangle$ に、位相の自由度を除いて一致している。

※31 …… これは密度演算子 $\hat{\rho}$ を基底ベクトルとその展開係数 ρ_{jk} を使って $\rho_{++}|+\rangle\langle+| + \rho_{+-}|+\rangle\langle-| + \rho_{-+}|-\rangle\langle+| + \rho_{--}|-\rangle\langle-|$ と書き、$|\psi_\pm\rangle = \hat{U}|\pm\rangle$ を使うことで、$\hat{U}\hat{\rho}\hat{U}^\dagger$ が $\rho_{++}|\psi_+\rangle\langle\psi_+| + \rho_{+-}|\psi_+\rangle\langle\psi_-| + \rho_{-+}|\psi_-\rangle\langle\psi_+| + \rho_{--}|\psi_-\rangle\langle\psi_-|$ に一致することからわかる。

2.7 量子状態の線形重ね合わせ

(2.40) 式の状態ベクトルは、(2.35) 式の $|\pm\rangle$ を使って

$$|\psi_+\rangle = e^{i\delta}e^{-i\phi}\cos\left(\frac{\theta}{2}\right)|+\rangle + e^{i\delta}\sin\left(\frac{\theta}{2}\right)|-\rangle \tag{2.45}$$

と書ける。つまり $|\psi_+\rangle$ は、SG 実験で物理的に区別されるスピン z 軸成分の上向き状態の $|+\rangle$ と下向き状態の $|-\rangle$ の二つの線形的な重ね合わせである。$|+\rangle$ を**二進法** (binary system) の 0 に対応させ、$|-\rangle$ を 1 に対応させれば、$|\psi_+\rangle$ は 0 と 1 の量子的な重ね合わせに対応する。情報理論では、0 と 1 をビット値と呼ぶ。この性質から、二準位系は量子力学の原理に基づいた量子コンピュータの素子となる**量子ビット** (quantum bit または qubit) として利用することが可能となる。

なおこの純粋状態の線形重ね合わせの存在も、方向量子化と (2.5) 式の $\langle\vec{\sigma}\rangle$ のベクトル性の実験事実からの論理的帰結として導かれたことに留意して欲しい※32。波の重ね合わせのように、量子状態の重ね合わせの係数も物理量の期待値に影響を与え、期待値を大きくしたり小さくしたりする。これを**干渉効果** (interference effect) と呼ぶ。例えば $\langle\psi_+|\hat{\sigma}_x|\psi_+\rangle$ は $\langle\psi_+|+\rangle\langle-|\psi_+\rangle + \langle\psi_+|-\rangle\langle+|\psi_+\rangle = \cos\phi\sin\theta$ と計算される。これは (2.45) 式右辺の重ね合わせ係数の引数 θ と ϕ に依存して変化する、$|+\rangle$ の状態と $|-\rangle$ の状態の間の干渉効果を表している。

2.8 確率混合

純粋状態ではないブロッホ球内部の量子状態は、純粋状態から作ることが可能である。これを理解するために、任意の密度演算子 $\hat{\rho}$ に対して、そのスペク

※32…なお一つの二準位スピン系ならば、隠れた変数の理論でも一応記述可能なので（付録 G.1）、二準位スピンの純粋状態の重ね合わせはまだ量子的な現象とは言えない。しかし後述するように二つのスピンを考えると、隠れた変数の理論では記述できない量子もつれ状態が現れ、その状態を作る線形重ね合わせの性質は隠れた変数の理論では説明がつかなくなる。

トル分解を考えよう。

$$\hat{\rho} = p_+|\psi_+\rangle\langle\psi_+| + p_-|\psi_-\rangle\langle\psi_-|. \tag{2.46}$$

ここで固有値 $p_\pm$ は、$\mathrm{Tr}[\hat{\rho}] = 1$ と $\hat{\rho} \geq 0$ から $p_+ + p_- = 1$ を満たす非負の実数である。$|\psi_\pm\rangle$ は $\hat{\rho}$ の固有ベクトルだが、$\hat{\rho}$ に対してある $\vec{n} = (\sin\theta\cos\phi, \sin\theta\sin\phi, \cos\theta)$ が存在して、$|\psi_\pm\rangle$ を (2.40) 式と (2.43) 式を満たすベクトルとみなすことができる。$p_+ \neq 0$ かつ $p_- \neq 0$ の場合のように、$\hat{\rho}$ が一つの状態ベクトルで書けないとき、一般に $\hat{\rho}$ が記述する量子状態を**混合状態** (mixed state) と定義する。ここで図 2.2 のように、確率 p_+ で $|\psi_+\rangle\langle\psi_+|$ の純粋状態を用意し、確率 p_- で $|\psi_-\rangle\langle\psi_-|$ の純粋状態を用意する装置を考えよう。その装置から出てくるスピンの平均化された状態の密度演算子は、(2.46) 式の $\hat{\rho}$ にちょうど一致する。このような量子状態の用意の仕方を**確率混合** (probabilistic mixture) と呼ぶ。(2.46) 式から

$$\langle\sigma_x\rangle^2 + \langle\sigma_y\rangle^2 + \langle\sigma_z\rangle^2 = 1 - 4p_+p_- \tag{2.47}$$

という関係も直接計算から確認できる（演習問題 (4)）。このため p_+ として $0 \leq p_+ \leq 1$ の間の任意の値をとれば、$\langle\sigma_x\rangle^2 + \langle\sigma_y\rangle^2 + \langle\sigma_z\rangle^2$ も 1 以下の任意の非負の値をとれる。また (2.46) 式の $\hat{\rho}$ では $\langle\vec{\sigma}\rangle = (2p_+ - 1)\vec{n}$ となっている。単位ベクトル $\vec{n}$ は任意の方向にとれるし、そして p_+ も $0 \leq p_+ \leq 1$ の間で自由にとれることから、ブロッホ球の内部の任意の点は量子状態に対応して

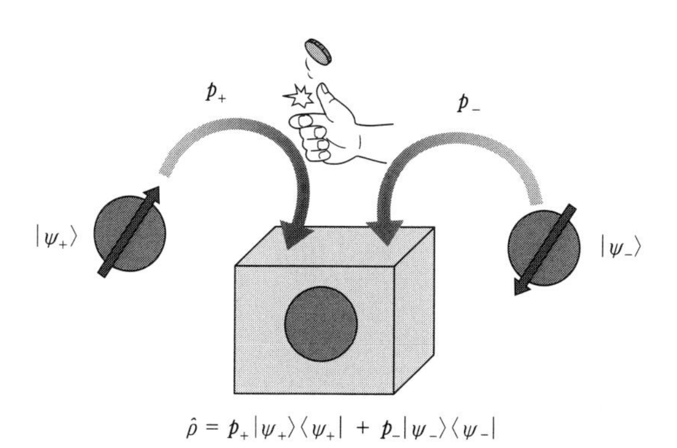

図 2.2 確率混合の概念図

いる。

SUMMARY

まとめ

二準位スピン系では、$\vec{\sigma}$ が特定の向きしかとれないという方向量子化と $\langle\vec{\sigma}\rangle$ の空間回転の下でのベクトル性の実験結果から、量子状態の線形重ね合わせが自動的に導出される。また測定結果の確率分布を与えるボルン則も導かれる。二準位系は量子ビットとみなすことができて、量子情報物理学の基礎アイテムになっている。一般の量子状態は、幾何学的にはブロッホ球領域の点で表され、より数学的には $\mathrm{Tr}\left[\hat{\rho}\right]=1$ と $\hat{\rho}\geq 0$ を満たす二次元エルミート行列である密度演算子 $\hat{\rho}$ で記述される。

EXERCISES

演習問題

問1 $\hat{P}_{\pm}\left(\vec{n}\right)=\frac{1}{2}\left(\hat{I}\pm\hat{\sigma}\left(\vec{n}\right)\right)$ が射影演算子であることと、$\hat{P}_{+}\left(\vec{n}\right)\hat{P}_{-}\left(\vec{n}\right)=\hat{P}_{-}\left(\vec{n}\right)\hat{P}_{+}\left(\vec{n}\right)=0$ を示せ。

解 $\frac{1}{2}\left(\hat{I}\pm\hat{\sigma}\left(\vec{n}\right)\right)$ は形からエルミート行列であることは明らかである。

$$\hat{\sigma}\left(\vec{n}\right)^2=\left(n_x\hat{\sigma}_x+n_y\hat{\sigma}_y+n_z\hat{\sigma}_z\right)^2=\left(n_x^2+n_y^2+n_z^2\right)\hat{I}=\hat{I} \tag{2.48}$$

から

$$\hat{P}_{\pm}\left(\vec{n}\right)^2=\frac{1}{4}\left(\hat{I}\pm\hat{\sigma}\left(\vec{n}\right)\right)^2=\frac{1}{4}\left(\hat{I}\pm 2\hat{\sigma}\left(\vec{n}\right)+\hat{\sigma}\left(\vec{n}\right)^2\right)=\frac{1}{2}\left(\hat{I}\pm\hat{\sigma}\left(\vec{n}\right)\right)=\hat{P}_{\pm}\left(\vec{n}\right) \tag{2.49}$$

が示せる。

$$\hat{P}_{+}\left(\vec{n}\right)\hat{P}_{-}\left(\vec{n}\right)=\frac{1}{4}\left(\hat{I}+\hat{\sigma}\left(\vec{n}\right)\right)\left(\hat{I}-\hat{\sigma}\left(\vec{n}\right)\right)=\frac{1}{4}\left(\hat{I}-\hat{\sigma}\left(\vec{n}\right)^2\right)=\frac{1}{4}\left(\hat{I}-\hat{I}\right)=0 \tag{2.50}$$

となる。$\hat{P}_{-}\left(\vec{n}\right)\hat{P}_{+}\left(\vec{n}\right)=0$ の証明も同様である。

問2 (2.6) 式を出発点にして、(2.10) 式と (2.16) 式およびトレースの線形性を用いて、(2.27) 式のボルン則を導け。

解

$$\langle \vec{\sigma} \rangle = (\langle \sigma_x \rangle, \langle \sigma_y \rangle, \langle \sigma_z \rangle) = (\mathrm{Tr}[\hat{\rho}\hat{\sigma}_x], \mathrm{Tr}[\hat{\rho}\hat{\sigma}_y], \mathrm{Tr}[\hat{\rho}\hat{\sigma}_z]). \tag{2.51}$$

$$\begin{aligned} & p(\sigma(\vec{n}) = \pm 1) \\ &= \frac{1}{2}(1 \pm (n_x \langle \sigma_x \rangle + n_y \langle \sigma_y \rangle + n_z \langle \sigma_z \rangle)) \\ &= \frac{1}{2}(1 \pm \mathrm{Tr}[\hat{\rho}(n_x\hat{\sigma}_x + n_y\hat{\sigma}_y + n_z\hat{\sigma}_z)]) \\ &= \mathrm{Tr}\left[\hat{\rho}\left(\frac{1}{2}\left(\hat{I} \pm \hat{\sigma}(\vec{n})\right)\right)\right] \\ &= \mathrm{Tr}\left[\hat{\rho}\hat{P}_{\pm}(\vec{n})\right]. \end{aligned} \tag{2.52}$$

問 3 (2.40) 式と (2.42) 式を用いて、$\hat{\sigma}(\vec{n})|\psi_+\rangle = (+1)|\psi_+\rangle$ が成り立っていることを示せ。

解

$$\begin{aligned} & \begin{pmatrix} \cos\theta & e^{-i\phi}\sin\theta \\ e^{i\phi}\sin\theta & -\cos\theta \end{pmatrix} \begin{pmatrix} e^{i\delta}\cos\left(\frac{\theta}{2}\right) \\ e^{i\delta}e^{i\phi}\sin\left(\frac{\theta}{2}\right) \end{pmatrix} \\ &= \begin{pmatrix} \cos\theta e^{i\delta}\cos\left(\frac{\theta}{2}\right) + e^{-i\phi}\sin\theta e^{i\delta}e^{i\phi}\sin\left(\frac{\theta}{2}\right) \\ e^{i\phi}\sin\theta e^{i\delta}\cos\left(\frac{\theta}{2}\right) - \cos\theta e^{i\delta}e^{i\phi}\sin\left(\frac{\theta}{2}\right) \end{pmatrix} \\ &= e^{i\delta} \begin{pmatrix} \cos\theta\cos\left(\frac{\theta}{2}\right) + \sin\theta\sin\left(\frac{\theta}{2}\right) \\ e^{i\phi}\left(\sin\theta\cos\left(\frac{\theta}{2}\right) - \cos\theta\sin\left(\frac{\theta}{2}\right)\right) \end{pmatrix} \\ &= e^{i\delta} \begin{pmatrix} \cos\left(\theta - \frac{\theta}{2}\right) \\ e^{i\phi}\sin\left(\theta - \frac{\theta}{2}\right) \end{pmatrix} = (+1) \begin{pmatrix} e^{i\delta}\cos\left(\frac{\theta}{2}\right) \\ e^{i\delta}e^{i\phi}\sin\left(\frac{\theta}{2}\right) \end{pmatrix}. \end{aligned} \tag{2.53}$$

問 4 二準位系の状態が (2.15) 式の $\hat{\rho}$ になっているときに、(2.47) 式を証明せよ。

解 (2.15) 式と (2.12) 式と (2.13) 式を使って、$\mathrm{Tr}\left[\hat{\rho}^2\right]$ は

$$\begin{aligned} \mathrm{Tr}\left[\hat{\rho}^2\right] &= \frac{1}{4}\mathrm{Tr}\left[\left(\hat{I} + \langle \sigma_x \rangle \hat{\sigma}_x + \langle \sigma_y \rangle \hat{\sigma}_y + \langle \sigma_z \rangle \hat{\sigma}_z\right)^2\right] \\ &= \frac{1}{2}\left(1 + \langle \sigma_x \rangle^2 + \langle \sigma_y \rangle^2 + \langle \sigma_z \rangle^2\right) \end{aligned} \tag{2.54}$$

と計算される。一方、$\mathrm{Tr}\left[\hat{\rho}^2\right]$ は (2.46) 式を使って

$$\begin{aligned}\mathrm{Tr}\left[\hat{\rho}^2\right] &= \mathrm{Tr}\left[\left(p_+|\psi_+\rangle\langle\psi_+| + p_-|\psi_-\rangle\langle\psi_-|\right)^2\right] \\ &= p_+^2 + p_-^2 = \left(p_+ + p_-\right)^2 - 2p_+p_- = 1 - 2p_+p_- \end{aligned} \tag{2.55}$$

とも計算できる。二つの表式を等しいとして、変形すると

$$\langle\sigma_x\rangle^2 + \langle\sigma_y\rangle^2 + \langle\sigma_z\rangle^2 = 1 - 4p_+p_- \tag{2.56}$$

が導かれる。

REFERENCES

参考文献

[1] 田崎晴明,「数学：物理を学び楽しむために」,
https://www.gakushuin.ac.jp/~881791/mathbook/

第3章

多準位系の量子力学

これまでは二準位系を扱ってきた。自然界にはこれ以外にも、一回の実験で区別される三個以上の異なる状態を持つ量子系が存在する。例えば三準位スピンを持つ W ゲージボゾン粒子や重水素 ^{2}H の原子核、四準位スピンを持つ Δ 粒子など、様々なスピン自由度を持つゲージ粒子、原子核やハドロン粒子が知られている。また量子ビットを多数集めた多体系は状態数も大きな量子コンピュータとして機能する。量子力学では前提として、$N \geq 3$ となる一般的な N 準位系でも隠れた変数は存在せず、その量子状態は実験的に定義される物理量の確率分布や期待値で一意的に定められると考える。そしてその量子状態は、$\mathrm{Tr}\,[\hat{\rho}] = 1$ と $\hat{\rho} \geq 0$ を満たす密度演算子 $\hat{\rho}$ で記述される。この $\hat{\rho}$ で $N \geq 3$ でも量子状態が決まるという気持ちは、以下のような考察を踏まえると掴める。

3.1 基準測定

二準位スピン粒子の SG 実験の測定のように、一般の N 準位系でも N 個の異なる量子状態を一回の観測で区別できる測定実験が少なくとも一つあると、量子力学では前提として考える。この測定はその直後に同じ測定を繰り返しても、一回目と二回目の結果は変わらないという**反復可能性** (repeatability) を満たす必要がある。そのような測定の一つを、以下で見るように量子状態や物理量の定義に使える基準という意味で、**基準測定** (standard measurement) と呼ぼう。そして基準測定で区別される量子状態を $k = 1, 2, \cdots, N$ でラベルする。k 番目の結果は確率 $p(k)$ で観測されるとするとし、$p(k)$ は確率の規格化条件

$$\sum_{k=1}^{N} p(k) = 1 \tag{3.1}$$

を満たしている。

3.1.1 基準測定で測られる物理量

量子状態とは、その定義として、それを使えば全ての物理量の確率分布を求められる最小の情報のことである。二準位系では、全ての物理量の確率分布を有限個の物理量の期待値 $\langle \sigma_a \rangle$ で求めることができたが、N 準位系でも同じことができるだろうか。答えはイエスである。(3.1) 式の条件を満たす独立な $N-1$ 個の基準測定の確率 $p(k)$ を求めるために、まず $N-1$ 個の物理量 λ_a とその期待値 $\langle \lambda_a \rangle$ を導入しよう※33。その物理量は $a = 1, 2, \cdots, N-1$ でラベルされる。k 番目の結果が観測されたとき、物理量 λ_a は $\lambda_a(k)$ という実数値をとると定義しよう。

原理的には $\lambda_a(k)$ はどんな実数値に定めてもよい※34。二準位スピンの場合にも便利のために $\sigma_z = \pm 1$ と勝手に選んだように、ここでも後の利便性を重視することにして、

$$\sum_{k=1}^{N} \lambda_a(k) = 0, \tag{3.2}$$

$$\sum_{k=1}^{N} \lambda_a(k) \lambda_{a'}(k) = N\delta_{aa'} \tag{3.3}$$

を満たすように選択しよう。(3.2) 式は $\vec{\lambda}_a = (\lambda_a(1), \cdots, \lambda_a(N))$ が $\vec{e}_0 = \frac{1}{\sqrt{N}}(1, \cdots, 1)$ という N 次元単位ベクトルと直交していることを意味している。$\vec{e}_0$ と正規直交基底を組む $N-1$ 本の基底ベクトル $\vec{e}_a = (u_a(1), \cdots, u_a(N))$ を $\sqrt{N}$ 倍し、$\vec{\lambda}_a = \sqrt{N}\vec{e}_a$ とすることで、(3.2) 式と (3.3) 式を満たすベクトル $\vec{\lambda}_a$ はいつでも構成できる※35。

※33 …… $N = 2$ の二準位スピン系の基準測定は、z 軸方向の SG 実験に対応する。その場合の上向きスピン状態が観測される確率 $p(1)$ と下向きスピン状態が観測される確率 $p(2)$ は、$N-1=1$ から、$\langle \lambda_1 \rangle = \langle \sigma_z \rangle$ という一個の物理量の期待値を用いて $p(1) = \frac{1}{2}(1 + \langle \sigma_z \rangle)$ と $p(2) = \frac{1}{2}(1 - \langle \sigma_z \rangle)$ という形で求められる。ここではこの N 準位系への拡張を考えている。

※34 …… 異なる固有値の値を割り振った場合には、異なる物理量だと解釈する。なお二つ以上の量子系が力を及ぼし合っているとき、エネルギーなどの物理量に対する保存則がある場合には、合計が保存するその物理量の各系のエルミート演算子の固有値は勝手に変更できない点には注意すること。

※35 …… $\frac{1}{\sqrt{N}}(1, \cdots, 1)$ に直交する全ての基底ベクトルは、グラム＝シュミットの直交化法で準備することができる。

基準測定における物理量 λ_a の期待値は

$$\langle\lambda_a\rangle = \sum_{k=1}^{N} \lambda_a(k)\, p(k) \tag{3.4}$$

で与えられる。(3.1) 式と (3.4) 式を連立すると、$p(k)$ は $\langle\lambda_a\rangle$ から

$$p(k) = \frac{1}{N}\left(1 + \sum_{a=1}^{N-1} \lambda_a(k)\,\langle\lambda_a\rangle\right) \tag{3.5}$$

という形に決定される。このことは、(3.5) 式を (3.1) 式と (3.4) 式に代入して、(3.2) 式と (3.3) 式を用いれば直接確認でき、二準位スピン系の (2.3) 式と (2.4) 式で $\vec{n} = (0, 0, 1)$ とした場合の拡張になっている。(3.5) 式は後でボルン則を導くときに用いる。

3.1.2 基準測定に付随した基底ベクトルと実対角行列

次に二準位系と同様にベクトル空間を導入しよう。N 次元複素ベクトル空間 $\mathcal{S}$ を考え、その中の

$$|1\rangle = \begin{pmatrix} 1 \\ 0 \\ 0 \\ \vdots \\ 0 \end{pmatrix}, |2\rangle = \begin{pmatrix} 0 \\ 1 \\ 0 \\ \vdots \\ 0 \end{pmatrix}, \cdots, |N\rangle = \begin{pmatrix} 0 \\ 0 \\ \vdots \\ 0 \\ 1 \end{pmatrix} \tag{3.6}$$

という正規直交基底に注目する。そして基準測定の各 $k = 1, 2, \cdots, N$ という結果に対応する量子状態に、(3.6) 式の $|k\rangle$ を対応させよう。また物理量 λ_a には実対角行列

$$\hat{\lambda}_a = \sum_{k=1}^{N} \lambda_a(k)\, |k\rangle\langle k| = \begin{pmatrix} \lambda_a(1) & 0 & 0 & \cdots & 0 \\ 0 & \lambda_a(2) & 0 & \cdots & 0 \\ 0 & 0 & \lambda_a(3) & \ddots & \vdots \\ \vdots & \vdots & \ddots & \ddots & 0 \\ 0 & 0 & \cdots & 0 & \lambda_a(N) \end{pmatrix} \tag{3.7}$$

を対応させる。この定義から $\hat{\lambda}_a^\dagger = \hat{\lambda}_a$ というエルミート性と

$$\left[\hat{\lambda}_a, \hat{\lambda}_{a'}\right] = 0 \tag{3.8}$$

という可換性が成り立ち、また (3.2) 式と (3.3) 式から

$$\mathrm{Tr}\left[\hat{\lambda}_a\right] = 0, \mathrm{Tr}\left[\hat{\lambda}_a \hat{\lambda}_{a'}\right] = N\delta_{aa'} \tag{3.9}$$

というトレースの性質も確認できる。

3.2 物理操作としてのユニタリー行列

基準測定の k 番目の結果に対応した状態ベクトル $|k\rangle$ には、N 次元ユニタリー行列 $\hat{U}^{(N)}$ が数学的には作用できる。そしてベクトル空間 $\mathcal{S}$ の任意の単位ベクトル $|\psi\rangle$ を $\hat{U}^{(N)}|k\rangle$ の形で与えることができる。この全ての $\hat{U}^{(N)}$ が実験できるなんらかの物理操作に対応するかどうかは、量子力学において大切な原理的問題である。

まずベクトル空間 $\mathcal{S}$ で二本のベクトル $|k\rangle$ と $|k'\rangle$ が張る部分ベクトル空間 $\mathcal{H}_{k,k'}$ だけに注目すれば、$\mathcal{H}_{k,k'}$ は二準位系の状態ベクトル空間とみなせる。そこで $\mathcal{H}_{k,k'}$ の状態ベクトルには一般に変化を与え、それと直交をする $N-2$ 次元ベクトル補空間内のベクトルには変化を与えない二準位ユニタリー行列 $\hat{U}^{(k,k')}$ を考えよう。例えば $k=1, k'=2$ の場合は

$$\hat{U}^{(1,2)} = \begin{pmatrix} u_{11} & u_{12} & 0 & \cdots & 0 \\ u_{21} & u_{22} & 0 & \cdots & 0 \\ 0 & 0 & 1 & \ddots & \vdots \\ \vdots & \vdots & \ddots & \ddots & 0 \\ 0 & 0 & \cdots & 0 & 1 \end{pmatrix} \tag{3.10}$$

という形の N 次元ユニタリー行列にあたる。全ての二準位系の量子力学の体系は同じと考えるので、二準位スピン系のユニタリー行列と同様に、この $\hat{U}^{(k,k')}$ は、系を空間回転させたり、系に外部磁場を加えたりするなどの、なんらかの物理的な操作で実現できると仮定するのは自然なことである。また任意の N 次元ユニタリー行列 $\hat{U}^{(N)}$ は $e^{i\delta}$ を位相因子として

$$\hat{U}^{(N)} = e^{i\delta}\left(\hat{U}^{(1,2)}\cdots\hat{U}^{(1,N)}\right)\left(\hat{U}^{(2,3)}\cdots\hat{U}^{(2,N)}\right)$$
$$\cdots\left(\hat{U}^{(N-2,N-1)}\hat{U}^{(N-2,N)}\right)\left(\hat{U}^{(N-1,N)}\right) \tag{3.11}$$

という形に分解可能である（演習問題 (1) 参照）。したがって $\hat{U}^{(N)}$ は最大 $N(N-1)/2$ 個の二準位ユニタリー行列 $\hat{U}^{(k,k')}$ を順番にかけることで構成できる。このことから、たとえ未知の N 準位系でも、任意の $\hat{U}^{(N)}$ に対応する物理的な操作は実現可能だと考えよう。ただしこの前提は、飽くまでも各系において、実験で検証されるべきことである。それは量子力学自体の検証に繋がっていく。なおこの前提を認めれば、$\hat{U}^{(N)}|k\rangle$ も状態ベクトルと見なせる。

3.3 一般の物理量の定義

既に (3.2) 式と (3.3) 式を使って基準測定に付随した物理量 λ_a を定義したが、より一般的な物理量も N 準位系で存在する。二準位スピン系で空間回転と SG 実験を組み合わせて $\sigma(\vec{n})$ が定義できたように、ユニタリー行列 $\hat{U}^{(N)}$ に対応する物理操作と基準測定を組み合わせて、任意の N 次元エルミート行列 $\hat{\Lambda}$ に対応する物理量 Λ と、その測定を定義することができる。

まず $\hat{\Lambda}$ のスペクトル分解

$$\hat{\Lambda} = \sum_{k=1}^{N} \Lambda(k)\,|u_k\rangle\langle u_k| \tag{3.12}$$

を考える。固有ベクトル $|u_k\rangle$ の集合である $\{|u_k\rangle\}$ と (3.6) 式の $\{|k\rangle\}$ は $\mathcal{S}$ の正規直交基底だから、

$$\hat{U}^{(N)} = \begin{pmatrix} \langle u_1|1\rangle & \langle u_1|2\rangle & \langle u_1|3\rangle & \cdots & \langle u_1|N\rangle \\ \langle u_2|1\rangle & \langle u_2|2\rangle & \langle u_2|3\rangle & \cdots & \langle u_2|N\rangle \\ \langle u_3|1\rangle & \langle u_3|2\rangle & \langle u_3|3\rangle & \ddots & \langle u_3|N\rangle \\ \vdots & \vdots & \ddots & \ddots & \vdots \\ \langle u_N|1\rangle & \langle u_N|2\rangle & \langle u_N|3\rangle & \cdots & \langle u_N|N\rangle \end{pmatrix} \tag{3.13}$$

は $|k\rangle = \hat{U}^{(N)}|u_k\rangle$ を満たすユニタリー行列である（演習問題 (2) 参照）。この

とき物理量 Λ の測定は次のように行う。

1. $\hat{U}^{(N)}$ に対応する物理操作を N 準位系に施す※36。
2. その後で基準測定を行う。
3. k 番目の結果が観測されたら、$\hat{\Lambda}$ の固有値 $\Lambda(k)$ が物理量 Λ の値として観測されたと定義する。

この測定で k 番目の結果が出る確率が $p(k)$ であるとき、物理量 Λ の期待値は

$$\langle\Lambda\rangle = \sum_{k=1}^{N} \Lambda(k)\, p(k) \tag{3.14}$$

で計算される。

3.4 同時対角化ができるエルミート行列

物理量にはいろいろあるが、二つの物理量 A, B に対応するエルミート行列 $\hat{A}, \hat{B}$ が $\left[\hat{A}, \hat{B}\right] = 0$ を満たす可換な場合、$\hat{A}|n\rangle = a_n|n\rangle$ と $\hat{B}|n\rangle = b_n|n\rangle$ のように、$\hat{A}$ と $\hat{B}$ の単位固有ベクトル $|n\rangle$ は全て共通にとれる※37。つまりある共通のユニタリー行列 $\hat{U}^{(N)}$ が存在し、$\hat{U}^{(N)}\hat{A}\hat{U}^{(N)\dagger}$ と $\hat{U}^{(N)}\hat{B}\hat{U}^{(N)\dagger}$ が対角行列となる。物理的には $\hat{U}^{(N)}$ に対応する物理操作を系に行った後に基準測定を行うことで A と B が同時に測れることを意味している。

なお N 準位系では一般に零行列ではない一つのエルミート行列 $\hat{A}$ に対して $N-2$ 個の零行列ではないエルミート行列が存在して、$\hat{A}$ を含めた合計 $N-1$ 個のその行列全てが互いに可換となる※38。つまり最大 $N-1$ 個の独立な物理

※36 …… 第14章で述べるように、多量子ビット系では $\hat{U}^{(N)}$ の物理操作を量子コンピュータ（量子回路）という形で構成できる。エルミート行列 $\hat{\Lambda}$ の固有値のいくつかが同じな場合には固有ベクトル $|u_k\rangle$ や $\hat{U}^{(N)}$ は一意ではないが、その場合はそのうちの一つの $\hat{U}^{(N)}$ を選んで物理量 Λ の定義を定めるのに用いればよい。

※37 …… この証明は付録 B.1 を参照すること。

※38 …… $\hat{A}$ に対して $N-2$ 個の行列を作るときは、各々の行列の N 本の固有ベクトルが $\hat{A}$ の固有ベクトルと一致するようにとればよい。後は $\hat{A}$ とその $N-2$ 個の行列の集合が一次独立性を保つように、$N-2$ 個の行列の各固有値を適当に与えればよい。

量を物理操作と基準測定で同時に測ることができる。

3.5 量子状態を定める物理量

上での準備を踏まえ、N 準位系に密度演算子 $\hat{\rho}$ を導入するための議論を始めていこう。まずは量子状態を特定するのに十分な数の物理量として、基準測定で定めた $N-1$ 個のエルミート行列 $\hat{\lambda}_a$ を含んだ

$$\hat{\lambda}_n^\dagger = \hat{\lambda}_n, \mathrm{Tr}\left[\hat{\lambda}_n\right] = 0, \mathrm{Tr}\left[\hat{\lambda}_n \hat{\lambda}_{n'}\right] = N\delta_{nn'} \tag{3.15}$$

を満たす N^2-1 個のエルミート行列 $\hat{\lambda}_n$ を考える。(3.15) 式を満たす行列は実際に作れることも確認できる※39（演習問題 (3) 参照）。ここで $\hat{\lambda}_n$ の初めの $N-1$ 個が (3.7) 式の $\hat{\lambda}_a$ に対応している。例えば基準測定が z 軸方向の SG 実験である $N=2$ の二準位スピン系の場合では、$N^2-1=3$ 個の $\hat{\lambda}_1 = \hat{\sigma}_z, \hat{\lambda}_2 = \hat{\sigma}_x, \hat{\lambda}_3 = \hat{\sigma}_y$ に対応する。上で述べた物理量 Λ の場合と同様に、期待値 $\langle\lambda_n\rangle$ は実験で測ることができる。

3.6 N 準位系のブロッホ表現

二準位系では (2.15) 式のブロッホ表現が有用だったが、N 準位系の量子状態を定める時にも、その数学的拡張が以下のように存在する。3.3 節で述べた方法で $\hat{\lambda}_n$ に対応する物理量の (3.14) 式の期待値 $\langle\lambda_n\rangle$ を 1 つの量子状態に対して計測して、それを用いて N 次元エルミート行列 $\hat{\rho}$ を

$$\hat{\rho} = \frac{1}{N}\left(\hat{I} + \sum_{n=1}^{N^2-1} \langle\lambda_n\rangle \hat{\lambda}_n\right) \tag{3.16}$$

で定義しよう。この式から自動的に $\mathrm{Tr}[\hat{\rho}] = 1$ を満たすことがわかる。また

※39 …… $\hat{\lambda}_a$ 同士の場合を除いて、$\hat{\lambda}_n$ と $\hat{\lambda}_{n'}$ の交換関係 $[\hat{\lambda}_n, \hat{\lambda}_{n'}]$ は消えずに $\hat{\lambda}_n$ の線形和になる。数学的に言うと、N^2-1 個の $\hat{\lambda}_n$ は $SU(N)$ 群の生成子である。$\hat{I}$ と N^2-1 個の $\hat{\lambda}_n$ は N 次元エルミート行列をベクトルとみなしたときの直交基底を成す。

(3.15) 式を使うと、

$$\mathrm{Tr}\left[\hat{\rho}\hat{\lambda}_n\right] = \langle \lambda_n \rangle \tag{3.17}$$

という関係も証明できる。

量子力学ではこの $\hat{\rho}$ が与えられると、以降でみるように、任意の物理量の確率分布が決まる。つまり量子状態は $\hat{\rho}$ でも表すことができる。この $\hat{\rho}$ を $\langle \lambda_n \rangle$ の実験データから決定することを、一般に**量子状態トモグラフィ** (quantum state tomography) と呼ぶ。

3.7　基準測定におけるボルン則

二準位スピン系の場合と同様に、N 準位系でも (3.16) 式の $\hat{\rho}$ を用いると物理量の観測確率の公式を導くことができる。ここではまず物理量 λ_a に対してそれを示そう。$\hat{\lambda}_n$ の n を 1 から $N-1$ までに限定すれば、(3.7) 式のエルミート行列 $\hat{\lambda}_a$ に対応する λ_a に対しても (3.17) 式から $\langle \lambda_a \rangle = \mathrm{Tr}\left[\hat{\rho}\hat{\lambda}_a\right]$ が成り立つ。これと $\mathrm{Tr}\left[\hat{\rho}\right] = 1$ と (3.5) 式から

$$p(k) = \frac{1}{N}\left(1 + \sum_{a=1}^{N-1} \lambda_a(k) \langle \lambda_a \rangle\right) = \mathrm{Tr}\left[\hat{\rho}\frac{1}{N}\left(\hat{I} + \sum_{a=1}^{N-1} \lambda_a(k) \hat{\lambda}_a\right)\right] \tag{3.18}$$

が成り立つ。一方、$|k\rangle$ の完全性の方程式

$$\sum_{k=1}^{N} |k\rangle\langle k| = \hat{I} \tag{3.19}$$

と $\hat{\lambda}_a$ のスペクトル分解の $N-1$ 本の方程式

$$\sum_{k=1}^{N} \lambda_a(k) |k\rangle\langle k| = \hat{\lambda}_a \tag{3.20}$$

を連立すると、(3.1) 式と (3.4) 式と同じ形の線形方程式であることから、

$$|k\rangle\langle k| = \frac{1}{N}\left(\hat{I} + \sum_{a=1}^{N-1} \lambda_a(k) \hat{\lambda}_a\right) \tag{3.21}$$

が導かれる。(3.21) 式は二準位スピン系の z 軸方向の SG 実験で $\vec{n} = (0,0,1)$ と置いた (2.26) 式の拡張であり、(3.18) 式に (3.21) 式を代入すれば、

$$p(k) = \mathrm{Tr}\left[\hat{\rho}|k\rangle\langle k|\right] = \langle k|\hat{\rho}|k\rangle$$

が得られる。ここで $\hat{\lambda}_a$ の固有ベクトルから作られる射影演算子を $\hat{P}_k = |k\rangle\langle k|$ と書くと、(2.27) 式のように

$$p(k) = \mathrm{Tr}\left[\hat{\rho}\hat{P}_k\right] \tag{3.22}$$

というボルン則が証明される。

3.8 一般の物理量の場合のボルン則

基準測定の場合のボルン則の結果を用いると、一般の物理量 Λ の測定におけるボルン則も導かれる。まず対応するエルミート行列 $\hat{\Lambda}$ をスペクトル分解して

$$\hat{\Lambda} = \sum_{k=1}^{N} \Lambda(k)\,|u_k\rangle\langle u_k| \tag{3.23}$$

と書く。そして

$$|k\rangle = \hat{U}^{(N)}|u_k\rangle \tag{3.24}$$

を満たすユニタリー行列 $\hat{U}^{(N)}$ に対応する物理操作を系に施すと、二準位系と同様に $\hat{\rho}$ は

$$\hat{\rho}' = \hat{U}^{(N)}\hat{\rho}\hat{U}^{(N)\dagger} \tag{3.25}$$

と変換される※40。この状態で基準測定の k 番目の結果が観測される確率は (3.22) 式から

$$p(k) = \mathrm{Tr}\left[\hat{\rho}'|k\rangle\langle k|\right] = \langle k|\hat{\rho}'|k\rangle \tag{3.26}$$

である。これに (3.24) 式と (3.25) 式を代入すると $\hat{U}^{(N)\dagger}\hat{U}^{(N)} = \hat{I}$ から

※40 …… この変換は $\hat{\rho} = \Sigma\rho_{kk'}|u_k\rangle\langle u_{k'}|$ と展開してやることで、$\hat{\rho}' = \Sigma\rho_{kk'}|k\rangle\langle k'| = \hat{U}^{(N)}\hat{\rho}\hat{U}^{(N)\dagger}$ となることから理解できる。またこれを物理量 λ_n で表現すると、$\langle\lambda_n\rangle = \mathrm{Tr}[\hat{\rho}\hat{\lambda}_n]$ という期待値を与える状態から、$\langle\lambda_n\rangle' = \mathrm{Tr}[\hat{\rho}'\hat{\lambda}_n] = \mathrm{Tr}[\hat{U}^{(N)}\hat{\rho}\hat{U}^{(N)\dagger}\hat{\lambda}_n]$ という期待値を与える状態へと、$\hat{U}^{(N)}$ に対応する物理操作は変換するという意味になる。

$$p(k) = \mathrm{Tr}\left[\hat{\rho}|u_k\rangle\langle u_k|\right] = \langle u_k|\hat{\rho}|u_k\rangle \tag{3.27}$$

というボルン則が証明される。また N 個の k を複数のグループ $K_a(a = 1, \cdots, M \leq N)$ に分けた場合に、K_a に属する k が観測される確率 $p(K_a)$ は、$\hat{P}(K_a) = \sum_{k \in K_a} |u_k\rangle\langle u_k|$ という射影演算子を用いて

$$p(K_a) = \sum_{k \in K_a} p(k) = \mathrm{Tr}\left[\hat{\rho} \sum_{k \in K_a} |u_k\rangle\langle u_k|\right] = \mathrm{Tr}\left[\hat{\rho}\hat{P}(K_a)\right] \tag{3.28}$$

で与えられる。

3.9 $\hat{\rho}$ の非負性

実験で計測された $\langle\lambda_n\rangle$ を (3.16) 式に代入した $\hat{\rho}$ が $\hat{\rho} \geq 0$ を満たすかどうかは非自明なことであるが、これは (3.25) 式の任意のユニタリー行列 $\hat{U}^{(N)}$ が物理操作に対応するという 3.2 節の前提を使うと証明できる。この場合には任意のエルミート行列 $\hat{\Lambda}$ に対する (3.13) 式のユニタリー行列にも物理操作が対応する。そのため 3.3 節で述べたように $\hat{\Lambda}$ には対応する物理量 Λ が必ず存在することになる。また任意の単位ベクトル $|\psi\rangle$ に対して、ある $\hat{\Lambda}$ が存在して、$\hat{\Lambda}$ の 1 つの固有ベクトル $|u_k\rangle$ を $|\psi\rangle$ に一致させることがいつでもできることを思い出そう。(3.27) 式において Λ の観測確率 $p(k)$ が非負である条件 $(p(k) \geq 0)$ が成り立つことから、任意の $|\psi\rangle$ に対して $\langle\psi|\hat{\rho}|\psi\rangle \geq 0$ が導かれるため、$\hat{\rho} \geq 0$ が証明される（付録 B.1 参照）。この結果と、自明に成り立つ $\mathrm{Tr}[\hat{\rho}] = 1$ から、$\hat{\rho}$ は密度演算子であることが保証される。

3.10 縮退

物理量に対応するエルミート行列 $\hat{\Lambda}$ の固有値 $\Lambda(k)$ が全て異なる値の場合に、$\hat{\Lambda}$ には**縮退** (degeneracy) がないという。この場合には $\Lambda(k)$ の値が観測される確率は (3.27) 式で与えられる。一方、いくつかの $\Lambda(k)$ が同じ値をとる

場合には、$\hat{\Lambda}$ に縮退があるという。$\hat{\Lambda}$ に縮退がある場合、ある固有値 λ が観測される確率 $p(\Lambda=\lambda)$ は、$\Lambda(k)=\lambda$ となる k が現れる確率 $p(k)$ の和である。このときは、$\hat{\Lambda}$ の固有値 $\Lambda(k)$ に対応した固有ベクトル $|u_k\rangle$ を用いて

$$\hat{P}(\lambda)=\sum_{\Lambda(k)=\lambda}|u_k\rangle\langle u_k| \tag{3.29}$$

という射影演算子を定義しよう。これを用いると、$\Lambda=\lambda$ という値が観測される確率に対しての

$$p(\Lambda=\lambda)=\mathrm{Tr}\left[\hat{\rho}\hat{P}(\lambda)\right] \tag{3.30}$$

というボルン則が導出される※41。$\hat{\Lambda}$ に縮退のない場合でも、この (3.30) 式は正しく (3.27) 式を再現する。また $\hat{\Lambda}$ のスペクトル分解は

$$\hat{\Lambda}=\sum_{\lambda}\lambda\hat{P}(\lambda) \tag{3.31}$$

とも書けるので、物理量の期待値 $\langle\Lambda\rangle$ は

$$\langle\Lambda\rangle=\sum_{\lambda}\lambda p(\Lambda=\lambda)=\mathrm{Tr}\left[\hat{\rho}\hat{\Lambda}\right] \tag{3.32}$$

と計算される。

3.11 純粋状態と混合状態

ベクトル空間 $\mathcal{S}$ の任意の単位ベクトル $|\psi\rangle$ は、基準測定で用意できる状態ベクトル $|k\rangle$ の一つに物理操作に対応するユニタリー行列 $\hat{U}^{(N)}$ をかけることで得られる。つまり任意の $|\psi\rangle$ に対応する量子状態も物理的に用意できることになる。したがってベクトル $|\psi\rangle$ の集合で張られるベクトル空間 $\mathcal{S}$ を、N 準位系の状態空間と解釈できることが確認される。

状態ベクトル $|\psi\rangle$ で記述される量子状態の密度演算子 $\hat{\rho}$ は $|\psi\rangle\langle\psi|$ で与えられる。二準位系と同様に、$\hat{\rho}$ の固有値が一つだけ 1 で他の固有値全てが 0 である場合に、その量子状態は純粋状態であると定義される。なお $\hat{\rho}$ が $|\psi\rangle\langle\psi|$ と

※41 …この測定後の対象系の量子状態については、第 7 章 7.3 節で詳しく述べる。

いう純粋状態ならば、(3.27) 式の観測確率は $p(k) = |\langle u_k|\psi\rangle|^2$ というボルン則で計算できる。

互いに直交する N 個の状態ベクトルで記述される純粋状態にある N 準位系に対して確率混合を行うことで、$\mathrm{Tr}\,[\hat{\rho}] = 1$ と $\hat{\rho} \geq 0$ を満たす任意の密度演算子 $\hat{\rho}$ は物理的な量子状態として準備可能なことが示される。一般に密度演算子 $\hat{\rho}$ の固有値 p_n は、$\hat{\rho} \geq 0$ であるために負にならない実数となる。また $\mathrm{Tr}\,[\hat{\rho}] = 1$ から $\sum_n p_n = 1$ を満たす。負にならない実数 p_n の総和が 1 なので、各 p_n は 1 以下である。つまり $0 \leq p_n \leq 1$ と $\sum_n p_n = 1$ を満たすことから、p_n を確率分布と解釈できる。密度演算子 $\hat{\rho}$ の固有値 p_n に一致する確率で、その固有値に対応する $|\psi_n\rangle\langle\psi_n|$ という固有状態を生成すれば、その確率混合で作られる量子状態は $\hat{\rho}$ のスペクトル分解と同じ形を持つ $\sum_n p_n|\psi_n\rangle\langle\psi_n|$ で記述されることが確認できる※42。一方、密度演算子に対応できない状態は今のところ実験で作られたことがない。この事実も踏まえて量子力学では、未知の N 準位系でも、その量子状態は密度演算子 $\hat{\rho}$ で与えられると考える※43。

ここで第 5 章でも使う $\hat{\rho}$ の有用な一般的性質を述べておこう。$\hat{\rho}$ の固有値 p_n を使うと、$\mathrm{Tr}\,[\hat{\rho}] = 1$ と $\hat{\rho} \geq 0$ から

$$\mathrm{Tr}\left[\hat{\rho}^2\right] \leq 1 \tag{3.33}$$

が示せる（演習問題 (4)）。なお $\mathrm{Tr}\left[\hat{\rho}^2\right] = 1$ ならば $\hat{\rho}$ は純粋状態であることが保証される。

また二準位系の (2.8) 式の自然な拡張としての

$$\sum_{n=1}^{N^2-1} \langle\lambda_n\rangle^2 \leq N - 1 \tag{3.34}$$

という不等式が、(3.33) 式から導かれる（演習問題 (5) 参照）。(3.34) 式の等号が達成されると $\hat{\rho}$ は純粋状態を表す。

ただし二準位系とは異なり、(3.34) 式の条件を満たす全ての $(\langle\lambda_1\rangle, \cdots, \langle\lambda_{N^2-1}\rangle)$ が物理的に実現するわけではないことには注意が

※42 …… ここでは縮退のない $\hat{\rho}$ で説明しているが、$\hat{\rho}$ に縮退があっても同様の結果を得る。

※43 …… もし将来密度演算子で書けない状態が作られたら、そのときには量子力学を超える理論が必要となる。

必要である※44。$N \geq 3$ では、例えばある純粋状態 $\hat{\rho} = |\psi\rangle\langle\psi|$ が $(\langle\lambda_1\rangle, \cdots, \langle\lambda_{N^2-1}\rangle)$ という期待値を与える場合には、$(\langle\lambda_1\rangle', \cdots, \langle\lambda_{N^2-1}\rangle') = -(\langle\lambda_1\rangle, \cdots, \langle\lambda_{N^2-1}\rangle)$ という期待値を与える量子状態 $\hat{\rho}'$ は存在しない（演習問題 (6)）。$N \geq 3$ では、量子状態を表す $(\langle\lambda_1\rangle, \cdots, \langle\lambda_{N^2-1}\rangle)$ が成す集合は複雑な形の多様体になる。

SUMMARY

まとめ

N 準位系の量子力学の前提は

1. どの系でも、N 個の異なる量子状態を一回の観測で区別する基準測定が少なくとも一つ存在し、その測定直後に同じ測定を繰り返しても、最初の測定結果と二回目の測定結果は一致するという反復可能性を満たす。
2. どの系の状態も、物理量の期待値、または確率分布の情報だけで一意的に決定される。
3. どの系でも、物理量の期待値で定義される (3.16) 式の行列 $\hat{\rho}$ に対して $\hat{\rho}' = \hat{U}^{(N)}\hat{\rho}\hat{U}^{(N)\dagger}$ という変化を起こす任意のユニタリー行列 $\hat{U}^{(N)}$ は、原理的に実現可能な物理操作に対応する。

で与えられ、この前提は実験で検証されるべきことである。これまでこの前提が破れた結果を示す実験は存在しない。この前提の下で、量子力学の定式化は次のようにまとめられる。

密度演算子　どの系でも、(3.16) 式の $\hat{\rho}$ は $\mathrm{Tr}[\hat{\rho}] = 1$ と $\hat{\rho} \geq 0$ を満たし、実現可能な量子状態を定める。

純粋状態　$\hat{\rho}$ の一つの固有値が 1 で、残りの固有値全てが 0 であるときに、$\hat{\rho}$ は純粋状態を記述している。この場合には、固有値 1 に対応する $\hat{\rho}$ の単位固有ベクトルがその純粋状態の状態ベクトル $|\psi\rangle$ になっている。

物理量　エルミート行列 $\hat{\Lambda}$ には対応する物理量 Λ が存在し、Λ の測定で観測

※44 …これについては次の論文と、その中に出てくる参考文献を参照。G. Kimura, *Physics Letters A* **314**, 339 (2003).

される値は $\hat{\Lambda}$ の固有値になっている。

ボルン則　量子状態 $\hat{\rho}$ にある系に対して $\Lambda = \lambda$ が観測される確率 $p(\lambda)$ は、(3.30) 式のボルン則で計算される。

物理量の期待値　量子状態 $\hat{\rho}$ における物理量 Λ の期待値 $\langle\Lambda\rangle$ は $\mathrm{Tr}\left[\hat{\rho}\hat{\Lambda}\right]$ で求めることができる。

なお測定後の量子状態については第 7 章 7.3.2 節で説明をする。

EXERCISES

演習問題

問 1 任意の三次元ユニタリー行列 $\hat{U}^{(3)}$ は、位相因子 $e^{i\delta}$ と

$$\hat{U}^{(1,2)} = \begin{pmatrix} a^{(1,2)} & b^{(1,2)} & 0 \\ c^{(1,2)} & d^{(1,2)} & 0 \\ 0 & 0 & 1 \end{pmatrix}, \ \hat{U}^{(1,3)} = \begin{pmatrix} a^{(1,3)} & 0 & b^{(1,3)} \\ 0 & 1 & 0 \\ c^{(1,3)} & 0 & d^{(1,3)} \end{pmatrix},$$

$$\hat{U}^{(2,3)} = \begin{pmatrix} 1 & 0 & 0 \\ 0 & a^{(2,3)} & b^{(2,3)} \\ 0 & c^{(2,3)} & d^{(2,3)} \end{pmatrix} \tag{3.35}$$

という三次元二準位ユニタリー行列を用いて、$\hat{U}^{(3)} = e^{i\delta}\hat{U}^{(1,2)}\hat{U}^{(1,3)}\hat{U}^{(2,3)}$ と分解できることを示せ。この証明の自然な拡張で、N 次元ユニタリー行列に対する (3.11) 式も示せる。

解

$$\hat{U}^{(3)} = \begin{pmatrix} u_{11} & u_{12} & u_{13} \\ u_{21} & u_{22} & u_{23} \\ u_{31} & u_{32} & u_{33} \end{pmatrix} \tag{3.36}$$

に対して

$$\hat{U}^{(1,2)} = \frac{1}{\sqrt{|u_{11}|^2 + |u_{21}|^2}} \begin{pmatrix} u_{11} & u_{21}^* & 0 \\ u_{21} & -u_{11}^* & 0 \\ 0 & 0 & \sqrt{|u_{11}|^2 + |u_{21}|^2} \end{pmatrix} \tag{3.37}$$

ととると $\hat{U}^{(1,2)\dagger}\hat{U}^{(3)}$ は

$$\hat{U}^{(1,2)\dagger}\hat{U}^{(3)} = \begin{pmatrix} u'_{11} & u'_{12} & u'_{13} \\ 0 & u'_{22} & u'_{23} \\ u'_{31} & u'_{32} & u'_{33} \end{pmatrix} \tag{3.38}$$

という形になる。また

$$\hat{U}^{(1,3)} = \frac{1}{\sqrt{|u'_{11}|^2 + |u'_{31}|^2}} \begin{pmatrix} u'_{11} & 0 & u'^{*}_{31} \\ 0 & \sqrt{|u'_{11}|^2 + |u'_{31}|^2} & 0 \\ u'_{31} & 0 & -u'^{*}_{11} \end{pmatrix} \tag{3.39}$$

ととれば、$\hat{U}^{(1,3)\dagger}\hat{U}^{(1,2)\dagger}\hat{U}^{(3)}$ は

$$\hat{U}^{(1,3)\dagger}\hat{U}^{(1,2)\dagger}\hat{U}^{(3)} = \begin{pmatrix} u''_{11} & u''_{12} & u''_{13} \\ 0 & u''_{22} & u''_{23} \\ 0 & u''_{32} & u''_{33} \end{pmatrix} \tag{3.40}$$

という形になる。ここで $\hat{U}^{(1,3)\dagger}\hat{U}^{(1,2)\dagger}\hat{U}^{(3)}$ はユニタリー行列であることから、T を転置として、$(u''_{11}\ 0\ 0)^T$ という縦ベクトルは単位ベクトルであるため、u''_{11} は位相因子 $e^{i\delta}$ の形になる。また $\hat{U}^{(1,3)\dagger}\hat{U}^{(1,2)\dagger}\hat{U}^{(3)}$ がユニタリー行列であるために $\left(e^{i\delta}\ 0\ 0\right)^T$ と $(u''_{12}\ u''_{22}\ u''_{32})^T$ は直交するため、$u''_{12} = 0$ となる。同様に $\left(e^{i\delta}\ 0\ 0\right)^T$ と $(u''_{13}\ u''_{23}\ u''_{33})^T$ は直交するため、$u''_{13} = 0$ となる。したがって

$$\hat{U}^{(2,3)} = \begin{pmatrix} 1 & 0 & 0 \\ 0 & u''_{22}e^{-i\delta} & u''_{23}e^{-i\delta} \\ 0 & u''_{32}e^{-i\delta} & u''_{33}e^{-i\delta} \end{pmatrix} \tag{3.41}$$

ととれば、$\hat{U}^{(1,3)\dagger}\hat{U}^{(1,2)\dagger}\hat{U}^{(3)} = e^{i\delta}\hat{U}^{(2,3)}$ から $\hat{U}^{(3)} = e^{i\delta}\hat{U}^{(1,2)}\hat{U}^{(1,3)}\hat{U}^{(2,3)}$ が得られる。

問 2 (3.13) 式のユニタリー行列が、$|k\rangle = \hat{U}^{(N)}|u_k\rangle$ を満たすことを示せ。

解 $|u_k\rangle$ を

$$|u_k\rangle = \begin{pmatrix} u_k(1) \\ u_k(2) \\ u_k(3) \\ \vdots \\ u_k(N) \end{pmatrix} \tag{3.42}$$

と縦ベクトル表示をすると、(3.6) 式から $u_k(k') = \langle k'|u_k\rangle$ が成り立つ。したがって付録の (B.18) 式の完全性の関係式と $\langle u_{k'}|u_k\rangle = \delta_{k'k}$ を使って

$$\hat{U}^{(N)}|u_k\rangle = \begin{pmatrix} \langle u_1|1\rangle & \langle u_1|2\rangle & \langle u_1|3\rangle & \cdots & \langle u_1|N\rangle \\ \langle u_2|1\rangle & \langle u_2|2\rangle & \langle u_2|3\rangle & \cdots & \langle u_2|N\rangle \\ \langle u_3|1\rangle & \langle u_3|2\rangle & \langle u_3|3\rangle & \ddots & \langle u_3|N\rangle \\ \vdots & \vdots & \ddots & \ddots & \vdots \\ \langle u_N|1\rangle & \langle u_N|2\rangle & \langle u_N|3\rangle & \cdots & \langle u_N|N\rangle \end{pmatrix} \begin{pmatrix} \langle 1|u_k\rangle \\ \langle 2|u_k\rangle \\ \langle 3|u_k\rangle \\ \vdots \\ \langle N|u_k\rangle \end{pmatrix}$$

$$= \begin{pmatrix} \langle u_1|u_k\rangle \\ \langle u_2|u_k\rangle \\ \langle u_3|u_k\rangle \\ \vdots \\ \langle u_N|u_k\rangle \end{pmatrix} = |k\rangle \tag{3.43}$$

が示せる。$\hat{U}^{(N)}|u_k\rangle = |k\rangle$ と二つの正規直交基底の完全性から

$$\hat{U}^{(N)}\hat{U}^{(N)\dagger} = \hat{U}^{(N)} \left(\sum_{k=1}^{N} |u_k\rangle\langle u_k| \right) \hat{U}^{(N)\dagger} = \sum_{k=1}^{N} |k\rangle\langle k| = \hat{I} \tag{3.44}$$

となり、$\hat{U}^{(N)}$ はユニタリー行列であることがわかる。

問3 (3.15) 式を満たす N^2-1 個の N 次元エルミート行列 $\hat{\lambda}_n$ が存在することを示せ。

解 まず N 次元エルミート行列 $\hat{\Lambda}$ は $\hat{\Lambda}^\dagger = \hat{\Lambda}$ を考慮すると、N^2 個の実数で指定される。二つの N 次元エルミート行列 $\hat{\Lambda}, \hat{\Lambda}'$ に対して、

$$\left(\mathrm{Tr}\left[\hat{\Lambda}\hat{\Lambda}'\right]\right)^* = \mathrm{Tr}\left[\hat{\Lambda}^*\hat{\Lambda}'^*\right] = \mathrm{Tr}\left[\hat{\Lambda}^T\hat{\Lambda}'^T\right] = \mathrm{Tr}\left[\hat{\Lambda}'^T\hat{\Lambda}^T\right] = \mathrm{Tr}\left[\left(\hat{\Lambda}\hat{\Lambda}'\right)^T\right]$$

$$= \mathrm{Tr}\left[\hat{\Lambda}\hat{\Lambda}'\right] \tag{3.45}$$

が成り立つため、$\mathrm{Tr}\left[\hat{\Lambda}\hat{\Lambda}'\right]$ はいつも実数値をとる。ここで T は i 行 j 列成分を j 行 i 列成分に入れ替える転置操作を意味している。この内積の実数性の証明には、行列 $\hat{\Lambda}$ のエルミート性から出てくる $\hat{\Lambda}^* = \hat{\Lambda}^T$ の関係式と、$\mathrm{Tr}\left[AB\right] = \mathrm{Tr}\left[BA\right]$ というトレースの性質と、$(\hat{A}\hat{B})^T = \hat{B}^T\hat{A}^T$ という転置 T の性質及び $\mathrm{Tr}\left[A^T\right] = \mathrm{Tr}\left[A\right]$ という関係式を使っている。また $\mathrm{Tr}\left[\hat{\Lambda}\hat{\Lambda}'\right]$ は内積の各性質を満たしている。複数のエルミート行列の実係数による線形和もまたエルミート行列になるため、このエルミート行列の集合は、内積 $\mathrm{Tr}\left[\hat{\Lambda}\hat{\Lambda}'\right]$ が入っている N^2 次元実ベクトル空間である。単位行列 $\hat{I}$ に比例した $\hat{e}_0 = \frac{1}{\sqrt{N}}\hat{I}$ は、$\mathrm{Tr}\left[\hat{e}_0\hat{e}_0\right] = 1$ から、このベクトル空間に属する単位ベクトルになっている。$m = 0, 1, 2, \cdots, N^2 - 1$ として、このベクトル空間にはこの $\hat{e}_0$ を含む N^2 個の単位ベクトル $\hat{e}_m$ から成る正規直交基底が存在する。$\hat{\lambda}_m = \sqrt{N}\hat{e}_m$ というエルミート行列に対して、$n = 1, 2, \cdots, N^2 - 1$ とすれば、$\mathrm{Tr}\left[\hat{e}_0\hat{e}_n\right] = 0$ から $\mathrm{Tr}\left[\hat{\lambda}_n\right] = 0$ が成り立つ。また $\mathrm{Tr}\left[\hat{e}_n\hat{e}_{n'}\right] = \delta_{nn'}$ から $\mathrm{Tr}\left[\hat{\lambda}_n\hat{\lambda}_{n'}\right] = N\delta_{nn'}$ が得られる。特に $n = 1, 2, \cdots, N-1$ の $\hat{\lambda}_n$ は (3.9) 式を満たす (3.7) 式の対角行列にとることができ、残りの $N^2 - N$ 本の基底ベクトルは通常のグラム＝シュミットの直交化法で構成することができる。

問 4 $\mathrm{Tr}\left[\hat{\rho}\right] = 1$ と $\hat{\rho} \geq 0$ を満たす $\hat{\rho}$ に対して、$\mathrm{Tr}\left[\hat{\rho}^2\right] \leq 1$ を証明せよ。

解 $\hat{\rho}$ を対角化して、$\mathrm{Tr}\left[\hat{\rho}^2\right]$ が $\hat{\rho}$ の固有値 p_n の二乗和 $\sum_n p_n^2$ になることを使うと $\mathrm{Tr}\left[\hat{\rho}^2\right] \leq 1$ は示せる。対角化のユニタリー行列を $\hat{V}$ として

$$\hat{\rho} = \hat{V}\hat{\rho}_D\hat{V}^\dagger = \hat{V}\begin{pmatrix} p_1 & 0 & \cdots & 0 \\ 0 & p_2 & \cdots & 0 \\ \vdots & \vdots & \ddots & \vdots \\ 0 & 0 & \cdots & p_N \end{pmatrix}\hat{V}^\dagger \tag{3.46}$$

とすれば

$$\mathrm{Tr}\left[\hat{\rho}^2\right] = \mathrm{Tr}\left[\hat{V}\hat{\rho}_D\hat{V}^\dagger\hat{V}\hat{\rho}_D\hat{V}^\dagger\right] = \mathrm{Tr}\left[\hat{\rho}_D\hat{V}^\dagger\hat{V}\hat{\rho}_D\hat{V}^\dagger\hat{V}\right] = \mathrm{Tr}\left[\hat{\rho}_D^2\right] = \sum_n p_n^2 \tag{3.47}$$

となる。そして $\hat{\rho}$ の全ての固有値 p_n が非負であれば、$\mathrm{Tr}\left[\hat{\rho}\right] = \sum_n p_n = 1$ を

つかって

$$\sum_n p_n^2 \leq \sum_n p_n^2 + \sum_{n \neq m} p_n p_m = \left(\sum_n p_n\right)^2 = 1 \tag{3.48}$$

が成り立つために $\sum_n p_n^2 \leq 1$ が保証されている。また $\mathrm{Tr}\left[\hat{\rho}^2\right] = 1$ ならば $\langle p \rangle = \sum_n p_n p_n = 1$ が成り立つため、確率の期待値 $\langle p \rangle$ がその最大値である 1 に一致している。これが実現するためには、非零の確率 $(p_n \neq 0)$ で出現する p_n が全て 1 である必要がある。$\sum_n p_n = 1$ と合わせて考えると、1 つの n に対してのみ $p_n = 1$ で他の $p_{n'}$ は零となり、その結果として $\hat{\rho}$ は純粋状態に限定される。

問 5 $\mathrm{Tr}\left[\hat{\rho}^2\right] \leq 1$ から (3.34) 式を示せ。

解 (3.16) 式を $\mathrm{Tr}\left[\hat{\rho}^2\right]$ に代入して (3.15) 式を用いると

$$\mathrm{Tr}\left[\hat{\rho}^2\right] = \frac{1}{N}\left(1 + \sum_{n=1}^{N^2-1} \langle \lambda_n \rangle^2\right) \tag{3.49}$$

という結果を得る。この右辺が 1 以下であるという条件から (3.34) 式を得る。

問 6 $N \geq 3$ において、ある純粋状態 $\hat{\rho} = |\psi\rangle\langle\psi|$ が (3.15) 式を満たす物理量の期待値 $(\langle \lambda_1 \rangle, \cdots, \langle \lambda_{N^2-1} \rangle)$ を与える場合には、$\left(\langle \lambda_1 \rangle', \cdots, \langle \lambda_{N^2-1} \rangle'\right) = -(\langle \lambda_1 \rangle, \cdots, \langle \lambda_{N^2-1} \rangle)$ という期待値を与える量子状態 $\hat{\rho}'$ は存在しないことを示せ。

解 $\hat{\rho}$ が純粋状態ならば $\sum_n \langle \lambda_n \rangle^2 = N - 1$ が成り立つ。すると $\langle \lambda_n' \rangle = -\langle \lambda_n \rangle$ に対しても $\sum_n \langle \lambda_n' \rangle^2 = N - 1$ となるため、$\hat{\rho}'$ も純粋状態でなければならない。任意の二つの純粋状態 $\hat{\rho} = |\psi\rangle\langle\psi|$ と $\hat{\rho}' = |\psi'\rangle\langle\psi'|$ に対しては $0 \leq |\langle\psi|\psi'\rangle|^2 = \mathrm{Tr}[\hat{\rho}\hat{\rho}']$ が成り立つ。これに (3.16) 式を代入すれば、$0 \leq 1 + \sum_n \langle \lambda_n \rangle \langle \lambda_n' \rangle$ が出てくるが、$\langle \lambda_n' \rangle = -\langle \lambda_n \rangle$ の場合は $N \geq 3$ でこの不等式を満たさないことが $\sum_n \langle \lambda_n \rangle^2 = N - 1$ からわかる。

第4章

合成系の量子状態

ここでは二つの二準位スピン系の合成系を用いて、合成系の量子状態を説明する。この章の結果は、任意の二つの量子系の合成や、多体系の合成へと、そのまま自然に拡張できる。まずはその記述に必要な数学的な道具である**テンソル積** (tensor product) から説明をしておく。

4.1　テンソル積を作る気持ち

数学的概念であるテンソル積は、物理的に独立な量子系を複数考えるときに、その合成系全体の量子状態を記述するのに役立つ。例えば図 4.1 のように、地球と月に置かれた二準位スピン A と B を考えよう。最初に A と B の物理量は相関を持っていないとする。つまり各々の量子状態 $\hat{\rho}_A$ と $\hat{\rho}'_B$ は独立に与えられている。地球における A の物理量 $\sigma_A = \sigma(\vec{n})$ の測定を含む物理操作と、月における B の物理量 $\sigma'_B = \sigma(\vec{n}')$ の測定を含む物理操作は全く独立に行わ

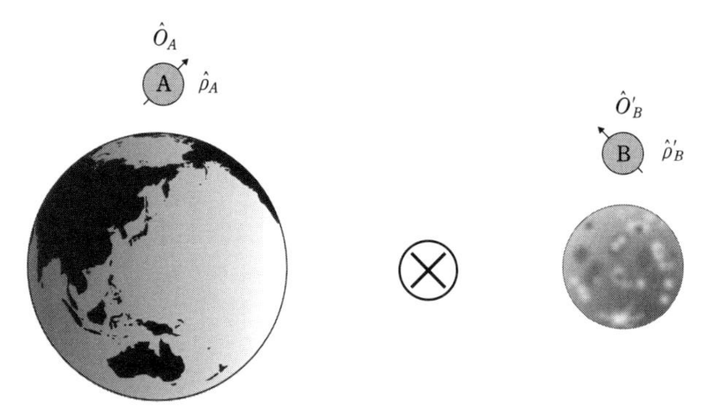

図 4.1　地球と月に置かれた二準位スピン

れるし、その測定結果も互いに影響を与えない。

テンソル積を導入する気持ちを端的に表現するならば、地球と月という異なる二つ世界のスピンの状態を並べただけの $\hat{\rho}_A$ と $\hat{\rho}'_B$ の二本の式を、$\otimes$ という記号を使って $\hat{\rho}_A \otimes \hat{\rho}'_B$ という一本の式でシンプルに書きたいということに尽きる。A と B の測定についても独立なのだから、測定結果 $s = \pm 1$ に対する $\hat{\sigma}_A$ の射影演算子 $\hat{P}_A(s) = \frac{1}{2}\left(\hat{I} + s\hat{\sigma}_A\right)$ と、測定結果 $s' = \pm 1$ に対する $\hat{\sigma}'_B$ の射影演算子 $\hat{P}'_B(s') = \frac{1}{2}\left(\hat{I} + s'\hat{\sigma}'_B\right)$ についても並べて書かずに、一本の式として

$$\hat{P}_A(s) \otimes \hat{P}'_B(s') = \frac{1}{2}\left(\hat{I} + s\hat{\sigma}_A\right) \otimes \frac{1}{2}\left(\hat{I} + s'\hat{\sigma}'_B\right) \tag{4.1}$$

と書こう。ボルン則の計算で必要な $\hat{\rho}_A \otimes \hat{\rho}'_B$ と (4.1) 式の行列の「積」は、地球では地球で、月では月で独立に計算されるべきなので、

$$\begin{aligned}&(\hat{\rho}_A \otimes \hat{\rho}'_B)\left(\frac{1}{2}\left(\hat{I} + s\hat{\sigma}_A\right) \otimes \frac{1}{2}\left(\hat{I} + s'\hat{\sigma}'_B\right)\right)\\&= \left[\hat{\rho}_A\left(\frac{1}{2}\left(\hat{I} + s\hat{\sigma}_A\right)\right)\right] \otimes \left[\hat{\rho}'_B\left(\frac{1}{2}\left(\hat{I} + s'\hat{\sigma}'_B\right)\right)\right]\end{aligned} \tag{4.2}$$

というように、まずは地球と月でバラバラに計算した後に、$\otimes$ の記号を使って再び一本の式に結合させるのが自然である。また地球での測定結果の確率分布は

$$p\left(\sigma_A = \pm 1\right) = \mathrm{Tr}\left[\hat{\rho}_A\left(\frac{1}{2}\left(\hat{I} \pm \hat{\sigma}_A\right)\right)\right] \tag{4.3}$$

で求められ、月での測定結果の確率分布は

$$p\left(\sigma'_B = \pm 1\right) = \mathrm{Tr}\left[\hat{\rho}'_B\left(\frac{1}{2}\left(\hat{I} \pm \hat{\sigma}'_B\right)\right)\right] \tag{4.4}$$

で求められる。すると $\sigma_A = s$、$\sigma'_B = s'$ となる確率が

$$\begin{aligned}&\mathrm{Tr}\left[(\hat{\rho}_A \otimes \hat{\rho}'_B)\left(\frac{1}{2}\left(\hat{I} + s\hat{\sigma}_A\right) \otimes \frac{1}{2}\left(\hat{I} + s'\hat{\sigma}'_B\right)\right)\right]\\&= \mathrm{Tr}\left[\hat{\rho}_A\left(\frac{1}{2}\left(\hat{I} + s\hat{\sigma}_A\right)\right)\right] \times \mathrm{Tr}\left[\hat{\rho}'_B\left(\frac{1}{2}\left(\hat{I} + s'\hat{\sigma}'_B\right)\right)\right]\end{aligned} \tag{4.5}$$

という積構造を持つように、$\otimes$ の性質を決めるのが便利である。そして実際に (4.2) 式と (4.5) 式を満たすように、うまく数学のテンソル積 $\otimes$ は定義されている。だからこれを使わない手はないのである。以下では二次元の場合を例に

して、テンソル積の定義と、その性質を見てみよう。そこで述べられる定義と各性質は、任意の次元にも自明に拡張される。

4.2 テンソル積の定義

まず A 系の二次元複素ベクトル空間に作用する二次元複素正方行列の j 行 k 列成分を a_{jk} として、

$$\hat{O}_A = (a_{jk}) = \begin{pmatrix} a_{11} & a_{12} \\ a_{21} & a_{22} \end{pmatrix} \tag{4.6}$$

と書こう。同様に B 系の二次元複素ベクトル空間に作用する二次元複素正方行列を

$$\hat{O}'_B = (b_{j'k'}) = \begin{pmatrix} b_{11} & b_{12} \\ b_{21} & b_{22} \end{pmatrix} \tag{4.7}$$

と書く。そして各々のテンソル積は、$2 \times 2 = 4$ から、四次元行列として

$$\hat{O}_A \otimes \hat{O}'_B = \begin{pmatrix} a_{11}\hat{O}'_B & a_{12}\hat{O}'_B \\ a_{21}\hat{O}'_B & a_{22}\hat{O}'_B \end{pmatrix} = \begin{pmatrix} a_{11}b_{11} & a_{11}b_{12} & a_{12}b_{11} & a_{12}b_{12} \\ a_{11}b_{21} & a_{11}b_{22} & a_{12}b_{21} & a_{12}b_{22} \\ a_{21}b_{11} & a_{21}b_{12} & a_{22}b_{11} & a_{22}b_{12} \\ a_{21}b_{21} & a_{21}b_{22} & a_{22}b_{21} & a_{22}b_{22} \end{pmatrix} \tag{4.8}$$

と定義する。その行成分と列成分の名前を、それぞれ $1, 2, 3, 4$ と番号付けしてもよいが、後の利便性を考えると、j, j', k, k' がそれぞれ $1, 2$ の値をとるとして、(jj') 行 (kk') 列と番号付けしたほうがよいことがわかる。例えば上の式の右辺の行列の最初の成分である $a_{11}b_{11}$ は $\left(\hat{O}_A \otimes \hat{O}'_B\right)_{11:11}$ と表す。一般化すると、(4.8) 式をその (jj') 行 (kk') 列成分で書くときには

$$\left(\hat{O}_A \otimes \hat{O}'_B\right)_{jj':kk'} = a_{jk}b_{j'k'} \tag{4.9}$$

と表記する。(4.2) 式はこの (4.9) 式から直接導かれる。j, j', k, k' という添え字がとる値を増やすことで、この定義はそのまま多準位系に拡張可能である。

4.3 部分トレース

(4.5) 式は、テンソル量に対して、A 系または B 系に対する**部分トレース** (partial trace) を定義することで導かれる。各成分が $\left(\hat{T}\right)_{jj':kk'}$ という添え字を伴った一般的なテンソル量 $\hat{T}$ の A 系に対する部分トレース Tr_A とは

$$\hat{T}_B = \mathop{\mathrm{Tr}}_A \left[\hat{T}\right] \tag{4.10}$$

という B に対する二次元行列を作ることを指し、その j' 行 k' 列成分は、A についての添え字 j と k を共通にして和をとった

$$\left(\hat{T}_B\right)_{j'k'} = \sum_j \left(\hat{T}\right)_{jj':jk'} \tag{4.11}$$

で定義される。この部分トレースは、$\hat{T}$ の A 系の行列構造部分の情報は行と列を一致させて和をとることで潰してしまい、B 系の行列構造だけに注目するための操作と言える。同様に $\hat{T}$ の B 系に対する部分トレース Tr_B とは

$$\hat{T}_A = \mathop{\mathrm{Tr}}_B \left[\hat{T}\right] \tag{4.12}$$

という A に対する二次元行列を作ることを意味し、その j 行 k 列成分は

$$\left(\hat{T}_A\right)_{jk} = \sum_{j'} \left(\hat{T}\right)_{jj':kj'} \tag{4.13}$$

で定義される。この定義から

$$\mathop{\mathrm{Tr}}_B \left[\hat{O}_A \otimes \hat{O}'_B\right] = \hat{O}_A \mathop{\mathrm{Tr}}_B \left[\hat{O}'_B\right], \quad \mathop{\mathrm{Tr}}_A \left[\hat{O}_A \otimes \hat{O}'_B\right] = \mathop{\mathrm{Tr}}_A \left[\hat{O}_A\right] \hat{O}'_B \tag{4.14}$$

という性質が証明できる。また AB 系全体での $\hat{T}$ のトレースは

$$\begin{aligned}\mathop{\mathrm{Tr}}_{AB} \left[\hat{T}\right] &= \sum_j \sum_{j'} \left(\hat{T}\right)_{jj':jj'} = \mathop{\mathrm{Tr}}_A \left[\mathop{\mathrm{Tr}}_B \left[\hat{T}\right]\right] = \mathop{\mathrm{Tr}}_B \left[\mathop{\mathrm{Tr}}_A \left[\hat{T}\right]\right] = \mathop{\mathrm{Tr}}_A \left[\hat{T}_A\right] \\ &= \mathop{\mathrm{Tr}}_B \left[\hat{T}_B\right]\end{aligned} \tag{4.15}$$

と計算できる。この性質から

$$\underset{AB}{\mathrm{Tr}}\left[\hat{O}_A \otimes \hat{O}'_B\right] = \underset{A}{\mathrm{Tr}}\left[\hat{O}_A \underset{B}{\mathrm{Tr}}\left[\hat{O}'_B\right]\right] = \underset{B}{\mathrm{Tr}}\left[\underset{A}{\mathrm{Tr}}\left[\hat{O}_A\right]\hat{O}'_B\right]$$
$$= \underset{A}{\mathrm{Tr}}\left[\hat{O}_A\right] \times \underset{B}{\mathrm{Tr}}\left[\hat{O}'_B\right] \tag{4.16}$$

が示せるため、欲しかった (4.5) 式も導かれる。

4.4 状態ベクトルのテンソル積

量子力学では、状態ベクトルに対してのテンソル積を考えるのも便利である。二次元単位ベクトルである A 系の $|\psi\rangle$ という状態ベクトルには、密度演算子表示の $|\psi\rangle\langle\psi|$ が対応しており、同様に単位ベクトルである B 系の $|\varphi\rangle$ という状態ベクトルには、密度演算子表示の $|\varphi\rangle\langle\varphi|$ が対応している。それぞれの密度演算子は二次元エルミート正方行列であるため、$(|\psi\rangle\langle\psi|) \otimes (|\varphi\rangle\langle\varphi|)$ というテンソル積が既に定義されており、四次元エルミート行列になっている。個々の部分系で純粋状態なので、この四次元の密度演算子は合成系の純粋状態を表している。したがって四次元の単位ベクトルである状態ベクトル $|\psi\rangle \otimes |\varphi\rangle$ が存在して、$(|\psi\rangle \otimes |\varphi\rangle)(\langle\psi| \otimes \langle\varphi|) = (|\psi\rangle\langle\psi|) \otimes (|\varphi\rangle\langle\varphi|)$ という関係が成り立つ。以降では $\otimes$ を略し、代わりにどの系の状態を指定するかを意味する添え字を付けて、$|\psi\rangle_A|\varphi\rangle_B$ と表記する。

$$(|\psi\rangle\langle\psi|) \otimes (|\varphi\rangle\langle\varphi|) \Longleftrightarrow |\psi\rangle \otimes |\varphi\rangle = |\psi\rangle_A|\varphi\rangle_B. \tag{4.17}$$

個々のスピンをそれぞれ独立に $|\psi\rangle$ と $|\varphi\rangle$ という状態にすればよいだけなので、$|\psi\rangle_A|\varphi\rangle_B$ は物理的に用意可能な量子状態である。

二準位系では具体的に

$$|\psi\rangle = \begin{pmatrix} \psi_1 \\ \psi_2 \end{pmatrix}, |\varphi\rangle = \begin{pmatrix} \varphi_1 \\ \varphi_2 \end{pmatrix} \tag{4.18}$$

と状態ベクトルを書けば、$|\psi\rangle_A|\varphi\rangle_B$ は各成分が $\psi_a\varphi_b$ で与えられる

$$|\psi\rangle_A|\varphi\rangle_B = \begin{pmatrix} \psi_1|\varphi\rangle \\ \psi_2|\varphi\rangle \end{pmatrix} = \begin{pmatrix} \psi_1\varphi_1 \\ \psi_1\varphi_2 \\ \psi_2\varphi_1 \\ \psi_2\varphi_2 \end{pmatrix} \tag{4.19}$$

というベクトルで定義される。

第 3 章で論じたように、二つの二準位系の合成系でも、任意の四次元ユニタリー行列 $\hat{U}$ に対応する物理操作は存在すると量子力学では考える。また数学的には任意の単位ベクトル $|\Psi\rangle_{AB}$ は $\hat{U}|\psi\rangle_A|\varphi\rangle_B$ とも書けるため、全ての $|\Psi\rangle_{AB}$ は物理的に実現可能な純粋状態に対応している。A と B の合成系の任意の四次元複素ベクトル $|\Psi\rangle_{AB}$ は、その複素成分を Ψ_{ab} として

$$|\Psi\rangle_{AB} = \begin{pmatrix} \Psi_{11} \\ \Psi_{12} \\ \Psi_{21} \\ \Psi_{22} \end{pmatrix} \tag{4.20}$$

と書かれる。$|\Psi\rangle_{AB}$ が単位ベクトルの場合には、Ψ_{ab} は

$$\langle\Psi|\Psi\rangle = \sum_{a=1}^{2}\sum_{b=1}^{2} |\Psi_{ab}|^2 = |\Psi_{11}|^2 + |\Psi_{12}|^2 + |\Psi_{21}|^2 + |\Psi_{22}|^2 = 1 \tag{4.21}$$

という規格化条件を満たしている[※45]。この (4.21) 式は $\hat{U}^\dagger\hat{U} = \hat{I}$ を満たすユニタリー行列を用いた $|\Psi\rangle'_{AB} = \hat{U}|\Psi\rangle_{AB}$ という変換で保存されることにも注意しておこう。

第 2 章 2.8 節の拡張である第 3 章 3.11 節の議論において $N = 4$ とした純粋状態の確率混合を用いると、$\hat{\rho}_{AB} \geq 0$ と $\mathrm{Tr}\left[\hat{\rho}_{AB}\right] = 1$ を満たす密度演算子 $\hat{\rho}_{AB}$ で記述される二つの二準位系から成る合成系の一般的な状態を構成することもできる。

4.5 多準位系でのテンソル積

ここまでは二つの二準位系の合成をテンソル積を用いて考えてきたが、テン

※45 …… 内積を表記するときには、その状態にある系を表す AB 等の添え字は略することにする。

ソル積を用いると、任意の N 準位系と N' 準位系の合成系の状態も作れる。この事実から、例えば N 個の二準位系の合成系の状態も、$N-1$ 個のテンソル積 $\otimes$ を繰り返し使うことで構成することが可能である。また基本的には第 8 章に出てくる N 準位系の $N\to\infty$ という極限の無限次元系でも、テンソル積を用いて、複数の系の合成系を考えることも可能となる[※46]。

また最初にテンソル積を導入する理由をイメージするために、地球と月に置かれた二準位スピンを考えたが、実は二つの系の距離が重要なわけではない。物理操作が独立にできれば、どんな複数の自由度でも、その自由度の合成系を考えることが可能である。第 13 章で見るように、電子の位置や運動量などの空間的な性質を記述する自由度を A とし、電子のスピン自由度を B として、その合成系としてスピンまで含めた電子の状態をテンソル積で記述することもできる。

4.6 縮約状態

一般的な状態 $\hat{\rho}_{AB}$ が与えられていても、実験環境の制限のために、一つの部分系の物理量しか測れない場合もある。例えば月にある B は実験できず、地球にある A だけを操作したり、測定したりできるような場合である。そのようなときに便利な**縮約状態** (reduced state) という概念を、部分トレースを用いて定義できる。B を測らずに、A のスピン物理量 σ_A だけを測定する場合には

$$\hat{\rho}_A = \mathop{\mathrm{Tr}}_B \left[\hat{\rho}_{AB}\right] \tag{4.22}$$

で計算される二次元エルミート行列 $\hat{\rho}_A$ が A の縮約状態の密度演算子であり、この $\hat{\rho}_A$ から σ_A の確率分布が以下のように得られる。まず合成系では σ_A という物理量は $\hat{\sigma}_A\otimes\hat{I}$ という四次元エルミート行列に対応している。この $\hat{\sigma}_A\otimes\hat{I}$ のスペクトル分解から作られる射影演算子 $\hat{P}_{\pm1}=\frac{1}{2}\left(\hat{I}\pm\hat{\sigma}_A\right)\otimes\hat{I}$ を使うと、ボルン則から σ_A が $s=\pm1$ の値をとる確率が

※46 …… 例えば第 9 章の量子的な調和振動子同士の状態空間の合成もでき、それを用いると格子上の場の量子論も定義することが可能となる。

$$p\left(\sigma_A = s\right) = \underset{AB}{\mathrm{Tr}}\left[\hat{\rho}_{AB}\hat{P}_s\right] = \underset{A}{\mathrm{Tr}}\left[\hat{\rho}_A\left(\frac{1}{2}\left(\hat{I} + s\hat{\sigma}_A\right)\right)\right] \tag{4.23}$$

となるためである（演習問題 (1)）。同様に B のスピン物理量 $\hat{\sigma}'_B$ だけを測定する場合には、

$$\hat{\rho}_B = \underset{A}{\mathrm{Tr}}\left[\hat{\rho}_{AB}\right] \tag{4.24}$$

で計算される状態 $\hat{\rho}_B$ で、その測定値の確率分布を計算できる。これはスピン σ'_B が $s' = \pm 1$ の値をとる確率について

$$p\left(\sigma'_B = s'\right) = \underset{AB}{\mathrm{Tr}}\left[\hat{\rho}_{AB}\left(\hat{I} \otimes \frac{1}{2}\left(\hat{I} + s'\hat{\sigma}'_B\right)\right)\right] = \underset{B}{\mathrm{Tr}}\left[\hat{\rho}_B\frac{1}{2}\left(\hat{I} + s'\hat{\sigma}'_B\right)\right] \tag{4.25}$$

が成り立つためである。

注目している量子系が外部熱浴などの環境系と接している場合では、環境系を操作できないことが普通である。そこで注目している量子系に対しては、環境系を無視したその縮約状態で解析することもしばしば行われている。

SUMMARY

まとめ

複数の量子系の合成は、数学的には (4.9) 式のテンソル積を用いて記述できる。一つの部分系の量子状態は部分トレースを用いた (4.22) 式および (4.24) 式の縮約状態で記述される。

EXERCISES

演習問題

問 1 (4.23) 式における

$$\underset{AB}{\mathrm{Tr}}\left[\hat{\rho}_{AB}\left(\frac{1}{2}\left(\hat{I} + s\hat{\sigma}_A\right) \otimes \hat{I}\right)\right] = \underset{A}{\mathrm{Tr}}\left[\hat{\rho}_A\left(\frac{1}{2}\left(\hat{I} + s\hat{\sigma}_A\right)\right)\right]$$

という等式を証明せよ。

解 これを示すため、一般の $\hat{A} = [a_{jk}]$ という行列と $\hat{O}_{AB} = [O_{jj':kk'}]$ と

いうテンソルに対して、

$$\mathop{\mathrm{Tr}}_{AB}\left[\hat{O}_{AB}\left(\hat{A}\otimes\hat{I}\right)\right]=\mathop{\mathrm{Tr}}_{A}\left[\hat{O}_A\hat{A}\right] \tag{4.26}$$

が成り立つことを示す。ここで $\hat{O}_A=\mathrm{Tr}_B\left[\hat{O}_{AB}\right]$ である。したがって $\hat{O}_A$ の j 行 k 列成分は $\sum_l O_{jl:kl}$ で与えられる。また $\left(\hat{A}\otimes\hat{I}\right)$ の行列成分は $\left(\hat{A}\otimes\hat{I}\right)_{jj':kk'}=a_{jk}\delta_{j'k'}$ である。したがって $\hat{O}_{AB}\left(\hat{A}\otimes\hat{I}\right)$ の (jj') 行 (kk') 列成分は

$$\begin{aligned}\left(\hat{O}_{AB}\left(\hat{A}\otimes\hat{I}\right)\right)_{jj':kk'}&=\sum_{ll'}O_{jj':ll'}\left(\hat{A}\otimes\hat{I}\right)_{ll':kk'}=\sum_{ll'}O_{jj':ll'}a_{lk}\delta_{l'k'}\\&=\sum_{l}O_{jj':lk'}a_{lk}\end{aligned} \tag{4.27}$$

と計算される。これを使うと

$$\begin{aligned}&\mathop{\mathrm{Tr}}_{AB}\left[\hat{O}_{AB}\left(\hat{A}\otimes\hat{I}\right)\right]\\&=\sum_{jj'}\left(\hat{O}_{AB}\left(\hat{A}\otimes\hat{I}\right)\right)_{jj':jj'}=\sum_j\sum_l\sum_{j'}O_{jj':lj'}a_{lj}\\&=\sum_j\sum_l\left(\hat{O}_A\right)_{jl}a_{lj}=\sum_j\left(\hat{O}_A\hat{A}\right)_{jj}=\mathop{\mathrm{Tr}}_{A}\left[\hat{O}_A\hat{A}\right]\end{aligned} \tag{4.28}$$

が示される。後は $\hat{O}_{AB}=\hat{\rho}_{AB}$、$\hat{A}=\frac{1}{2}\left(\hat{I}+s\hat{\sigma}_A\right)$、$\hat{O}_A=\hat{\rho}_A$ ととれば証明は終わる。

第 5 章

物理量の相関と量子もつれ

二つの系の物理量の相関は、その相関量や相関係数で特徴づけられる。ここではそれぞれが二準位スピン系である A と B の合成系の相関を考察し、それに基づいて二体系の量子もつれ状態を論じよう。

5.1 相関と合成系量子状態

5.1.1 スピン相関と確率分布

A と B の物理量の相関は、この合成系の物理量の確率分布を決める重要な情報の一部である。これを以下で見てみよう。

ここでは $s=\pm 1$ の値をとる $\vec{n}$ 方向の A のスピン成分 $\sigma(\vec{n})$ を σ_A と略記する。$s'=\pm 1$ の値をとる $\vec{n}'$ 方向の B のスピン成分 $\sigma(\vec{n}')$ を σ'_B と略記しよう。A と B の合成系の量子状態は $\{p(\sigma_A=s,\sigma'_B=s') \mid s,s'\in\{+1,-1\},\|\vec{n}\|=1,\|\vec{n}'\|=1\}$ という確率分布の集合が定める※47。確率分布 $p(\sigma_A=s,\sigma'_B=s')$ を与えると、各々の期待値 $\langle\sigma_A\rangle$ と $\langle\sigma'_B\rangle$ は

$$\begin{aligned}\langle\sigma_A\rangle &= (+1)\,p(\sigma_A=+1,\sigma'_B=+1)+(+1)\,p(\sigma_A=+1,\sigma'_B=-1)\\ &\quad +(-1)\,p(\sigma_A=-1,\sigma'_B=+1)+(-1)\,p(\sigma_A=-1,\sigma'_B=-1), \end{aligned} \tag{5.1}$$

$$\begin{aligned}\langle\sigma'_B\rangle &= (+1)\,p(\sigma_A=+1,\sigma'_B=+1)+(-1)\,p(\sigma_A=+1,\sigma'_B=-1)\\ &\quad +(+1)\,p(\sigma_A=-1,\sigma'_B=+1)+(-1)\,p(\sigma_A=-1,\sigma'_B=-1) \end{aligned} \tag{5.2}$$

で定義される※48。この合成系では、A と B をそれぞれ同時に、そして独立に

※47 …… 一般に合成系の量子状態トモグラフィは、部分系の物理量の同時測定によって行えることが知られている。

※48 …… $\langle\sigma_A\rangle$ は、$\sigma_A=+1$ の値が出現する確率にその観測値 $(+1)$ をかけ、$\sigma_A=-1$ の値が出現する確率にその観測値 (-1) をかけて、和をとったものになっている。$\langle\sigma'_B\rangle$ の場合も同様。

測ることもできる。このときに σ_A と σ'_B の相関量の期待値は

$$\begin{aligned}\langle\sigma_A\sigma'_B\rangle=&(+1)(+1)p(\sigma_A=+1,\sigma'_B=+1)+(+1)(-1)p(\sigma_A=+1,\sigma'_B=-1)\\&+(-1)(+1)p(\sigma_A=-1,\sigma'_B=+1)+(-1)(-1)p(\sigma_A=-1,\sigma'_B=-1)\end{aligned} \tag{5.3}$$

で定義される。ここで全確率が 1 という式と、(5.1) 式、(5.2) 式、(5.3) 式を連立して解くことで、各確率は

$$p\left(\sigma_A=s,\sigma'_B=s'\right)=\frac{1}{4}+\frac{s}{4}\langle\sigma_A\rangle+\frac{s'}{4}\langle\sigma'_B\rangle+\frac{ss'}{4}\langle\sigma_A\sigma'_B\rangle \tag{5.4}$$

と求まる。右辺第四項には相関量の情報がきちんと入っていることに留意して欲しい。期待値をとる操作 $\langle\ \rangle$ は線形性を持つことから

$$p\left(\sigma_A=s,\sigma'_B=s'\right)=\left\langle\left(\frac{1}{2}\left(1+s\sigma_A\right)\right)\left(\frac{1}{2}\left(1+s'\sigma'_B\right)\right)\right\rangle \tag{5.5}$$

とも書ける。二つの二準位スピン系における重要な公式である (5.5) 式は、後の (5.15) 式において行列を使って表現し直され、ボルン則に書き換えられる。様々な σ_A と σ'_B の確率分布の集合は、次で見るように合成系の量子状態を定める。

5.1.2 相関と合成系の密度演算子

σ_A と σ'_B は方向量子化されていても、期待値のレベルではベクトル性を回復していることが二つの二準位スピン系の実験でも知られている。つまり

$$\begin{aligned}\langle\sigma_A\rangle&=n_x\langle\sigma_{xA}\rangle+n_y\langle\sigma_{yA}\rangle+n_z\langle\sigma_{zA}\rangle,\\\langle\sigma'_B\rangle&=n'_x\langle\sigma_{xB}\rangle+n'_y\langle\sigma_{yB}\rangle+n'_z\langle\sigma_{zB}\rangle\end{aligned} \tag{5.6}$$

という関係は、合成系でも成り立っている。ここで第 2 章の議論から、A と B のそれぞれに対して

$$\sum_{a=x,y,z}\langle\sigma_{aA}\rangle^2\le 1,\quad \sum_{b=x,y,z}\langle\sigma_{bB}\rangle^2\le 1 \tag{5.7}$$

は成り立たなければならない。さらに σ_A と σ'_B の相関量の期待値に対しても、このベクトル性は回復し、

$$\langle \sigma_A \sigma'_B \rangle = \sum_{a=x,y,z} n_a \sum_{b=x,y,z} n'_b \langle \sigma_{aA} \sigma_{bB} \rangle \tag{5.8}$$

という関係が成り立つことは実験で知られている。このため合成系の状態を決めるためには、

$$\{\langle \sigma_{aA} \rangle, \langle \sigma_{bB} \rangle, \langle \sigma_{aA} \sigma_{bB} \rangle \mid a, b = x, y, z\} \tag{5.9}$$

だけの情報で済む。この情報と等価な数式を、(2.15) 式の拡張としての四次元エルミート行列で下記のように書くことができる※49。

$$\hat{\rho}_{AB} = \frac{1}{4}\left(\hat{I} \otimes \hat{I} + \sum_{a=x,y,z} \langle \sigma_{aA} \rangle \hat{\sigma}_{aA} \otimes \hat{I} + \sum_{b=x,y,z} \langle \sigma_{bB} \rangle \hat{I} \otimes \hat{\sigma}_{bB} \right.$$
$$\left. + \sum_{a=x,y,z} \sum_{b=x,y,z} \langle \sigma_{aA} \sigma_{bB} \rangle \hat{\sigma}_{aA} \otimes \hat{\sigma}_{bB} \right). \tag{5.10}$$

(5.10) 式と (4.16) 式から $\mathrm{Tr}_{AB}[\hat{\rho}_{AB}] = 1$ という規格化条件は自動的に満たされている。状態を決める重要な量である $\langle \sigma_{aA} \rangle$、$\langle \sigma_{bB} \rangle$、$\langle \sigma_{aA} \sigma_{bB} \rangle$ は、(2.12) 式、(2.13) 式、(5.10) 式と Tr_{AB} を用いて、$\hat{\rho}_{AB}$ から

$$\mathop{\mathrm{Tr}}_{AB}\left[\hat{\rho}_{AB}\left(\hat{\sigma}_{aA} \otimes \hat{I}\right)\right] = \langle \sigma_{aA} \rangle, \quad \mathop{\mathrm{Tr}}_{AB}\left[\hat{\rho}_{AB}\left(\hat{I} \otimes \hat{\sigma}_{bB}\right)\right] = \langle \sigma_{bB} \rangle,$$
$$\mathop{\mathrm{Tr}}_{AB}\left[\hat{\rho}_{AB}\left(\hat{\sigma}_{aA} \otimes \hat{\sigma}_{bB}\right)\right] = \langle \sigma_{aA} \sigma_{bB} \rangle \tag{5.11}$$

のように復元できる。つまり $\langle \sigma_{aA} \rangle$、$\langle \sigma_{bB} \rangle$、$\langle \sigma_{aA} \sigma_{bB} \rangle$ が持つ情報と $\hat{\rho}_{AB}$ が持つ情報は等価である。

(5.6) 式と (5.8) 式を満たす観測可能量の $\langle \sigma_{aA} \rangle$、$\langle \sigma_{bB} \rangle$、$\langle \sigma_{aA} \sigma_{bB} \rangle$ を代入して定義する (5.10) 式の $\hat{\rho}_{AB}$ 自体は、量子力学を超えた理論でも使えることに注意しよう。そのような理論では $\hat{\rho}_{AB} \geq 0$ が成り立たない場合もある。一方量子力学では、この合成系でも $\hat{\rho}_{AB} \geq 0$ がいつも成り立つと考える。これまで行われた実験結果は確かに $\hat{\rho}_{AB} \geq 0$ という条件と整合しているので、$\hat{\rho}_{AB}$

※49…… $\hat{\sigma}_{aA} \otimes \hat{\sigma}_{bB}$ の 9 個と $\hat{\sigma}_{aA} \otimes \hat{I}$ の 3 個と $\hat{I} \otimes \hat{\sigma}_{bB}$ の 3 個の合計 15 個のエルミート行列は、$N = 4$ とした場合の (3.15) 式の 15 個の $\hat{\lambda}_n$ に対応している。また相関がない場合は $\langle \sigma_{aA} \sigma_{bB} \rangle = \langle \sigma_{aA} \rangle \langle \sigma_{bB} \rangle$ が成り立つため、(5.10) 式の $\hat{\rho}_{AB}$ は $\hat{\rho}_A \otimes \hat{\rho}'_B$ の形になることも確認できる。

が密度演算子であることは実験的に支持されている。

5.1.3 合成系におけるボルン則

合成系の密度演算子から物理量の確率分布を与えるボルン則を再び導くことも可能である。一体系のときと同様に、σ_A と σ'_B のそれぞれに (5.6) 式からの類推で

$$\hat{\sigma}_A = n_x\hat{\sigma}_{xA} + n_y\hat{\sigma}_{yA} + n_z\hat{\sigma}_{zA}, \ \hat{\sigma}'_B = n'_x\hat{\sigma}_{xB} + n'_y\hat{\sigma}_{yB} + n'_z\hat{\sigma}_{zB} \tag{5.12}$$

という二次元エルミート行列をそれぞれ対応させる。さらに $\sigma_A\sigma'_B$ という物理量に対しては、(5.8) 式の類推からテンソル積を用いて

$$\hat{\sigma}_A \otimes \hat{\sigma}'_B = \sum_{a=x,y,z} n_a \sum_{b=x,y,z} n'_b \hat{\sigma}_{aA} \otimes \hat{\sigma}_{bB} \tag{5.13}$$

という四次元エルミート行列を対応させよう。これらの行列の定義とトレースの線形性を用いて (5.6) 式および (5.8) 式を変形すると、

$$\begin{aligned}&\langle\sigma_A\rangle = \underset{AB}{\mathrm{Tr}}\left[\hat{\rho}_{AB}\left(\hat{\sigma}_A \otimes \hat{I}\right)\right], \quad \langle\sigma'_B\rangle = \underset{AB}{\mathrm{Tr}}\left[\hat{\rho}_{AB}\left(\hat{I} \otimes \hat{\sigma}'_B\right)\right],\\ &\langle\sigma_A\sigma'_B\rangle = \underset{AB}{\mathrm{Tr}}\left[\hat{\rho}_{AB}\left(\hat{\sigma}_A \otimes \hat{\sigma}'_B\right)\right]\end{aligned} \tag{5.14}$$

という関係が示せる。この結果を使うと (5.5) 式は $\hat{\rho}_{AB}$ を用いて

$$p\left(\sigma_A = s, \sigma'_B = s'\right) = \underset{AB}{\mathrm{Tr}}\left[\hat{\rho}_{AB}\left(\frac{1}{2}\left(\hat{I} + s\hat{\sigma}_A\right)\right) \otimes \left(\frac{1}{2}\left(\hat{I} + s'\hat{\sigma}'_B\right)\right)\right] \tag{5.15}$$

と書き換えられる。これと (4.1) 式から、最終的に一般の状態 $\hat{\rho}_{AB}$ における σ_A と σ'_B の測定に関する

$$p\left(\sigma_A = s, \sigma'_B = s'\right) = \underset{AB}{\mathrm{Tr}}\left[\hat{\rho}_{AB}\left(\hat{P}_A(s) \otimes \hat{P}'_B(s')\right)\right] \tag{5.16}$$

というボルン則が導かれる。

5.2 もつれていない状態

5.2.1 LOCC と古典相関

量子コンピュータなどの様々な量子的デバイスの重要なリソースとなる**量子もつれ** (quantum entanglement) は、古典力学にはなかった物理量の相関の一種である。この量子もつれを持つ量子状態を定義するために、ここでは最初に量子もつれを持たない状態というものを定義する。

量子もつれの量子性は、情報をやりとりする通信の概念で特徴づけられている。アリスが量子系 A を持ち、そしてアリスから離れた場所にいるボブが量子系 B を持っているとしよう。二人の間では情報媒体としての光子などの量子系を送ることはできず、0 と 1 のビット値から構成される 011001 などのビット列だけを交換できる場合に、この通信を**古典通信** (classical communication) と呼ぶ。また相手の系から送られてくる情報に基づいて自分の系に任意の操作を施せるとしよう。自分の系だけを操作することを**局所操作** (local operation) と呼ぶ。アリスとボブの局所操作と古典通信を組み合わせたやりとりは、「局所操作と古典通信 (local operations and classical communication)」の英語を略字にして **LOCC** と呼ばれる。この LOCC を用いると、初期時刻に A と B の物理量に全く相関がなくても、新たに相関を作ることができる。この相関を、量子もつれの相関と比較する基準として、**古典相関** (classical correlation) と呼ぶ。以下では二準位スピンを例にし、古典相関を作る手順を説明しよう。

5.2.2 任意の局所的状態の実現性

最初に A だけを考える。その初期量子状態を $\hat{\rho}_A(0)$ として、z 軸方向上向きのスピン純粋状態 $|+\rangle\langle+|$ を考えよう。これを任意の量子状態 $\hat{\rho}_A$ にすることが、A の測定と確率混合を使ってできる。まずゴールとなる状態 $\hat{\rho}_A$ のスペクトル分解 $p_0|\psi_0\rangle\langle\psi_0| + p_1|\psi_1\rangle\langle\psi_1|$ を考え、$p_0 + p_1 = 1$ を満たす非負の実数であるその固有値 p_0 と p_1 を用いて

$$|p_0\rangle = \sqrt{p_0}|+\rangle - \sqrt{p_1}|-\rangle, \ |p_1\rangle = \sqrt{p_1}|+\rangle + \sqrt{p_0}|-\rangle \tag{5.17}$$

という互いに直交する単位ベクトルを作っておこう。そしてこれを使って

$$\hat{\sigma}_p = (+1)|p_0\rangle\langle p_0| + (-1)|p_1\rangle\langle p_1| \tag{5.18}$$

というエルミート行列を定義する。これには対応する物理量 σ_p があるので、$|+\rangle\langle+|$ の初期状態に対して σ_p の測定を行う。するとボルン則から確率 p_0 で $\sigma_p = +1$ を観測し、そして量子状態は $|p_0\rangle$ となることがわかる※50。同様に確率 p_1 で $\sigma_p = -1$ を観測し、量子状態は $|p_1\rangle$ になる。したがって観測後にこの確率で平均化された状態は $\hat{\rho}_A(t') = p_0|p_0\rangle\langle p_0| + p_1|p_1\rangle\langle p_1|$ となる。$\hat{\sigma}_p$ の固有ベクトル $|p_0\rangle, |p_1\rangle$ も $\hat{\rho}_A$ の固有ベクトル $|\psi_0\rangle, |\psi_1\rangle$ も二次元複素ベクトル空間の正規直交基底を成しているから、あるユニタリー行列 $\hat{U}_A$ が存在し、$|\psi_b\rangle = \hat{U}_A|p_b\rangle$ という関係がある。平均操作の後で、$\hat{U}_A$ に対応する空間回転の操作をスピン A に施せば

$$\hat{U}_A\hat{\rho}_A(t')\hat{U}_A^\dagger = p_0|\psi_0\rangle\langle\psi_0| + p_1|\psi_1\rangle\langle\psi_1| = \hat{\rho}_A \tag{5.19}$$

となって、希望した量子状態 $\hat{\rho}_A$ が実現する。

また逆に任意の量子状態 $\hat{\rho}_A$ にある A に対してスピン z 軸成分 σ_z を測定すれば、$|+\rangle\langle+|$ と $|-\rangle\langle-|$ がある確率で実現する。もし $\sigma_z = -1$ が観測されて $|-\rangle\langle-|$ になったら、 ユニタリー行列でもある $\hat{\sigma}_x$ を考え、それに対応する空間回転を A に施すと、量子状態は $\hat{\sigma}_x|-\rangle\langle-|\hat{\sigma}_x^\dagger = |+\rangle\langle+|$ になる。このため 100% の確率で $\hat{\rho}_A$ を $|+\rangle\langle+|$ にする局所操作が存在する。だから異なる $\hat{\rho}'_A$ という状態を一旦 $|+\rangle\langle+|$ にしてから $\hat{\rho}_A$ にする局所操作も可能である。つまり A の任意の状態 $\hat{\rho}'_A$ を他の任意の量子状態 $\hat{\rho}_A$ にすることが局所操作だけで実現できる。同様のことは、スピン B でも可能である。ただし $|+\rangle\langle+| \otimes |+\rangle\langle+|$ という状態にある A と B に対する局所操作からは、$\hat{\rho} \otimes \hat{\rho}'$ という形の状態しか作れない。$\hat{\rho} \otimes \hat{\rho}'$ のような形をとる状態を**直積状態** (product state) と呼ぶ。直積状態には相関が全く存在しないので※51、片方の系の測定による他方の系の物理量の値の非自明な予言もできない。

※50 …… ここでは二準位スピン系の SG 実験を用いて σ_p を測定するが、これは第 7 章 7.4 節の理想測定に対応している。

※51 …… $\hat{\rho}\otimes\hat{\rho}'$ という直積状態では、A と B の任意の物理量 O_A と O'_B の相関係数が零になる。それは $\mathrm{Tr}[(\hat{\rho}\otimes\hat{\rho}')(\hat{O}_A\otimes\hat{O}'_B)] - \mathrm{Tr}[\hat{\rho}\hat{O}_A]\,\mathrm{Tr}[\hat{\rho}'\hat{O}'_B] = \mathrm{Tr}[(\hat{\rho}\hat{O}_A)\otimes(\hat{\rho}'\hat{O}'_B)] - \mathrm{Tr}[\hat{\rho}\hat{O}_A]\,\mathrm{Tr}[\hat{\rho}'\hat{O}'_B] = 0$ と計算されるためである。

5.2.3 分離可能状態

なんとか相関を作るために、アリスとボブが A と B の合成系に以下のようなLOCC を施すことから考えてみよう。まず合成系は $|+\rangle\langle+|\otimes|+\rangle\langle+|$ という相関がない初期状態にあるとする。次に A に対してアリスは (5.18) 式の σ_p を測定する。すると確率 p_0 で $\sigma_p=+1$ が観測されて、その結果 $|p_0\rangle\langle p_0|\otimes|+\rangle\langle+|$ という状態が実現する。そしてアリスは自分の局所操作 $\Gamma_0^{(A)}$ で状態 $|p_0\rangle\langle p_0|$ を量子状態 $\hat{\rho}^{(0)}$ にする。またアリスは観測された $\sigma_p=+1=(-1)^0$ を意味するビット値 0 を、古典通信でボブに伝える。ボブは局所操作で B の量子状態 $|+\rangle\langle+|$ を量子状態 $\hat{\rho}^{(0)\prime}$ に変えるとしよう。その結果、確率 p_0 で $\hat{\rho}^{(0)}\otimes\hat{\rho}^{(0)\prime}$ という合成系の直積状態を実現できる。同様にアリスの最初の σ_p の測定において確率 p_1 で $\sigma_p=-1=(-1)^1$ が観測されたときには、アリスからボブにビット値 1 を古典通信で伝えることと各々の局所操作で、$\hat{\rho}^{(1)}\otimes\hat{\rho}^{(1)\prime}$ という直積状態を実現することができる。したがってこの LOCC 過程の最後には平均状態として

$$\hat{\rho}_{AB}=p_0\hat{\rho}^{(0)}\otimes\hat{\rho}^{(0)\prime}+p_1\hat{\rho}^{(1)}\otimes\hat{\rho}^{(1)\prime} \tag{5.20}$$

という形の量子状態を作ることができる。ここで例えば

$$\hat{\rho}_{AB}=p_0|+\rangle\langle+|\otimes|-\rangle\langle-|+p_1|-\rangle\langle-|\otimes|+\rangle\langle+| \tag{5.21}$$

という状態が作られたとしよう。もし $p_0=1$、$p_1=0$ ならば非自明な相関はなく、測定をせずとも A は z 軸方向の上向き状態、B は下向き状態だと最初からわかっているつまらない例になる。しかし p_0 が $\frac{1}{2}$ に近づくにつれて、A と B の σ_z の値は事前に予想できなくなり、測定をして初めてその値は確定する。このような状況で、A と B の σ_z の値の相関が最大であると表現したくなるのが以下の例である。つまり σ_{zA} が $+1$ をとる確率と -1 をとる確率がどちらも 50% で、かつ σ_{zB} が $+1$ をとる確率と -1 の確率がどちらも 50% でありながら、σ_{zA}（または σ_{zB}）を測定すると、その結果から σ_{zB}（または σ_{zA}）の値を完全に予言できる場合である。そして (5.21) 式で $p_0=p_1=1/2$ とした

$$\hat{\rho}_{AB}=\frac{1}{2}|+\rangle\langle+|\otimes|-\rangle\langle-|+\frac{1}{2}|-\rangle\langle-|\otimes|+\rangle\langle+| \tag{5.22}$$

という状態では、それが実現している。実際 (5.22) 式と $\hat{P}_z(s)=\frac{1}{2}\left(\hat{I}+s\hat{\sigma}_z\right)$

を (5.16) 式に代入すると、$p\left(\sigma_{zA}=s,\sigma_{zB}=s'\right)=\frac{1}{2}\delta_{s+s',0}$ となり、σ_{zA} を先に測定して $+1$ が観測されると σ_{zB} は必ず -1、また -1 が観測されれば σ_{zB} は $+1$ になることが予言できる。$(\sigma_{zA},\sigma_{zB})$ が $(+1,+1),(-1,-1)$ の値をとることは起きない。ただし (5.22) 式の状態では、A の x 軸方向のスピンの値である σ_{xA} の測定をしても、σ_{xB} の値は全く予言できない。実際 σ_x が $s=\pm 1$ の値をとる場合の射影演算子 $\hat{P}_x(s)=\frac{1}{2}\left(\hat{I}+s\hat{\sigma}_x\right)$ を (5.16) 式に代入すると、今度は $p\left(\sigma_{xA}=s,\sigma_{xB}=s'\right)=\frac{1}{4}$ が出てくるためである。つまり $(\sigma_{xA},\sigma_{xB})$ が $(+1,+1),(+1,-1),(-1,+1),(-1,-1)$ の値をとるどの場合も同じ $\frac{1}{4}$ の確率になってしまう。これは後で述べる量子もつれ状態の例と異なる点である。

(5.20) 式の状態を初期状態にして、ボブが自分のスピンを測定して、その結果をアリスに伝えて、それぞれのスピンに物理操作をすることもできる。さらに図 5.1 のように、このような多段階的な LOCC の操作を繰り返していけば、0 と 1 からなるビット列 μ に対して[※52]

$$\sum_{\mu} p_{\mu}=1$$

を満たす確率分布 p_μ と、μ に依存した A と B の量子状態 $\hat{\rho}(\mu)$ と $\hat{\rho}'(\mu)$ から作られる

$$\hat{\rho}_{AB}=\sum_{\mu} p_{\mu}\hat{\rho}(\mu)\otimes\hat{\rho}'(\mu) \tag{5.23}$$

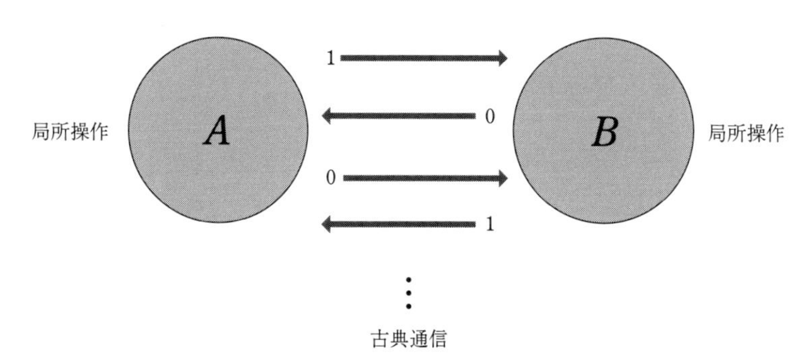

図 5.1 局所操作と古典通信 (LOCC) の概念図

※52 …例えばアリスとボブが LOCC を 5 回繰り返した場合には、μ は長さが 5 であるビット列の 01101 などになる。

という形の量子状態が生成できる。また逆に考えている $\hat{\rho}_{AB}$ が (5.23) 式の形に書けるときには、ある LOCC で A と B の直積状態から $\hat{\rho}_{AB}$ を構成することも可能である。A と B が二準位系である場合だけではなく、一般の量子系の場合でも、(5.23) 式の形に書けるときには、$\hat{\rho}_{AB}$ は**分離可能状態** (separable state) と呼ばれる。直積状態ではない分離可能状態では A と B の物理量の間に相関が生まれている。それは通信の観点から言うと、その相関は古典的な通信のみで生成されているため、量子的ではない相関、つまり古典相関しか持っていないと解釈される。このことから (5.23) 式の $\hat{\rho}_{AB}$ は量子的にもつれていない状態の一般形と定義される。なお $\hat{\rho}_{AB}$ が分離可能状態だとしても、(5.23) 式の分解は一意ではなく、複数の分解の方法があり得る。

5.3 量子もつれ状態

5.3.1 非分離可能状態としての量子もつれ状態

一般の二体系において、どのように分解しても $\hat{\rho}_{AB}$ が (5.23) 式の形に書けないときには $\hat{\rho}_{AB}$ は**量子もつれ状態** (entangled state) と定義される。つまり量子もつれ状態とは、LOCC では直積状態から決して作れない量子状態を意味する。古典ビット列の交換だけではなく、情報媒体の量子系を交換する量子通信まで採り入れるか、もしくは A と B が互いに力を及ぼし合うことで、初めて量子もつれは生成される。なお二つ以上の量子系が互いに力を及ぼし合うとき、それらの量子系は**相互作用** (interaction) をすると言われる。

5.3.2 状態ベクトルのシュミット分解

A と B の二体系の純粋状態では、$|\psi\rangle_A|\varphi\rangle_B$ のような直積状態に書けない状態は全て量子もつれ状態になっている※53。状態空間の次元が N_A である A と次元が N_B である B の合成系を考えよう。以下の議論では一般性を失わずに $N_A \leq N_B$ を仮定できる※54。そして純粋状態 $|\Psi\rangle_{AB}$ のシュミット分解

※53 …… 直積状態に書けない純粋状態は直積純粋状態から LOCC で生成できないので量子もつれ状態である。この証明は参考文献 [1] を参照。

※54 …… $N_A > N_B$ ならば A と B の名前を入れ替えればよい。

$$|\Psi\rangle_{AB} = \sum_{n=1}^{N_A} \sqrt{p_n} |u_n\rangle_A |v_n\rangle_B \tag{5.24}$$

を考えよう※55。ここで p_n は $\sum_n p_n = 1$ を満たす確率分布である。係数の平方根 $\sqrt{p_n}$ がある n だけで 1 で、他の n では零の場合は、$|\Psi\rangle_{AB}$ は直積状態となり、量子もつれ状態ではない。一方そうではない場合は、$|\Psi\rangle_{AB}$ は全て量子もつれ状態である。

5.3.3 ベル状態

ここで二つの二準位スピンの合成系における

$$|\Phi_-\rangle_{AB} = \frac{1}{\sqrt{2}} \left(|+\rangle_A|-\rangle_B - |-\rangle_A|+\rangle_B\right) \tag{5.25}$$

という量子もつれ状態に注目してみよう。(5.22) 式の状態と同様に、(5.25) 式の状態は A と B の σ_z の値について最大の相関を持つ。つまり $\sigma_{zA} = \pm 1$ が観測される確率はどちらも 50% であり、同様に $\sigma_{zB} = \pm 1$ が観測される確率はどちらも 50% である。そして (5.25) 式の状態に対応する密度演算子 $|\Phi_-\rangle_{AB}\langle\Phi_-|_{AB}$ と $\hat{P}_z(s) = \frac{1}{2}\left(\hat{I} + s\hat{\sigma}_z\right)$ を (5.16) 式に代入すると、$p(\sigma_{zA} = s, \sigma_{zB} = s') = \frac{1}{2}\delta_{s+s',0}$ となるため、A を先に測定して $\sigma_{zA} = \pm 1$ が観測されると、B は必ず $\sigma_{zB} = \mp 1$ になることが予言できる。ところが (5.22) 式の分離可能状態とは異なり、$|\Phi_-\rangle_{AB}$ の状態は σ_x の値についても最大の相関を持つ。つまり $\sigma_{xA} = \pm 1$ となる確率も $\sigma_{xB} = \pm 1$ となる確率もそれぞれ 50% でありながら、$\hat{P}_x(s) = \frac{1}{2}\left(\hat{I} + s\hat{\sigma}_x\right)$ を (5.16) 式に代入すると、$p(\sigma_{xA} = s, \sigma_{xB} = s') = \frac{1}{2}\delta_{s+s',0}$ となり、$\sigma_{xA} = \pm 1$ が観測されると必ず $\sigma_{xB} = \mp 1$ になることが予言できる。同様に A と B の σ_y や、連続的に変えられる単位方向ベクトル $\vec{n}$ に対する A と B の $\sigma(\vec{n})$ も、片方が $+1$ ならば他方は -1 となる最大の相関を持っていることが確かめられる※56。このため $|\Phi_-\rangle_{AB}$ は最大量子もつれ状態と呼ばれる。$|\Phi_-\rangle_{AB}$ 以外にも二つの二準位系の最大量子もつれ状態は多数存在し、それらは全て**ベル状態** (Bell state) と呼

※55 …シュミット分解の復習は付録 B.1 参照。

※56 …射影演算子 $\hat{P}_{\vec{n}}(s) = \frac{1}{2}(\hat{I} + s\hat{\sigma}(\vec{n}))$ を (5.16) 式に代入すれば証明できる。別の方法で解く第 12 章演習問題 (2) 解答も参照。

ばれる※57。そして各ベル状態毎に決まっている A の物理量と B の物理量の連続無限個のペアの間に最大の相関が現れる。例えば

$$|\Psi_+\rangle_{AB} = \frac{1}{\sqrt{2}}\left(|+\rangle_A|+\rangle_B + |-\rangle_A|-\rangle_B\right), \tag{5.26}$$

$$|\Psi_-\rangle_{AB} = \frac{1}{\sqrt{2}}\left(|+\rangle_A|+\rangle_B - |-\rangle_A|-\rangle_B\right), \tag{5.27}$$

$$|\Phi_+\rangle_{AB} = \frac{1}{\sqrt{2}}\left(|+\rangle_A|-\rangle_B + |-\rangle_A|+\rangle_B\right) \tag{5.28}$$

などもベル状態の例であり、さらに (5.25) 式、(5.26) 式、(5.27) 式、(5.28) 式の四つのベル状態は互いに直交をし、かつ四次元複素ベクトル空間の基底を成している。一般のベル状態は、この四つのどれか一つのベル状態に局所的ユニタリー行列 $\hat{U}_{AB} = \hat{U}_A \otimes \hat{U}'_B$ を作用させて作られる。ベル状態はベル不等式や CHSH 不等式を破り、古典系では達成できない物理量間の相関を有している。しかも量子的相関の強さの原理的な限界であるチレルソン限界も達成している※58。

純粋状態の量子もつれ指標　二体系の量子もつれは定量化が可能である。例えば純粋状態の場合、**エンタングルメントエントロピー** (entanglement entropy, 略して以降では EE と書く) は量子もつれの指標の一つとして有名である。その定義は (5.24) 式の p_n を用いて

$$S_{EE}\left(A:B\right) = -\sum_{n=1}^{N_A} p_n \ln p_n \tag{5.29}$$

で定義される。(5.29) 式は A と B の縮約状態 $\hat{\rho}_A = \mathrm{Tr}_B\left[|\Psi\rangle_{AB}\langle\Psi|_{AB}\right]$ と $\hat{\rho}_B = \mathrm{Tr}_A\left[|\Psi\rangle_{AB}\langle\Psi|_{AB}\right]$ を使って、

$$S_{EE}\left(A:B\right) = -\mathop{\mathrm{Tr}}_A\left[\hat{\rho}_A \ln \hat{\rho}_A\right] = -\mathop{\mathrm{Tr}}_B\left[\hat{\rho}_B \ln \hat{\rho}_B\right] \tag{5.30}$$

とも書ける(演習問題 (1) 参照)。なおここで (5.30) 式に現れた $S = -\mathrm{Tr}\left[\hat{\rho}\ln\hat{\rho}\right]$ を一般に**フォン・ノイマンエントロピー** (von Neumann entropy) と呼ぶ。この名前は数理物理学者のジョン・フォン・ノイマン (John von Neumann,

※57 …ベル状態にある二つのスピンを**ベル対** (Bell pair) と呼ぶこともある。
※58 …付録 A.1 参照。

1903–1957) に由来している。EE は A と B の合成系の純粋状態を純粋状態に変換する任意の LOCC では増加しないことが証明されている [1][2]。

A と B が二準位系であるときは、$0 \leq p_+ \leq 1$、$p_1 = p_+$、$p_2 = 1 - p_+$ として、EE は

$$S_{EE}(A:B) = -p_+ \ln p_+ - (1-p_+)\ln(1-p_+) \tag{5.31}$$

と書け、そのグラフは図 5.2 で与えられる。EE の最小値 0 は $p_+ = 0$ または $p_+ = 1$ のときに現れ、$|\Psi\rangle_{AB}$ が相関を全く持たない直積状態に対応している。また EE の最大値 $\ln 2$ は $p_\pm = 1/2$ の最大量子もつれ状態であるベル状態の場合に達成されている。

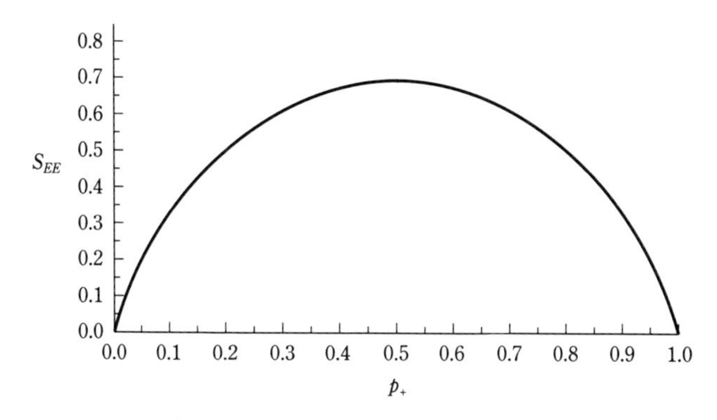

図 5.2 二準位系のエンタングルメントエントロピー

なお EE は、混合状態では LOCC によって増加しないという性質が壊れるため、混合状態の量子もつれ指標にはならない。混合状態でも LOCC での非増加性を保つ量子もつれ指標としては、ネガティビティ (negativity) や対数ネガティビティ (logarithmic negativity) などが知られている [2][3]。

5.4 相関二乗和の上限

一般に相関量の期待値には $\hat{\rho}_{AB} \geq 0$ という条件からくる量子力学の原理的

な縛りがある。相関があまりに強すぎると $\hat{\rho}_{AB}$ の固有値の一部が負になってしまうためである。これを以下で見てみよう。

まず (5.10) 式を $\mathrm{Tr}_{AB}\left[\hat{\rho}_{AB}^2\right]$ に代入すると

$$\mathop{\mathrm{Tr}}_{AB}\left[\hat{\rho}_{AB}^2\right]=\frac{1}{4}\left(1+\sum_{a=x,y,z}\langle\sigma_{aA}\rangle^2+\sum_{b=x,y,z}\langle\sigma_{bB}\rangle^2+\sum_{a=x,y,z}\sum_{b=x,y,z}\langle\sigma_{aA}\sigma_{bB}\rangle^2\right) \tag{5.32}$$

が得られる。これを (3.33) 式の $\mathrm{Tr}_{AB}\left[\hat{\rho}_{AB}^2\right]\le 1$ に代入することで、相関量の期待値の二乗和について

$$\sum_{a=x,y,z}\sum_{b=x,y,z}\langle\sigma_{aA}\sigma_{bB}\rangle^2\le 3-\sum_{a=x,y,z}\langle\sigma_{aA}\rangle^2-\sum_{b=x,y,z}\langle\sigma_{bB}\rangle^2\le 3 \tag{5.33}$$

という上限が出てくる。この上限値の 3 はベル状態で達成される（演習問題 (2) 参照)。

ここで $\langle\sigma_{aA}\rangle,\langle\sigma_{bB}\rangle,\langle\sigma_{aA}\sigma_{bB}\rangle$ の実験データを (5.10) 式に入れて定義される密度演算子 $\hat{\rho}_{AB}$ が、$\hat{\rho}_{AB}\ge 0$ を満たさない仮想的な場合を考えてみよう。この場合は、$\hat{\rho}_{AB}$ の固有値 p_n のどれかに負の値が現れるので、$\sum_n p_n=1$ から $|p_n|>1$ となる固有値が存在できる。したがって (5.33) 式は成り立たなくてもよく、量子力学より強い相関が現れていることになる。例えば第 15 章で紹介する、局所的な因果律を満たしながら量子力学を超える確率理論の一つの例である PR 箱理論で、σ_{bB} の期待値に空間回転におけるベクトル性を課すと $\sum_{a=x,y,z}\sum_{b=x,y,z}\langle\sigma_{aA}\sigma_{bB}\rangle^2\ge 4$ が示される※59。ただし $\hat{\rho}_{AB}$ が負の固有値を持つこの理論では、$|+\rangle_A|+\rangle_B$ と $|-\rangle_A|-\rangle_B$ が張る部分状態空間の二準位ユニタリー行列等に対応する物理操作の少なくとも一部は実現できないことになる。

※59 …証明は第 15 章 15.2.4 節参照。なおこのような量子力学を超える理論でも、実際の実験で観測される (5.4) 式の確率が負にならないように作られている。例えば第 15 章の (15.33) 式のどの確率成分も負にはならない。

SUMMARY

まとめ

二体系の量子状態を構成するには、相関量の情報も必要である。直積状態から局所操作と古典通信 (LOCC) だけで生成される分離可能状態では、その二つの部分系は量子もつれを持たない。分離可能状態ではないのが量子もつれ状態であり、量子もつれを使えば古典力学では実現しない物理量の間の強い相関も達成できる。また合成系の量子状態が $\hat{\rho}_{AB} \geq 0$ を満たすという量子力学の条件は、物理量の間の相関量に制限を与える。現在まで、その量子力学の制限を超えた例は実験で見つかっていない。

EXERCISES

演習問題

問 1 (5.24) 式を用いて (5.30) 式が (5.29) 式に一致することを確認せよ。

解 (5.24) 式から A の縮約状態 $\hat{\rho}_A$ は $\sum_{n=1}^{N_A} p_n |u_n\rangle\langle u_n|$ と書ける。これを $-\mathrm{Tr}_A\left[\hat{\rho}_A \ln \hat{\rho}_A\right]$ に代入すると、付録 B.1 の (B.42) 式で $f(x) = -x \ln x$ とることで、示される。同様に B の場合も証明される。

問 2 二つの二準位系 A と B におけるベル状態 $|\Psi_+\rangle = \frac{1}{\sqrt{2}}(|+\rangle_A|+\rangle_B + |-\rangle_A|-\rangle_B)$ において、$\sum_{a=x,y,z}\sum_{b=x,y,z} \langle\Psi_+|\hat{\sigma}_a \otimes \hat{\sigma}_b|\Psi_+\rangle^2 = 3$ を示せ。

解 具体的にパウリ行列を使って計算すると、消えない $\langle\Psi_+|\hat{\sigma}_a \otimes \hat{\sigma}_b|\Psi_+\rangle$ の項は $\langle\Psi_+|\hat{\sigma}_x \otimes \hat{\sigma}_x|\Psi_+\rangle = \langle\Psi_+|\hat{\sigma}_z \otimes \hat{\sigma}_z|\Psi_+\rangle = 1$ と $\langle\Psi_+|\hat{\sigma}_y \otimes \hat{\sigma}_y|\Psi_+\rangle = -1$ だけであることが確認できる。したがって $\langle\Psi_+|\hat{\sigma}_x \otimes \hat{\sigma}_x|\Psi_+\rangle^2 + \langle\Psi_+|\hat{\sigma}_y \otimes \hat{\sigma}_y|\Psi_+\rangle^2 + \langle\Psi_+|\hat{\sigma}_z \otimes \hat{\sigma}_z|\Psi_+\rangle^2 = 3$ となることから示される。

REFERENCES

参考文献

[1] M. Nielsen and I. Chuang, *Quantum Computation and Quantum Information* (Cambridge University Press, 2010).

[2] 堀田昌寛,『量子情報と時空の物理［第 2 版］』(サイエンス社, 2019).

[3] R. Horodecki, P. Horodecki, M. Horodecki, and K. Horodecki, *Reviews of Modern Physics* **81**, 865 (2009).

第6章

量子操作および時間発展

6.1　はじめに

N 準位系に対しては、空間回転をさせたり、外部電場や磁場をかけたり、また他の量子系と相互作用させたりと、様々な物理操作が一般に可能である。この章では、それら全ての物理操作は必ず対象系と外部系の合成系の状態空間に作用するユニタリー行列で記述できることを述べよう※60。この事実から量子系の時間発展を記述する**シュレディンガー方程式** (Schrödinger equation) が導かれる。またこの時間発展における対称性と保存則について述べる。

6.2　物理操作の数学的表現

量子力学では、N 準位系である S の量子状態は密度演算子 $\hat{\rho}$ で記述されると考える。そこで S に対する物理操作を、その状態変化として改めて考察してみよう。つまり量子状態 $\hat{\rho}$ を $\hat{\rho}'$ に変える変化として、Γ という記号で物理操作を表し、これを $\hat{\rho}' = \Gamma[\hat{\rho}]$ と書く。量子情報理論では Γ を**量子通信路** (quantum channel) と呼ぶことも多い。ここは少々数学的になるが、得られる結果には高い普遍性があるため、ゆっくり取り組んで欲しい。

では Γ にはどのような制限があるのだろうか。そこでまずは確率混合の下

※60 …… 物理操作である量子測定も、その観測者や測定機を量子系として扱えば、もう一人の外部観測者にとっては、ユニタリー行列（または演算子）で記述される。詳しくは堀田昌寛『量子情報と時空の物理［第2版］』（サイエンス社）の第2章を参照。量子的に扱われる系内部の観測者にとっては、第7章で説明される波動関数の収縮が測定時に起こるが、これはユニタリー行列では記述されない。しかしこれは古典的な確率分布でも生じる、知識の増加による確率分布の更新に過ぎないことも、第7章で説明される。

で、Γ の性質を考えてみる。確率 p で S 系の量子状態を $\hat{\rho}_1$ という量子状態に準備し、確率 $(1-p)$ で $\hat{\rho}_2$ という量子状態に準備しよう。すると S 系は $\hat{\rho} = p\hat{\rho}_1 + (1-p)\hat{\rho}_2$ と確率混合された量子状態となる。それに Γ の物理操作を施して得られる状態 $\Gamma[\hat{\rho}]$ を考え、その状態で任意の物理量 O の測定を考えてみよう。O に対応するエルミート行列を $\hat{O}$ とすると、O の期待値は $\mathrm{Tr}\left[\Gamma[\hat{\rho}]\hat{O}\right]$ で与えられる。一方、確率混合をしないまま、状態 $\hat{\rho}_1$ にある S 系に Γ の物理操作を先に施した後に O を測定したとき、その期待値は $\mathrm{Tr}\left[\Gamma[\hat{\rho}_1]\hat{O}\right]$ となる。同様に量子状態 $\hat{\rho}_2$ にある S 系に Γ の物理操作を先に施した後に O を測定したときは、その期待値は $\mathrm{Tr}\left[\Gamma[\hat{\rho}_2]\hat{O}\right]$ となる。この後で $\hat{\rho}_1$ と $\hat{\rho}_2$ の O の実験データを統合して、そのデータから全体の期待値を改めて求めてやると、必ず

$$\mathrm{Tr}\left[\Gamma[\hat{\rho}]\hat{O}\right] = p\,\mathrm{Tr}\left[\Gamma[\hat{\rho}_1]\hat{O}\right] + (1-p)\,\mathrm{Tr}\left[\Gamma[\hat{\rho}_2]\hat{O}\right] \tag{6.1}$$

という関係が成り立つはずである。任意のエルミート行列 $\hat{O}$ に対して、この関係が成り立つので、$\Gamma[\hat{\rho}] = p\Gamma[\hat{\rho}_1] + (1-p)\Gamma[\hat{\rho}_2]$ という関係が導かれる。つまり Γ が物理操作である限り、任意の $\hat{\rho}_1$ と $\hat{\rho}_2$ と確率 p に対して

$$\Gamma[p\hat{\rho}_1 + (1-p)\hat{\rho}_2] = p\Gamma[\hat{\rho}_1] + (1-p)\Gamma[\hat{\rho}_2] \tag{6.2}$$

という性質を Γ は持つ。この Γ の性質は**アフィン性** (affinity) と呼ばれる。このアフィン性を Γ が持てば、任意の複素数 c_1, c_2 と任意の N 次元正方行列 $\hat{M}_1, \hat{M}_2$ に対して

$$\Gamma\left[c_1\hat{M}_1 + c_2\hat{M}_2\right] = c_1\Gamma\left[\hat{M}_1\right] + c_2\Gamma\left[\hat{M}_2\right] \tag{6.3}$$

となるように Γ の定義域を広げることができる（演習問題 (1) 参照)。

また Γ が物理操作ならば、量子状態 $\hat{\rho}$ に対して $\Gamma[\hat{\rho}]$ も量子状態である。したがって量子状態が満たすべき規格化条件も $\mathrm{Tr}[\Gamma[\hat{\rho}]] = \mathrm{Tr}[\hat{\rho}]$ という形で不変でなければいけない。これを**トレース保存性** (trace preservation) と呼ぶ。

さらに Γ が物理操作ならば、Γ は**完全正値性** (completely positiveness) と呼ばれる以下の性質も満たす必要がある。考えている量子系 S の他に量子系 A を考えて、その合成系の状態が $\hat{\Xi}_{SA}$ という密度演算子で記述されているとする※61。ここで S には Γ に対応する物理操作を行うが、A には何もしないと

※61 …注目している系以外に、A のような他の量子系を考える場合、その新しい系は補助系という

しよう。これは例えば S が地球にあり、S と量子的にもつれた A が月にあるような場合を考え、月では何もしないという設定である。この「何もしない」とは数学的には状態変化をさせない恒等写像 id で記述されるため、合成系の密度演算子 $\hat{\Xi}_{SA}$ には $\Gamma \otimes id$ という写像が施される。それも物理操作ではあるので、$(\Gamma \otimes id)\left[\hat{\Xi}_{SA}\right]$ は実現可能な量子状態を記述する密度演算子のはずである。したがって $\hat{\Xi}_{SA} \geq 0$ ならば $(\Gamma \otimes id)\left[\hat{\Xi}_{SA}\right] \geq 0$ となる条件が重要となる。この条件が Γ の完全正値性である。

なお確率保存を意味する $\Gamma \otimes id$ のトレース保存性は、以下のように確認できる。まず S 系の直交基底系 $\{|n\rangle | n = 1 \sim N\}$ と A 系の直交基底系 $\{|u_m\rangle | m = 1 \sim N_A\}$ を考えると、$|n\rangle_S |u_m\rangle_A$ は合成系の状態空間の基底ベクトルになっている。合成系の行列 $\hat{\Xi}_{SA}$ も $(|n\rangle_S |u_m\rangle_A)(\langle n'|_S \langle u_{m'}|_A) = (|n\rangle\langle n'|) \otimes (|u_m\rangle\langle u_{m'}|)$ という行列の基底系を使って

$$\hat{\Xi}_{SA} = \sum_{n=1}^{N} \sum_{n'=1}^{N} \sum_{m=1}^{N_A} \sum_{m'=1}^{N_A} \Xi_{nn'mm'} (|n\rangle\langle n'|) \otimes (|u_m\rangle\langle u_{m'}|) \tag{6.4}$$

と展開可能である。この展開式およびトレースと $\Gamma \otimes id$ の線形性から

$$\begin{aligned} \operatorname*{Tr}_A \left[(\Gamma \otimes id)\left[\hat{\Xi}_{SA}\right]\right] &= \sum_{n=1}^{N} \sum_{n'=1}^{N} \sum_{m=1}^{N_A} \sum_{m'=1}^{N_A} \Xi_{nn'mm'} \Gamma\left[|n\rangle\langle n'|\right] \operatorname*{Tr}_A \left[|u_m\rangle\langle u_{m'}|\right] \\ &= \Gamma\left[\operatorname*{Tr}_A \left[\hat{\Xi}_{SA}\right]\right] \end{aligned} \tag{6.5}$$

と計算できる。これと Γ の S 系でのトレース保存性から $\mathrm{Tr}_{SA}\left[(\Gamma \otimes id)\left[\hat{\Xi}_{SA}\right]\right] = \mathrm{Tr}_S\left[\Gamma\left[\mathrm{Tr}_A\left[\hat{\Xi}_{SA}\right]\right]\right] = \mathrm{Tr}_S\left[\mathrm{Tr}_A\left[\hat{\Xi}_{SA}\right]\right] = \mathrm{Tr}_{SA}\left[\hat{\Xi}_{SA}\right]$ が示されるため、$\Gamma \otimes id$ のトレース保存性が示される。これらの性質を満たす Γ を、難しげな長い名前ではあるが、**トレース保存完全正値写像** (trace preserving completely positive map) と呼ぶ[※62]。通常は略して **TPCP 写像** (もしくは CPTP 写像)

意味で、**アンシラ系** (ancilla system) と呼ばれる。

※62 …… 量子もつれ状態にある合成系では、時間反転などの一部の離散変換は、TPCP 写像にはなれないことに注意。合成系全体の密度演算子 $\hat{\Xi}_{SA}$ を変換した後の $(\Gamma \otimes id)[\hat{\Xi}_{SA}]$ には負の固有値が出てきたりする。このためこれらの変換は TPCP 写像では書けない。また負の固有値が出る欠点を逆手にとって、このような離散変換を使って、ネガティビティと呼ばれる合成系の量子もつれ指標を作ることもできる。なお純粋状態にある量子系の時間反転変換は、状態ベクトル空間における反線形写像で記述されることが知られている。

と呼ばれることも多い。

6.3 シュタインスプリング表現とクラウス表現

あらゆる物理操作はアフィン性、トレース保存性、完全正値性を満たすTPCP写像Γで記述されるが、さらにそのΓには適当な補助系Aが存在して、対象系Sとの合成系におけるユニタリー行列$\hat{U}_{SA}$を使って

$$\Gamma\left[\hat{\rho}\right] = \operatorname*{Tr}_{A}\left[\hat{U}_{SA}\left(\hat{\rho}\otimes|0\rangle\langle 0|\right)\hat{U}_{SA}{}^{\dagger}\right] \tag{6.6}$$

という形に必ず書けることが知られている。これを**シュタインスプリング表現** (Stinespring representation) と呼ぶ。この名前は、発見者のウィリアム・シュタインスプリング (William Stinespring) に由来する。$|0\rangle$はA系の初期状態ベクトルである。SとAの合成系において初期状態を$\hat{\rho}\otimes|0\rangle\langle 0|$に設定し、$\hat{U}_{SA}$に対応する物理操作をその合成系に施した後、$A$系を無視して、$S$系だけの縮約状態を$A$の部分トレースで求めたものが、まさに(6.6)式右辺の$\mathrm{Tr}_A\left[\hat{U}_{SA}\left(\hat{\rho}\otimes|0\rangle\langle 0|\right)\hat{U}_{SA}{}^{\dagger}\right]$である。つまりこの表現は、抽象的だった$\Gamma$が実はそういう物理操作で実現できることを具体的にわかりやすく伝えてくれている。

また

$$\sum_{\alpha}\hat{K}_{\alpha}^{\dagger}\hat{K}_{\alpha} = \hat{I} \tag{6.7}$$

を満たすある行列$\hat{K}_{\alpha}$を用いて、

$$\Gamma\left[\hat{\rho}\right] = \sum_{\alpha}\hat{K}_{\alpha}\hat{\rho}\hat{K}_{\alpha}^{\dagger} \tag{6.8}$$

とも書けることが示せる。(6.8)式はΓの**クラウス表現** (Kraus representation) と呼ばれ、また$\hat{K}_{\alpha}$は**クラウス演算子** (Kraus operator) と呼ばれる。この名前は、発見者のカール・クラウス (Karl Kraus) に由来する。この表現は(6.7)式を満たす行列$\hat{K}_{\alpha}$の集合が物理操作Γの集合に一致することを意味しており、様々な解析において大変有用である。付録C.1では先に(6.8)式を証明し、付録C.2では(6.8)式を使って(6.6)式の証明を与えている。一つの

TPCP 写像でも、複数のクラウス表現が可能である。またその $\hat{K}_\alpha$ の個数は異なってもよい。なお $\hat{K}_\alpha$ はエルミート行列や射影演算子である必要もない。演習問題 (2) では二つのクラウス演算子から構成される具体例を挙げている。

上の考察から、密度演算子で記述される量子状態に対する任意の物理操作には、外部補助系を含めたユニタリー行列 $\hat{U}_{SA}$ が対応することがわかった。一方で、前にも述べたように、任意の N 準位系で任意の $\hat{U}_{SA}$ が実際に実現できる物理操作に対応するかは示されておらず、量子力学の理論ではそれを原理として仮定する。ただ第 14 章の量子計算の節で説明するように、特定の少数の物理操作が実験で実現できれば、その操作の繰り返しで、任意のユニタリー行列 $\hat{U}_{SA}$ に対応する物理操作が任意の精度で実現できることは示されている。

6.4 時間発展とシュレディンガー方程式

準備が整ったので、ここでは量子力学の基礎方程式であるシュレディンガー方程式を導いていこう。まず N 準位系 S の時間発展も、初期状態 $\hat{\rho}$ から時刻 t の状態 $\hat{\rho}(t)$ へと変化させる物理操作とみなせる。したがってある補助系 A が存在し、ユニタリー行列 $\hat{U}_{SA}(t)$ と A の純粋状態 $|0(t)\rangle$ を用いて、

$$\hat{\rho}(t) = \operatorname*{Tr}_A \left[\hat{U}_{SA}(t) \left(\hat{\rho} \otimes |0(t)\rangle\langle 0(t)| \right) \hat{U}_{SA}(t)^\dagger \right] \tag{6.9}$$

というシュタインスプリング表現で記述できる。さらに時間に依存した $|0(t)\rangle$ は必ず A 系の状態空間に作用するユニタリー行列 $\hat{U}_A(t)$ と、時間に依存しない $|0\rangle$ で、$|0(t)\rangle = \hat{U}_A(t)|0\rangle$ と書ける。そこで (6.9) 式において

$$\hat{U}_{SA}(t) \to \hat{U}_{SA}(t) \left(\hat{I} \otimes \hat{U}_A(t)^\dagger \right) \tag{6.10}$$

というユニタリー行列の置き換えをすると

$$\hat{\rho}(t) = \operatorname*{Tr}_A \left[\hat{U}_{SA}(t) \left(\hat{\rho} \otimes |0\rangle\langle 0| \right) \hat{U}_{SA}(t)^\dagger \right] \tag{6.11}$$

を得る。

任意の時間発展のダイナミクスは、S と A の合成系の状態空間に作用するユニタリー行列 $\hat{U}_{SA}(t)$ によって支配されている。$\hat{\rho}$ が純粋状態 $|\psi\rangle\langle\psi|$ である場

合、(6.11) 式から $\hat{\rho}(t)$ は

$$|\Psi(t)\rangle_{SA} = \hat{U}_{SA}(t)|\psi\rangle_S|0\rangle_A \tag{6.12}$$

という純粋状態での S 系の縮約状態 $\mathrm{Tr}_A\left[|\Psi(t)\rangle_{SA}\langle\Psi(t)|_{SA}\right]$ になる。ここで

$$\hat{\Omega}_{SA}(t) = \frac{i}{2}\left(\left(\frac{d}{dt}\hat{U}_{SA}(t)\right)\hat{U}_{SA}(t)^\dagger - \hat{U}_{SA}(t)\left(\frac{d}{dt}\hat{U}_{SA}(t)^\dagger\right)\right) \tag{6.13}$$

というエルミート行列を定義しよう。すると $|\Psi(t)\rangle_{SA}$ は

$$i\frac{d}{dt}|\Psi(t)\rangle_{SA} = \hat{\Omega}_{SA}(t)|\Psi(t)\rangle_{SA} \tag{6.14}$$

という時間に関して一階の微分方程式を満たすことがわかる（演習問題 (3) 参照)。

(6.13) 式の定義により $\hat{\Omega}_{SA}(t)$ は 1/秒 (sec) 等の時間の逆数の単位を持っている。古典的解析力学の正準方程式では時間発展はジュール (J) などのエネルギーの単位を持ったハミルトニアン H で生成された。量子力学は古典力学を極限として含むべきであるため、その古典力学との対応が見やすくなるように、時間 $\times$ エネルギーという作用の単位を持つ定数 $\hbar$ を導入して、量子系のエネルギーを意味する物理量としてのハミルトニアンを

$$\hat{H}_{SA}(t) = \hbar\hat{\Omega}_{SA}(t) \tag{6.15}$$

というエルミート行列で定義しよう※63。この $\hbar$ は換算プランク定数と呼ばれ、それを 2π 倍した定数 h はそれを初めて導入したマックス・プランク (Max Planck, 1858–1947) に因んで、**プランク定数** (Planck constant) と呼ばれる。h の大きさは現在では $6.62607015 \times 10^{-34}$ J$\cdot$sec と定義されている※64。我々の日常生活で現れる古典力学の作用量に比べて、このプランク定数は非常に小さいために、プランク定数の効果はマクロな物理現象では通常非常に小さい。

一般的に $\hat{H}_{SA}(t)$ はエルミート行列に対する行列基底を使った展開ができて、

$$\hat{H}_{SA}(t) = \hat{H}_S(t) \otimes \hat{I}_A + \hat{I}_S \otimes \hat{H}'_A(t) + \hat{V}_{SA}(t) \tag{6.16}$$

※63 …· 古典力学の対応は、6.5 節や第 9 章を参照。
※64 …· プランク定数は、国際単位系において 2019 年 5 月に定義定数となった。

という形に書ける。$\hat{H}_S(t)$ は S 系の自由運動を記述するハミルトニアンとみなせ、同様に $\hat{H}'_A(t)$ は A 系の自由運動を記述するハミルトニアンとみなせる。残りの $\hat{V}_{SA}(t)$ は非自明な演算子 $\hat{O}_S(t)$ と $\hat{O}'_A(t)$ のテンソル積 $\hat{O}_S(t) \otimes \hat{O}'_A(t)$ の和で書けており、S 系と A 系の相互作用を記述する寄与になっている。そして (6.14) 式は

$$i\hbar \frac{d}{dt}|\Psi(t)\rangle_{SA} = \hat{H}_{SA}(t)|\Psi(t)\rangle_{SA} \tag{6.17}$$

と書かれる。ここで $\hat{V}_{SA}(t) = 0$ の場合には、量子状態の時間発展も $|\Psi(t)\rangle_{SA} = |\psi(t)\rangle_S|0(t)\rangle_A$ となる。したがって S 系は S 系だけで純粋状態のまま時間発展する。この場合は S 系を**孤立系** (isolated system) と呼ぶ。孤立系の時間発展では、

$$i\hbar \frac{d}{dt}|\psi(t)\rangle_S = \hat{H}_S(t)|\psi(t)\rangle_S \tag{6.18}$$

という S 系だけで閉じた方程式が成り立つ。(6.17) 式や (6.18) 式は状態ベクトルの時間発展を決める基礎方程式であり、**シュレディンガー方程式** (Schrödinger equation) と呼ばれる。この方程式の名は、粒子の場合の一つの具体形を最初に発見したエルヴィン・シュレディンガー (Erwin Schrödinger, 1887–1961) に由来している。特定の時刻に状態ベクトルを与えれば、他の任意の時刻の状態ベクトルがこの方程式によって一意的に決定される。

なおエネルギーの単位を持つ実数値 E_o を用いて

$$|\psi(t)\rangle'_S = |\psi(t)\rangle_S \exp\left(\frac{i}{\hbar}E_o t\right) \tag{6.19}$$

という変換を状態ベクトルにしても、これは位相変換でしかないので物理には影響がないことを思い出そう。しかしこの変換でシュレディンガー方程式は

$$i\hbar \frac{d}{dt}|\psi(t)\rangle'_S = \left(\hat{H}_S(t) - E_o\right)|\psi(t)\rangle'_S \tag{6.20}$$

となる。したがってハミルトニアンには任意の定数を加えることが可能である。これは量子力学ではエネルギーの原点は物理的なものではなく、人間が選べることを意味している。実験で物理的に観測されるのは、原点の取り方に依存しないエネルギー差だけである※65。

※65 …… なおエネルギーの原点は、一般相対論まで含めるときには勝手に変えることができなくなる。

孤立系の純粋状態を保つ物理操作を**ユニタリー操作** (unitary operation) と呼ぶ。そして孤立系の時間発展もユニタリー操作となっている。(6.18) 式のシュレディンガー方程式に対しては

$$|\psi(t)\rangle_S = \hat{U}(t)|\psi\rangle_S \tag{6.21}$$

を満たす S 系の時間発展を記述するユニタリー行列 $\hat{U}(t)$ が存在し、

$$i\hbar\frac{d}{dt}\hat{U}(t) = \hat{H}_S(t)\hat{U}(t) \tag{6.22}$$

を満たす。この方程式の形式的な一般解は級数展開の形で求めることができる。一般に時間に依存している行列 $\hat{A}(t)$ に対して、時間順序指数関数行列を

$$\mathrm{T}\exp\left(\int_0^t \hat{A}(t')dt'\right) = \hat{I} + \sum_{n=1}^{\infty}\int_0^t dt_1\int_0^{t_1} dt_2\cdots\int_0^{t_{n-1}} dt_n\hat{A}(t_1)\cdots\hat{A}(t_n) \tag{6.23}$$

で定義しよう。多重時間積分区間の各上限は、被積分関数の左側の演算子の引数の時間ほど未来になるようにとられ、右側の演算子の引数の時間ほど過去になっていることに留意して欲しい。この定義を用いると (6.22) 式の一般解は

$$\hat{U}(t) = \mathrm{T}\exp\left(-\frac{i}{\hbar}\int_0^t \hat{H}_S(t')dt'\right) \tag{6.24}$$

と書ける。$\hat{A}(t)$ が時間依存しなければ、その時間順序指数関数行列は、以下のように単なる指数関数行列になる（演習問題 (4)）。

$$\mathrm{T}\exp\left(\int_0^t \hat{A}dt'\right) = \hat{I} + \sum_{n=1}^{\infty}\frac{t^n}{n!}\hat{A}^n = \exp\left(t\hat{A}\right). \tag{6.25}$$

したがって $\hat{H}_S$ が時間に依存しなければ、(6.24) 式は

$$\hat{U}(t) = \exp\left(-\frac{it}{\hbar}\hat{H}_S\right) \tag{6.26}$$

という形で書ける。

S 系の一般の密度演算子 $\hat{\rho}$ の時間発展は $\hat{\rho}(t) = \hat{U}(t)\hat{\rho}\hat{U}(t)^\dagger$ で与えられるた

アインシュタイン方程式のエネルギー運動量テンソルは、勝手に定数を足すことができない構造になっているためである。

め、(6.18) 式に対応する運動方程式は

$$i\hbar\frac{d}{dt}\hat{\rho}(t) = \left[\hat{H}_S(t), \hat{\rho}(t)\right] \tag{6.27}$$

と書かれる。

ハミルトニアンの最小固有値 E_0 に対応する固有状態は**基底状態** (ground state) と呼ばれる。また次に大きなハミルトニアンの固有値に対応する固有状態は**第一励起状態** (first excited state) と呼ばれる。またハミルトニアンの固有値は、**エネルギー固有値** (energy eigenvalue) としばしば呼ばれる。またエネルギー固有値を値が小さいほうから順に並べたものを、**エネルギー準位** (energy level) と呼ぶ。エネルギー準位を図示するときには、縦方向にエネルギーの値をとり、各固有値を一本の横線で表すことが多い。

6.5 磁場中の二準位スピン系のハミルトニアン

二準位スピン系のハミルトニアンの簡単な例としては、 スピンと一定磁場 $\vec{B} = (B_x, B_y, B_z)$ との相互作用を示す

$$\hat{H} = \lambda\left(B_x\hat{\sigma}_x + B_y\hat{\sigma}_y + B_z\hat{\sigma}_z\right) = \lambda\begin{pmatrix} B_z & B_x - iB_y \\ B_x + iB_y & -B_z \end{pmatrix} \tag{6.28}$$

が挙げられる※66。ここで λ は相互作用の強さを表す実数である。シュレディンガー方程式は

$$i\hbar\frac{d}{dt}\begin{pmatrix} \psi_+(t) \\ \psi_-(t) \end{pmatrix} = \lambda\begin{pmatrix} B_z & B_x - iB_y \\ B_x + iB_y & -B_z \end{pmatrix}\begin{pmatrix} \psi_+(t) \\ \psi_-(t) \end{pmatrix} \tag{6.29}$$

となる。時間発展を記述する (6.26) 式のユニタリー行列 $\hat{U}(t)$ を用いると

※66 …… このハミルトニアンの形は、各時刻毎の磁場中のスピンの測定を行って、その量子状態トモグラフィから時間発展をする密度演算子 $\hat{\rho}(t)$ を計測し、$\hat{\rho}(t)$ の時間微分を調べることで実験的に決定できる。このようにハミルトニアンや時間発展のユニタリー行列の形を決めることを、**量子プロセストモグラフィ** (quantum process tomography) と呼ぶ。また相対論的な量子場であるディラック場を考えるとき、そのハミルトニアンの非相対論的極限の補正項としても得られることが知られている。

(6.29) 式の一般解は

$$|\psi(t)\rangle = \begin{pmatrix} \psi_+(t) \\ \psi_-(t) \end{pmatrix} = \hat{U}(t) \begin{pmatrix} \psi_+(0) \\ \psi_-(0) \end{pmatrix} \tag{6.30}$$

と書ける。ここで $\omega = \lambda \left\| \vec{B} \right\| / \hbar$ と置こう。また $\vec{n}$ を $\vec{B}$ 方向の単位ベクトルとし、$\hat{\sigma}(\vec{n}) = n_x\hat{\sigma}_x + n_y\hat{\sigma}_y + n_z\hat{\sigma}_z$ とすれば、$\hat{U}(t)$ は今の場合

$$\hat{U}(t) = \exp\left(-i\omega t\hat{\sigma}(\vec{n})\right) = \cos\left(\omega t\hat{\sigma}(\vec{n})\right) - i\sin\left(\omega t\hat{\sigma}(\vec{n})\right) \tag{6.31}$$

となる。ここで $\exp(ix) = \cos x + i\sin x$ を用いた。$\cos x$ は x の偶数べき乗で、また $\sin x$ は x の奇数べき乗で級数展開（マクローリン展開）できることと、$\hat{\sigma}(\vec{n})^2 = \hat{I}$ であることを使うと、

$$\begin{aligned} \hat{U}(t) &= \cos(\omega t)\,\hat{I} - i\sin(\omega t)\,\hat{\sigma}(\vec{n}) \\ &= \begin{pmatrix} \cos(\omega t) - in_z\sin(\omega t) & -(n_y + in_x)\sin(\omega t) \\ (n_y - in_x)\sin(\omega t) & \cos(\omega t) + in_z\sin(\omega t) \end{pmatrix} \end{aligned} \tag{6.32}$$

と求まる。ここで注目すべきことは、$\omega t, \vec{n}$ を適当にとると、$\hat{U}(t)$ は位相因子自由度を除いた全てのユニタリー行列を実現できる点である※67。つまり二準位スピン系全体の物理操作は、適当な外部磁場を適当な時間だけかけることで実現できる。空間回転と同様に、量子ビットとしての二準位スピン系では、磁場を加えることでもあらゆるユニタリー行列に対応する物理操作が達成できる※68。

6.6 ハイゼンベルグ描像

一般に物理量 O には対応するエルミート行列 $\hat{O}$ が存在する。同じ量子状態

※67 …… 全体の位相因子を除いて、任意のユニタリー行列が実現するという証明は、$\hat{U}$ が互いに直交する任意の二つの単位縦ベクトルを行列として横に並べたものに一致することを示せばよい。自由にとれる ωt と $\vec{n}$ を使うと、それが示される。

※68 …… これは、磁場ベクトルを変えると (6.28) 式のハミルトニアンが定数項を除いて任意の二次元エルミート行列にとれるためである。

$\hat{\rho}$ にある多数の同じ系で O を測定することで、その期待値 $\langle O \rangle = \mathrm{Tr}\left[\hat{\rho}\hat{O}\right]$ を実験で求めることができる。さらに孤立系 S において[※69]、時刻 $t=0$ の初期状態を $\hat{\rho}$ とし、時間発展のユニタリー演算子 $\hat{U}(t)$ を使って期待値の時間発展を計算すると

$$\langle O(t) \rangle = \mathrm{Tr}\left[\hat{\rho}(t)\hat{O}\right] = \mathrm{Tr}\left[\hat{U}(t)\hat{\rho}\hat{U}(t)^\dagger\hat{O}\right] = \mathrm{Tr}\left[\hat{\rho}\hat{U}(t)^\dagger\hat{O}\hat{U}(t)\right] \tag{6.33}$$

となる。ここで物理量 O に対して

$$\hat{O}_H(t) = \hat{U}(t)^\dagger\hat{O}\hat{U}(t) \tag{6.34}$$

という時間に依存したエルミート行列を定義すると

$$\langle O(t) \rangle = \mathrm{Tr}\left[\hat{\rho}\hat{O}_H(t)\right] \tag{6.35}$$

という関係がある。$\hat{O}_H(t)$ は O の**ハイゼンベルグ演算子** (Heisenberg operator) と呼ばれている。この演算子 (行列) の名は、行列を用いて量子力学を初めて定式化したヴェルナー・ハイゼンベルグ (Werner Heisenberg, 1901–1976) に由来している。この $\hat{O}_H(t)$ は、S のハミルトニアン $\hat{H}_S(t)$ のハイゼンベルグ演算子 $\hat{H}_H(t) = \hat{U}(t)^\dagger\hat{H}_S(t)\hat{U}(t)$ を用いた

$$\frac{d}{dt}\hat{O}_H(t) = \frac{1}{i\hbar}\left[\hat{O}_H(t), \hat{H}_H(t)\right] \tag{6.36}$$

という運動方程式を満たす (演習問題 (5))。これは**ハイゼンベルグ方程式** (Heisenberg equation) と呼ばれる。ここでハミルトニアン $\hat{H}_S$ が時間に依存しなければ $\hat{U}(t) = \exp\left(-\frac{it}{\hbar}\hat{H}_S\right)$ となるので、$\hat{H}_H(t) = \hat{U}(t)^\dagger\hat{H}_S\hat{U}(t) = \hat{U}(t)^\dagger\hat{U}(t)\hat{H}_S = \hat{H}_S$ から、簡単に $\hat{H}_H(t) = \hat{H}_S$ と置ける。時間発展を量子状態 $\hat{\rho}$ ではなく、物理量のエルミート行列に押し付けるこの理論形式は**ハイゼンベルグ描像** (Heisenberg picture) と呼ばれる。一方これまでやってきた量子状態の時間発展を考える理論形式は**シュレディンガー描像** (Schrödinger picture) と呼ばれる。通常は解析目的に応じて、この二つの描像は使い分けられている。シュレディンガー描像での物理量 O のエルミート行列 $\hat{O}$ は**シュ**

※69 …… 注目系が外部系と相互作用をする場合でも、その合成系が孤立系になれば、ここでの議論はそのまま使える。

レディンガー演算子 (Schrödinger operator) と呼ばれる。なおより一般的には元々の O が時間依存性を持っていて、対応するシュレディンガー演算子も $\hat{O}(t)$ という時間依存した行列になっていることもある。その場合のハイゼンベルグ演算子も $\hat{O}_H(t) = \hat{U}(t)^\dagger \hat{O}(t) \hat{U}(t)$ で定義される。その場合ハイゼンベルグ方程式には補正項がついて

$$\frac{d}{dt}\hat{O}_H(t) = \frac{1}{i\hbar}\left[\hat{O}_H(t), \hat{H}_H(t)\right] + \hat{U}(t)^\dagger \left(\partial_t \hat{O}(t)\right) \hat{U}(t) \tag{6.37}$$

という形になることに注意が必要である。$\partial_t \hat{O}(t)$ は元々のシュレディンガー演算子の t 微分である。

6.7 対称性と保存則

ここでは量子系の対称性とその帰結を考察しよう。なお得られる結果は、後の章の $N \to \infty$ で実現される連続系においても成り立つ。まず物理量 Q に対応するエルミート行列 $\hat{Q}$ は量子状態を変える物理操作の**生成子** (generator) の役目も担える※70。θ を実数パラメータとして

$$\hat{U}_Q(\theta) = \exp\left(-i\theta\hat{Q}\right) \tag{6.38}$$

という行列を定義すれば、$\hat{Q}$ のエルミート性から $\hat{U}_Q(\theta)$ はユニタリー行列であることがわかる。任意のユニタリー行列は物理操作に対応するので、純粋状態 $|\psi\rangle$ にある量子系をある物理操作で

$$|\psi(\theta)\rangle = \hat{U}_Q(\theta)|\psi\rangle \tag{6.39}$$

という状態にできる。この量子系の時間発展を定めているハミルトニアンは時間に依存していないとして、それを $\hat{H}$ と書こう。任意の $|\psi\rangle$ に対して、$|\psi(\theta)\rangle$ におけるハミルトニアン（つまりエネルギー）の期待値が $|\psi\rangle$ における期待値と一致する場合を考察してみよう。

※70 …… ここでは簡単のため、$\hat{Q}$ は時間に依存しないシュレディンガー演算子とする。少しの変形で、時間に依存した場合へ拡張した議論もできる。

$$\langle\psi(\theta)|\hat{H}|\psi(\theta)\rangle = \langle\psi|\hat{H}|\psi\rangle. \tag{6.40}$$

(6.40) 式が成り立つとき、ハミルトニアン $\hat{H}$ は**対称性** (symmetry) を持つと言われる。ここで右辺を左辺へ移項させて $|\psi\rangle$ の任意性を使うと、$\hat{U}_Q(\theta)^\dagger \hat{H}\hat{U}_Q(\theta) - \hat{H}$ というエルミート行列が常に零行列であることがわかる。したがって行列レベルで

$$\hat{U}_Q(\theta)^\dagger \hat{H}\hat{U}_Q(\theta) = \hat{H} \tag{6.41}$$

が成り立つ。(6.41) 式の両辺を θ で微分した後、$\theta = 0$ ととれば、

$$\left[\hat{H}, \hat{Q}\right] = 0 \tag{6.42}$$

となり、ハミルトニアン $\hat{H}$ と $\hat{Q}$ が交換可能であるという関係が導かれる。したがって (6.36) 式から Q のハイゼンベルグ演算子 $\hat{Q}_H(t)$ は

$$\frac{d}{dt}\hat{Q}_H(t) = 0 \tag{6.43}$$

を満たして、時間変化をしない。したがって Q の期待値も時間依存しない。このとき Q は保存すると言われ、(6.43) 式やその元となる (6.42) 式は Q の**保存則** (conservation law) と呼ばれる。また逆に Q が保存するときには、いつでも (6.40) 式の対称性が成り立つ※71。

また (6.42) 式から、時刻 t に $\hat{Q}$ の固有値 q が観測される確率 $p(Q=q,t)$ も時間変化をしない。固有値 q に対応する $\hat{Q}$ の固有状態 $|q\rangle$ は、ある固有値 E_q に対応した $\hat{H}$ の固有状態でもあるため、

$$\begin{aligned} p(Q=q,t) &= \left|\langle q|\exp\left(-\frac{it}{\hbar}\hat{H}\right)|\psi(0)\rangle\right|^2 \\ &= \left|\exp\left(-\frac{it}{\hbar}E_q\right)\langle q|\psi(0)\rangle\right|^2 = p(Q=q,0) \end{aligned} \tag{6.44}$$

が示せるからである。

※71 …… $\hat{Q}_H(t)$ の時間微分が零なのでハイゼンベルグ演算子の定義式を微分して $t=0$ と置けば $[\hat{H},\hat{Q}]=0$ が成り立つ。これを使うと $\hat{H}$ と $\hat{U}_Q(\theta)$ が可換になることが示され、(6.40) 式も導かれる。

SUMMARY

まとめ

N 準位系 S の任意の物理操作は、以下を満たす TPCP 写像 Γ で記述される。

1. アフィン性：

$$\Gamma\left[p\hat{\rho}_1+(1-p)\hat{\rho}_2\right]=p\Gamma\left[\hat{\rho}_1\right]+(1-p)\Gamma\left[\hat{\rho}_2\right].$$

2. トレース保存性：

$$\mathrm{Tr}\left[\Gamma\left[\hat{\rho}\right]\right]=\mathrm{Tr}\left[\hat{\rho}\right].$$

3. 任意の補助系 A との合成系における完全正値性：

$$\hat{\Xi}_{SA}\geq 0\Rightarrow(\Gamma\otimes id)\left[\hat{\Xi}_{SA}\right]\geq 0.$$

またどの TPCP 写像 Γ も (6.9) 式のシュタインスプリング表現を持つ。そのため特に物理操作の一つとして時間発展を考えれば、ハミルトニアン $\hat{H}$ を用いた量子力学のダイナミクスの基礎方程式である (6.17) 式のシュレディンガー方程式が導かれる。これから物理量 Q のハイゼンベルグ演算子 $\hat{Q}_H(t)$ に対する (6.36) 式のハイゼンベルグ方程式も得られる。また $\hat{H}$ が $\hat{Q}$ と交換可能ならば、(6.44) 式の保存則が成り立つ。

EXERCISES

演習問題

問 1 簡単のために二準位スピン系を考えよう。物理操作 Γ に対して (6.2) 式のアフィン性が成り立つのならば、(6.3) 式のように線形性が成り立つように Γ は拡大できることを示せ。

解 z 方向上向き状態 $|+\rangle$ と下向き状態 $|-\rangle$ に対して、ここで $|\psi\rangle=\frac{1}{\sqrt{2}}\left(|+\rangle+|-\rangle\right)$ と $|\phi\rangle=\frac{1}{\sqrt{2}}\left(|+\rangle-i|-\rangle\right)$ という二つの純粋状態を考えよう。すると

$$|+\rangle\langle-|=|\psi\rangle\langle\psi|-i|\phi\rangle\langle\phi|-\frac{1-i}{2}|+\rangle\langle+|-\frac{1-i}{2}|-\rangle\langle-|,\tag{6.45}$$

$$|-\rangle\langle+| = |\psi\rangle\langle\psi| + i|\phi\rangle\langle\phi| - \frac{1+i}{2}|+\rangle\langle+| - \frac{1+i}{2}|-\rangle\langle-| \tag{6.46}$$

という関係が示せる。$|+\rangle\langle-|$ や $|-\rangle\langle+|$ は密度演算子ではないので量子状態を記述していない。したがって $\Gamma\left[|+\rangle\langle-|\right]$ と $\Gamma\left[|-\rangle\langle+|\right]$ はまだ定義されていない。そこで定義域を下記のように拡大した線形写像 $\tilde{\Gamma}$ を導入しよう。

$$\tilde{\Gamma}\left[|\pm\rangle\langle\pm|\right] = \Gamma\left[|\pm\rangle\langle\pm|\right], \tag{6.47}$$

$$\tilde{\Gamma}\left[|+\rangle\langle-|\right] = \Gamma\left[|\psi\rangle\langle\psi|\right] - i\Gamma\left[|\phi\rangle\langle\phi|\right] - \frac{1-i}{2}\Gamma\left[|+\rangle\langle+|\right] - \frac{1-i}{2}\Gamma\left[|-\rangle\langle-|\right], \tag{6.48}$$

$$\tilde{\Gamma}\left[|-\rangle\langle+|\right] = \Gamma\left[|\psi\rangle\langle\psi|\right] + i\Gamma\left[|\phi\rangle\langle\phi|\right] - \frac{1+i}{2}\Gamma\left[|+\rangle\langle+|\right] - \frac{1+i}{2}\Gamma\left[|-\rangle\langle-|\right]. \tag{6.49}$$

この右辺に現れる $\Gamma\left[|\psi\rangle\langle\psi|\right], \Gamma\left[|\phi\rangle\langle\phi|\right], \Gamma\left[|+\rangle\langle+|\right], \Gamma\left[|-\rangle\langle-|\right]$ は引数が密度演算子であるため既に定義されている。任意の二次元正方行列 $\hat{M}$ は $m_{++}|+\rangle\langle+| + m_{+-}|+\rangle\langle-| + m_{-+}|-\rangle\langle+| + m_{--}|-\rangle\langle-|$ と展開できるため、$\tilde{\Gamma}\left[\hat{M}\right]$ は $m_{++}\tilde{\Gamma}\left[|+\rangle\langle+|\right] + m_{+-}\tilde{\Gamma}\left[|+\rangle\langle-|\right] + m_{-+}\tilde{\Gamma}\left[|-\rangle\langle+|\right] + m_{--}\tilde{\Gamma}\left[|-\rangle\langle-|\right]$ と計算される。これに (6.47) 式、(6.48) 式、(6.49) 式を代入することで線形写像 $\tilde{\Gamma}$ は一意に定義される。次に $\Gamma\left[\hat{\rho}\right] = \tilde{\Gamma}\left[\hat{\rho}\right]$ を示して、$\tilde{\Gamma}$ は Γ の定義域を拡大した線形写像であることを証明しよう。まず任意の密度演算子を

$$\hat{\rho} = \rho_{++}|+\rangle\langle+| + \rho_{--}|-\rangle\langle-| + \rho_{+-}|+\rangle\langle-| + \rho_{-+}|-\rangle\langle+| \tag{6.50}$$

と展開した式に (6.45) 式と (6.46) 式を代入する。すると

$$\hat{\rho} = q_+|+\rangle\langle+| + q_-|-\rangle\langle-| + q_\psi|\psi\rangle\langle\psi| + q_\phi|\phi\rangle\langle\phi| \tag{6.51}$$

という形に変形できる。ここで係数 q_+, q_-, q_ψ, q_ϕ は実数になるが、その係数が負である項は右辺から左辺に移行する。そしてその左辺に現れた項の係数の和※72の逆数を正数 r_0 とすれば、$0 \leq r_0 \leq 1$ を満たす。r_0 を両辺にかけると $\mathrm{Tr}\left[\hat{\Omega}\right] = 1$ と $\hat{\Omega} \geq 0$ を満たす密度演算子 $\hat{\Omega} = r_0\hat{\rho} + r_+|+\rangle\langle+| + r_-|-\rangle\langle-| + r_\psi|\psi\rangle\langle\psi| + r_\phi|\phi\rangle\langle\phi|$ が定義され、(6.51)

※72…$\hat{\rho}$ にかかった元の係数は 1 だったので、左辺の項の係数の和は 1 以上の値をとることに注意。

式は

$$
\begin{aligned}
& r_0\hat{\rho} + r_+|+\rangle\langle+| + r_-|-\rangle\langle-| + r_\psi|\psi\rangle\langle\psi| + r_\phi|\phi\rangle\langle\phi| \\
& \quad = s_+|+\rangle\langle+| + s_-|-\rangle\langle-| + s_\psi|\psi\rangle\langle\psi| + s_\phi|\phi\rangle\langle\phi|
\end{aligned} \tag{6.52}
$$

という形に書ける。上の構成の仕方から自明に、左辺の r_+, r_-, r_ψ, r_ϕ は正か零かをとる実数であり、$r_0 + r_+ + r_- + r_\psi + r_\phi = 1$ を満たす。また右辺の s_+, s_-, s_ψ, s_ϕ は r_a が正なら s_a は零、r_a が零ならば s_a は正である実数であり、$s_+ + s_- + s_\psi + s_\phi = 1$ を満たす。また $\hat{\Omega}$ は

$$
\begin{aligned}
\hat{\Omega} &= r_0\hat{\rho} + r_+|+\rangle\langle+| + r_-|-\rangle\langle-| + r_\psi|\psi\rangle\langle\psi| + r_\phi|\phi\rangle\langle\phi| \\
&= r_0\hat{\rho} + (1-r_0) \\
&\quad \cdot \left(\frac{r_+}{1-r_0}|+\rangle\langle+| + \frac{r_-}{1-r_0}|-\rangle\langle-| + \frac{r_\psi}{1-r_0}|\psi\rangle\langle\psi| + \frac{r_\phi}{1-r_0}|\phi\rangle\langle\phi| \right) \\
&= r_0\hat{\rho} + (1-r_0)\,\hat{\rho}'
\end{aligned} \tag{6.53}
$$

と書け、最後に現れた $\hat{\rho}'$ は密度演算子であるため、(6.2) 式のアフィン性から $\Gamma\left[\hat{\Omega}\right] = r_0\Gamma[\hat{\rho}] + (1-r_0)\,\Gamma[\hat{\rho}']$ が成り立つ。同様のことを Γ のアフィン性を繰り返し使いながら (6.52) 式の両辺で行えば、

$$
\begin{aligned}
& r_0\Gamma[\hat{\rho}] + r_+\Gamma[|+\rangle\langle+|] + r_-\Gamma[|-\rangle\langle-|] + r_\psi\Gamma[|\psi\rangle\langle\psi|] + r_\phi\Gamma[|\phi\rangle\langle\phi|] \\
& \quad = s_+\Gamma[|+\rangle\langle+|] + s_-\Gamma[|-\rangle\langle-|] + s_\psi\Gamma[|\psi\rangle\langle\psi|] + s_\phi\Gamma[|\phi\rangle\langle\phi|]
\end{aligned} \tag{6.54}
$$

という関係が示される。この両辺を再び r_0 で割り、$\Gamma[\hat{\rho}]$ 以外の左辺の項全てを右辺に移行すると、

$$
\Gamma[\hat{\rho}] = q_+\Gamma[|+\rangle\langle+|] + q_-\Gamma[|-\rangle\langle-|] + q_\psi\Gamma[|\psi\rangle\langle\psi|] + q_\phi\Gamma[|\phi\rangle\langle\phi|] \tag{6.55}
$$

という式が得られる。そして (6.48) 式と (6.49) 式を連立して解いて得られる $\Gamma[|\psi\rangle\langle\psi|]$ と $\Gamma[|\phi\rangle\langle\phi|]$ の表式と (6.47) 式を (6.55) 式の右辺に代入する。そして $\tilde{\Gamma}$ の線形性と (6.50) 式を使えば $\Gamma[\hat{\rho}] = \tilde{\Gamma}[\hat{\rho}]$ が示され、Γ の定義域では $\tilde{\Gamma}$ は Γ に一致することが確認されて証明は終わる。この結果は簡単に N 準位系へ拡張できる。なお第 6 章では $\tilde{\Gamma}$ は区別せずに Γ と表記する。

問 2 N 準位系 S の状態空間に作用するエルミート行列 $\hat{O}$ から

$$\hat{K}_0 = \cos \hat{O} = \frac{1}{2}\left(\exp\left(i\hat{O}\right) + \exp\left(-i\hat{O}\right)\right),$$
$$\hat{K}_1 = \sin \hat{O} = \frac{1}{2i}\left(\exp\left(i\hat{O}\right) - \exp\left(-i\hat{O}\right)\right) \tag{6.56}$$

という二つの行列を定義すると、これがクラウス演算子になっていることを示せ。また z 軸上向き状態 $|+\rangle_A$ にある二準位スピン系 A を補助系とし、$\hat{U}_{SA} = \exp\left(-i\hat{O} \otimes \hat{\sigma}_y\right)$ としたときに

$$\hat{K}_0 = \langle + |_A \hat{U}_{SA} | + \rangle_A, \hat{K}_1 = \langle - |_A \hat{U}_{SA} | + \rangle_A \tag{6.57}$$

を示せ。ここで $|-\rangle_A$ はスピンの z 軸下向き状態である。この結果から S 系の量子状態 $\hat{\rho}$ に対して

$$\hat{K}_0 \hat{\rho} \hat{K}_0^\dagger + \hat{K}_1 \hat{\rho} \hat{K}_1^\dagger = \mathop{\mathrm{Tr}}_A \left[\hat{U}_{SA} \left(\hat{\rho} \otimes |+\rangle\langle+|\right) \hat{U}_{SA}{}^\dagger\right] \tag{6.58}$$

が成り立ち、これは TPCP 写像となる。

解 $\hat{K}_0^\dagger \hat{K}_0 + \hat{K}_1^\dagger \hat{K}_1 = \cos^2 \hat{O} + \sin^2 \hat{O} = \hat{I}$ が成り立つために、$\hat{K}_0$ と $\hat{K}_1$ はクラウス演算子である。また $\hat{\sigma}_y^2 = \hat{I}$ を使うと、偶関数である $\cos\left(\hat{O} \otimes \hat{\sigma}_y\right)$ はマクローリン展開から $\cos \hat{O} \otimes \hat{I}$ となり、また奇関数である $\sin\left(\hat{O} \otimes \hat{\sigma}_y\right)$ は $\sin \hat{O} \otimes \hat{\sigma}_y$ となる。したがって

$$\begin{aligned}\hat{U}_{SA} &= \exp\left(-i\hat{O} \otimes \hat{\sigma}_y\right) \\ &= \cos\left(\hat{O} \otimes \hat{\sigma}_y\right) - i \sin\left(\hat{O} \otimes \hat{\sigma}_y\right) = \cos \hat{O} \otimes \hat{I} - i \sin \hat{O} \otimes \hat{\sigma}_y\end{aligned} \tag{6.59}$$

と計算されるため、

$$\langle + |_A \hat{U}_{SA} | + \rangle_A = \cos \hat{O} \langle + | + \rangle - i \sin \hat{O} \langle + | \hat{\sigma}_y | + \rangle = \cos \hat{O}, \tag{6.60}$$
$$\langle - |_A \hat{U}_{SA} | + \rangle_A = \cos \hat{O} \langle - | + \rangle - i \sin \hat{O} \langle - | \hat{\sigma}_y | + \rangle = \sin \hat{O} \tag{6.61}$$

と示される。なおこの $\hat{K}_0$ と $\hat{K}_1$ は第 7 章に出てくる測定演算子が二値の場合の $\hat{M}(0)$ と $\hat{M}(1)$ の例にもなっている。

問 3 (6.12) 式の $|\Psi(t)\rangle_{SA}$ が (6.13) 式の $\hat{\Omega}_{SA}(t)$ を使うと (6.14) 式を満たすことを示せ。

解 $\hat{U}_{SA}(t)\hat{U}_{SA}(t)^\dagger = \hat{I}_{SA}$ の両辺を時間 t で微分して

$$\left(\frac{d}{dt}\hat{U}_{SA}(t)\right)\hat{U}_{SA}(t)^\dagger + \hat{U}_{SA}(t)\left(\frac{d}{dt}\hat{U}_{SA}(t)^\dagger\right) = 0 \tag{6.62}$$

という関係が得られる。これを使うと

$$\hat{\Omega}_{SA}(t) = i\left(\frac{d}{dt}\hat{U}_{SA}(t)\right)\hat{U}_{SA}(t)^\dagger \tag{6.63}$$

が示せる。この両辺の右側から $\hat{U}_{SA}(t)$ をかけ、右辺と左辺を入れ替えると

$$i\frac{d}{dt}\hat{U}_{SA}(t) = \hat{\Omega}_{SA}(t)\hat{U}_{SA}(t) \tag{6.64}$$

が成り立つ。この両辺の右側に $|\psi\rangle_S|0\rangle_A$ をかければ (6.14) 式を得る。

問 4 (6.24) 式の $\hat{U}(t)$ は $\hat{U}(0) = \hat{I}$ と (6.22) 式を満たすことを示せ。また (6.25) 式を示せ。

解

$$\hat{U}(t) = \hat{I} + \sum_{n=1}^{\infty}\left(-\frac{i}{\hbar}\right)^n \int_0^t dt_1 \int_0^{t_1} dt_2 \cdots \int_0^{t_{n-1}} dt_n \hat{H}_S(t_1)\cdots\hat{H}_S(t_n) \tag{6.65}$$

から $\hat{U}(0) = \hat{I}$ で、かつ

$$\begin{aligned} i\hbar\frac{d}{dt}\hat{U}(t) &= \hat{H}_S(t)\left(\hat{I} + \sum_{n=2}^{\infty}\left(-\frac{i}{\hbar}\right)^{n-1}\int_0^t dt_2 \cdots \int_0^{t_{n-1}} dt_n \hat{H}_S(t_2)\cdots\hat{H}_S(t_n)\right) \\ &= \hat{H}_S(t)\hat{U}(t) \end{aligned} \tag{6.66}$$

が確認できる。また (6.25) 式は以下のように示される。

$$\begin{aligned} &\hat{I} + \sum_{n=1}^{\infty}\int_0^t dt_1 \int_0^{t_1} dt_2 \cdots \int_0^{t_{n-1}} dt_n \hat{A}^n \\ &= \hat{I} + \sum_{n=1}^{\infty}\hat{A}^n \int_0^t dt_1 \int_0^{t_1} dt_2 \cdots \int_0^{t_{n-1}} dt_n 1 \\ &= \hat{I} + \sum_{n=1}^{\infty}\hat{A}^n \int_0^t dt_1 \int_0^{t_1} dt_2 \cdots \int_0^{t_{n-2}} dt_{n-1} t_{n-1} \\ &= \hat{I} + \sum_{n=1}^{\infty}\hat{A}^n \int_0^t dt_1 \int_0^{t_1} dt_2 \cdots \int_0^{t_{n-3}} dt_{n-2} \frac{(t_{n-2})^2}{2!} \end{aligned}$$

$$= \hat{I} + \sum_{n=1}^{\infty} \hat{A}^n \frac{t^n}{n!} = \exp\left(t\hat{A}\right). \tag{6.67}$$

問 5 (6.36) 式を導け。

解

$$\begin{aligned}
\frac{d}{dt}\hat{O}_H(t) &= \hat{U}(t)^\dagger \hat{O} \frac{d}{dt}\hat{U}(t) + \frac{d}{dt}\hat{U}(t)^\dagger \hat{O}\hat{U}(t) \\
&= \frac{1}{i\hbar}\left(\hat{U}^\dagger(t)\hat{O}\hat{H}_S(t)\hat{U}(t) - \hat{U}(t)^\dagger \hat{H}_S(t)\hat{O}\hat{U}(t)\right) \\
&= \frac{1}{i\hbar}\left(\left(\hat{U}^\dagger(t)\hat{O}\hat{U}(t)\right)\left(\hat{U}^\dagger(t)\hat{H}_S(t)\hat{U}(t)\right)\right. \\
&\quad \left. - \left(\hat{U}(t)^\dagger \hat{H}_S(t)\hat{U}(t)\right)\left(\hat{U}(t)^\dagger \hat{O}\hat{U}(t)\right)\right) \\
&= \frac{1}{i\hbar}\left(\hat{O}_H(t)\hat{H}_H(t) - \hat{H}_H(t)\hat{O}_H(t)\right) \\
&= \frac{1}{i\hbar}\left[\hat{O}_H(t), \hat{H}_H(t)\right].
\end{aligned} \tag{6.68}$$

第 7 章

量子測定

7.1 はじめに

既に二準位スピン系のシュテルン＝ゲルラッハ (SG) 測定や N 準位系の基準測定を説明してきた。測られる物理量に対応するエルミート行列の固有値の一つが観測されると、系の測定後状態はその行列の固有状態になっている。このような測定は**理想測定** (ideal measurement) や**射影測定** (projective measurement) と呼ばれ、量子状態の同定や準備に使われる。ところが量子力学で実現できる測定は、理想測定に限らないし、多くの実験は実は理想測定ではないのである。基準測定を通じて定義された物理量は、他の様々な量子的な測定つまり、**量子測定** (quantum measurement) でも計測することができる。ここでは N 準位系を用いて様々な量子測定を紹介し、主に小澤正直 (Masanao Ozawa) によって発展させられた量子測定の数学理論を、物理向けに噛み砕いて説明をする。より厳密な数学的取り扱いは例えば [1] などを参照して欲しい。なお $N \to \infty$ の場合でも、この章の多くの結果は自然に拡張できる。ただし全ての物理量に対して理想測定があるとは限らなくなる。

7.2 測定の設定

量子測定も基本的には物理操作の一つではあるが、特徴的なのは系の情報の読み出しを伴うことである。一般の物理的な測定の基本設定の骨格は、次のようになっている。量子状態 $\hat{\rho}$ にある対象系 S（多くの場合はミクロな系）と測定するマクロな測定機系 D を考える。量子力学では D も量子系として扱う。S の状態空間の次元を N_S とし、D の状態空間の次元を N_D とする。N_S と

N_D の大小関係は原理的には任意で構わない。プローブと呼ばれる D のある一部分が、S とある時間領域の中でだけ相互作用をし、$\hat{\rho}$ がどんな状態なのか、どのような特徴を持っているのかについての情報を、D の内部に取り込む。S との相互作用が切れた後、微弱だった S からの信号の増幅が D の内部で行われて、マクロに区別できる量子状態に記録される。それを D の基準測定で同定し、最終的な測定結果の確率分布を得る※73。注目系 S の量子状態 $\hat{\rho}$ を変化させると、この D の測定結果の確率分布も変化する。このため D の測定結果から逆に $\hat{\rho}$ の情報が読み取れるので、D の測定は S の間接的な測定になっている。シュテルン＝ゲルラッハ (SG) 実験では、二準位スピンが S であり、SG 装置から出てくるスピンのビームの位置自由度が D に当たる。

図 7.1 のように、まず S 系の初期状態を純粋状態 $|\psi\rangle$ としよう。そして D の初期状態を $|0\rangle$ とする。つまり相互作用前は S と D は相関を持たない直積状態 $|\psi\rangle_S|0\rangle_D$ である。相互作用後はユニタリー行列 $\hat{U}_{SD}$ がこの状態にかかって、両系は量子もつれ状態 $|\Psi\rangle_{SD} = \hat{U}_{SD}|\psi\rangle_S|0\rangle_D$ になる。この相互作用が、測られていない他の物理量の値へ擾乱を起こす。量子もつれは S と D の間の相関なので、D を測定することで S の情報を読み取ることが可能になる。

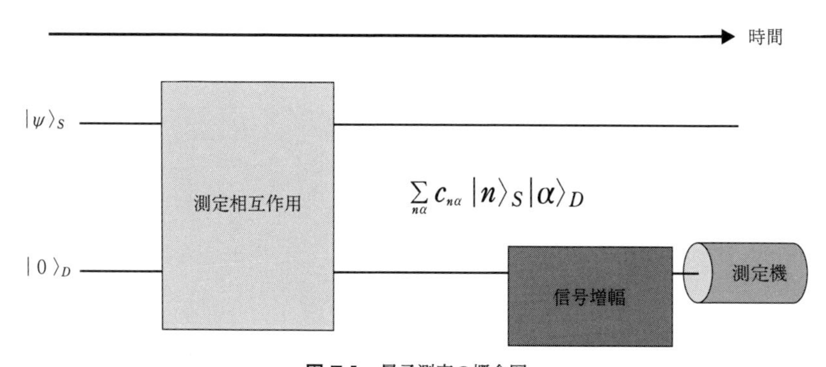

図 7.1 量子測定の概念図

※73 …マクロな測定機系 D を測定することの概念的な部分や、それに付随するハイゼンベルグ切断やフォンノイマン鎖などについては、堀田昌寛『量子情報と時空の物理［第 2 版］』（サイエンス社）の第 2 章を参照。

7.3 測定後状態

7.3.1 測定後状態導出の準備

一般的な測定後の S 系の状態は、小澤理論によりボルン則から決定することができる [1]。対象系 S と測定機 D を測定のための相互作用をさせた後に、その合成系は $\hat{\rho}_{SD}$ という量子状態になったとする。その後すぐに D において物理量 M を測定しよう。M は測定機の結果を表示するメーターの役割をし、読み取りの間違いがないように M には縮退がないとする。そして M のエルミート行列を $\hat{M}$ と書き、その固有値を m、固有状態を $|u_m\rangle$ と書こう。対応する射影演算子は $\hat{P}_M(m) = |u_m\rangle\langle u_m|$ である。D 系の測定直後に、今度は S 系の物理量 O を測定しよう※74。O のエルミート行列 $\hat{O}$ の固有値 o_n には縮退がないとし、その固有状態を $|n\rangle$ とする。対応する射影演算子は $\hat{P}_O(n) = |n\rangle\langle n|$ である。S 系と D 系は異なる量子系なので、O と M は独立に測定することができる。ボルン則から $O = o_n, M = m$ と観測される確率は

$$p(O = o_n, M = m) = \operatorname*{Tr}_{SD}\left[\hat{\rho}_{SD}\left(\hat{P}_O(n) \otimes \hat{P}_M(m)\right)\right] \tag{7.1}$$

となる。先に D 系の部分トレースをとる形の表式にすれば、これは (4.26) 式で $A = S, B = D$ として、

$$\begin{aligned} p(O = o_n, M = m) &= \operatorname*{Tr}_{SD}\left[\left(\hat{\rho}_{SD}\left(\hat{I} \otimes \hat{P}_M(m)\right)\right)\left(\hat{P}_O(n) \otimes \hat{I}\right)\right] \\ &= \operatorname*{Tr}_{S}\left[\operatorname*{Tr}_{D}\left[\hat{\rho}_{SD}\left(\hat{I} \otimes \hat{P}_M(m)\right)\right]\hat{P}_O(n)\right] \end{aligned} \tag{7.2}$$

とも書ける。

7.3.2 量子状態の収縮と測定後状態の導出

次に D 系で $M = m$ が観測された後の S 系の量子状態を $\hat{\rho}(m)$ と書く。この $\hat{\rho}(m)$ は次の性質を満たすことに注意しよう。まず量子状態 $\hat{\rho}(m)$ にある S 系で物理量 O を測定して o_n を得る確率 $p(O = o_n|m)$ がボルン則の $\mathrm{Tr}_S\left[\hat{\rho}(m)\hat{P}_O(n)\right]$ の結果に一致するように、$\hat{\rho}(m)$ は定義されるべきである。

※74 …… この O の測定のために、D 以外に別な測定機 D' を用意することになる。

また $O=o_n$ かつ $M=m$ となる確率 $p\left(O=o_n, M=m\right)$ は、$M=m$ が出る確率 $p\left(M=m\right)$ に、$M=m$ となった後で $O=o_n$ が観測される確率 $p\left(O=o_n|m\right)$ をかけたものに等しい。このことは、$\hat{P}_M(m)$ を M の固有値 m が観測される場合の射影演算子として、D 系に対する

$$p\left(M=m\right)=\operatorname*{Tr}_{SD}\left[\hat{\rho}_{SD}\left(\hat{I}\otimes\hat{P}_M(m)\right)\right] \tag{7.3}$$

というボルン則を使うと

$$\begin{aligned}p\left(O=o_n, M=m\right)&=p\left(O=o_n|m\right)p\left(M=m\right)\\&=\operatorname*{Tr}_{S}\left[\hat{\rho}(m)\hat{P}_O\left(n\right)\right]\times\operatorname*{Tr}_{SD}\left[\hat{\rho}_{SD}\left(\hat{I}\otimes\hat{P}_M(m)\right)\right]\end{aligned} \tag{7.4}$$

と表現される。線形性を使って $\mathrm{Tr}_{SD}\left[\hat{\rho}_{SD}\left(\hat{I}\otimes\hat{P}_M(m)\right)\right]$ を $\mathrm{Tr}_S\left[\hat{\rho}(m)\hat{P}_O(n)\right]$ のトレース内部に入れることで、

$$p\left(O=o_n, M=m\right)=\operatorname*{Tr}_{S}\left[\hat{\rho}(m)\left(\operatorname*{Tr}_{SD}\left[\hat{\rho}_{SD}\left(\hat{I}\otimes\hat{P}_M(m)\right)\right]\right)\hat{P}_O\left(n\right)\right] \tag{7.5}$$

という関係が得られる。この式と (7.2) 式から

$$\begin{aligned}&\operatorname*{Tr}_{S}\left[\left(\hat{\rho}(m)\operatorname*{Tr}_{SD}\left[\hat{\rho}_{SD}\left(\hat{I}\otimes\hat{P}_M(m)\right)\right]\right)\hat{P}_O\left(n\right)\right]\\&=\operatorname*{Tr}_{S}\left[\operatorname*{Tr}_{D}\left[\hat{\rho}_{SD}\left(\hat{I}\otimes\hat{P}_M(m)\right)\right]\hat{P}_O\left(n\right)\right]\end{aligned} \tag{7.6}$$

が、任意の射影演算子 $\hat{P}_O\left(n\right)$ に対して成り立つ。そこで任意の単位ベクトル $|\psi\rangle$ を使って $|n\rangle=|\psi\rangle$ と置き、$\hat{P}_O\left(n\right)=|\psi\rangle\langle\psi|$ を上の式に代入すると、

$$\langle\psi|\left(\hat{\rho}(m)\operatorname*{Tr}_{SD}\left[\hat{\rho}_{SD}\left(\hat{I}\otimes\hat{P}_M(m)\right)\right]\right)|\psi\rangle=\langle\psi|\operatorname*{Tr}_{D}\left[\hat{\rho}_{SD}\left(\hat{I}\otimes\hat{P}_M(m)\right)\right]|\psi\rangle \tag{7.7}$$

となることから、

$$\hat{\rho}(m)\operatorname*{Tr}_{SD}\left[\hat{\rho}_{SD}\left(\hat{I}\otimes\hat{P}_M(m)\right)\right]=\operatorname*{Tr}_{D}\left[\hat{\rho}_{SD}\left(\hat{I}\otimes\hat{P}_M(m)\right)\right] \tag{7.8}$$

というエルミート行列同士の関係式が得られる。両辺を $\mathrm{Tr}_{SD}\left[\hat{\rho}_{SD}\left(\hat{I}\otimes\hat{P}_M(m)\right)\right]$ で割ることで、

$$\hat{\rho}(m)=\frac{\mathrm{Tr}_D\left[\hat{\rho}_{SD}\left(\hat{I}\otimes\hat{P}_M(m)\right)\right]}{\mathrm{Tr}_{SD}\left[\hat{\rho}_{SD}\left(\hat{I}\otimes\hat{P}_M(m)\right)\right]}$$

$$= \frac{\mathrm{Tr}_D\left[\left(\hat{I}\otimes\hat{P}_M(m)\right)\hat{\rho}_{SD}\left(\hat{I}\otimes\hat{P}_M(m)\right)\right]}{\mathrm{Tr}_{SD}\left[\hat{\rho}_{SD}\left(\hat{I}\otimes\hat{P}_M(m)\right)\right]} \tag{7.9}$$

という測定後状態の公式を得る。ここで最後の等式の導出には $\left(\hat{I}\otimes\hat{P}_M(m)\right) = \left(\hat{I}\otimes\hat{P}_M(m)\right)^2$ および $\mathrm{Tr}_D\left[\hat{M}_{SD}\left(\hat{I}\otimes\hat{P}_M(m)\right)\right] = \mathrm{Tr}_D\left[\left(\hat{I}\otimes\hat{P}_M(m)\right)\hat{M}_{SD}\right]$ という部分トレースの関係を使った。フォン・ノイマンは、対象となる系で物理量を測定すると、その物理量のエルミート演算子の固有値のどれかが観測され、その系の状態ベクトルはその固有値に対応する固有ベクトルになると考えた。これを量子力学の要請として導入し、**射影仮説** (projection postulate) と彼は呼んだ。これを仮定とすることなく、(7.9) 式を上の方法でボルン則と確率の結合則だけから導出することは、小澤正直によってなされた。詳しくは [1] を参照して欲しい。

(7.9) 式は S 系の量子状態 $\hat{\rho}$ が測定によって別な量子状態 $\hat{\rho}(m)$ へと変わることを表している。この状態変化は S 系や、S 系と D 系の合成系のシュレディンガー方程式に従う時間変化ではない※75。これは**量子状態の収縮** (quantum state collapse)、もしくは**波動関数の収縮** (wave function collapse) と呼ばれる。しかしこれは解明されていない謎の変化ではない。第 2 章で既に述べたように、そもそも $\hat{\rho}$ や $|\psi\rangle$ は物理的実在ではなく、様々な物理量を測定したときの確率分布の集合を一つの数式で表現しているものに過ぎない。量子状態の収縮は確率分布の収縮であり、測定によって系の知識が増加したために、情報としての確率分布が更新されただけである。これは $\hat{\rho}$ や $|\psi\rangle$ に基づいた量子力学自体が、本質的に情報理論の一種であることを意味している。

確率分布の収縮は古典的な確率分布でも起きるありふれた過程である。例えば不透明な箱の中で振られる古典的なサイコロでは、図 7.2 のように各目が 1/6 の確率で出る一様な分布をしている。次に箱を外してサイコロを観測し、3 の目が確認されたとしよう。すると図 7.3 のように各目の確率分布は更新されて、3 の目だけが確率 1 をとり、他の目の確率は零になる。量子状態が測定で変化するのも、この古典的なサイコロの確率分布の更新と本質的に同じであ

※75 …… 射影演算子 $\hat{I}\otimes\hat{P}_M(m)$ の効果が入るために、量子測定は S 系と D 系の合成系のユニタリーな時間発展にもなっていない。

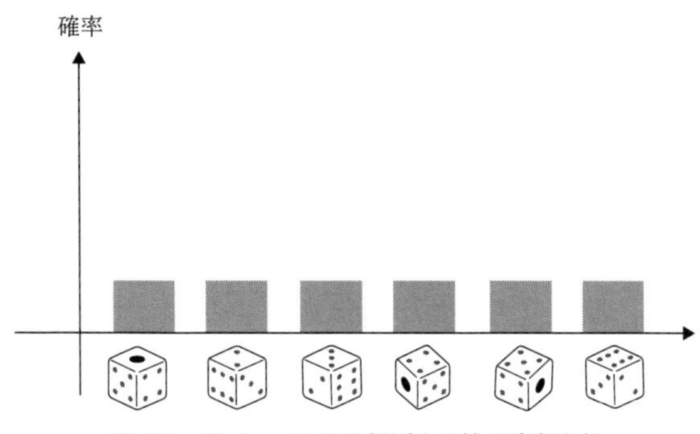

図 7.2 サイコロの目を観測する前の確率分布

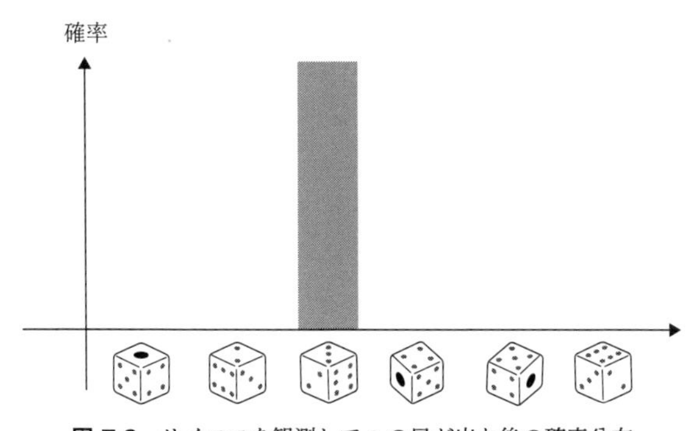

図 7.3 サイコロを観測して 3 の目が出た後の確率分布

り、特に不思議なことではない※76。ただし測定機と対象系の間の相互作用によって、その実験で観測していない他の物理量の値が乱される（擾乱を受ける）ことが無視できないのが、量子力学の特徴である。

7.3.3 量子測定解析に役立つ様々な数学的道具

S 系の初期状態を $\hat{\rho}$ とし、D 系の初期状態を $|0\rangle\langle 0|$ とすると、測定の相互作

※76 …… サイコロとサイコロを振る人間をマクロな量子系として扱って、合成系の純粋状態を考えることもできる。このような解析については、堀田昌寛『量子情報と時空の物理［第 2 版］』（サイエンス社）を参照。外部の観測者にとっては、振られた後でもその量子サイコロの目は確定しておらず、サイコロの目は振った人間と量子もつれ状態を作って、シュレディンガーの猫のように量子重ね合わせになれる。その場合でも外部観測者がサイコロを観測して初めてその目は一つに定まり、それによって確率分布の収縮が起きるだけである。

用を記述するユニタリー行列 $\hat{U}_{SD}$ を用いて $\hat{\rho}_{SD}$ は $\hat{U}_{SD}\left(\hat{\rho}\otimes|0\rangle\langle 0|\right)\hat{U}_{SD}^{\dagger}$ と計算される。これを $\mathrm{Tr}_D\left[\hat{\rho}_{SD}\left(\hat{I}\otimes\hat{P}_M(m)\right)\right]$ に代入すると、(7.9) 式から、S 系の測定後状態 $\hat{\rho}(m)$ に対して

$$\mathop{\mathrm{Tr}}_{D}\left[\hat{U}_{SD}\left(\hat{\rho}\otimes|0\rangle\langle 0|\right)\hat{U}_{SD}{}^{\dagger}\left(\hat{I}\otimes\hat{P}_M(m)\right)\right]=p(m)\hat{\rho}(m) \tag{7.10}$$

という関係を得る。ここで $p(m)$ は D 系での観測値 m の出現確率であり、

$$p(m)=\mathop{\mathrm{Tr}}_{SD}\left[\hat{U}_{SD}\left(\hat{\rho}\otimes|0\rangle\langle 0|\right)\hat{U}_{SD}{}^{\dagger}\left(\hat{I}\otimes\hat{P}_M(m)\right)\right] \tag{7.11}$$

と計算される。(7.10) 式は $\hat{P}_M(m)=|m\rangle\langle m|$ と $\mathrm{Tr}_D\left[\hat{O}_{SD}\right]=\sum_{m'}\langle m'|_D\hat{O}_{SD}|m'\rangle_D$ という部分トレースの定義と $\hat{P}_M(m)|m'\rangle=\delta_{mm'}|m\rangle$ を使うと、

$$\begin{aligned}
p(m)\hat{\rho}(m)&=\sum_{m'}\langle m'|_D\hat{U}_{SD}\left(\hat{\rho}\otimes|0\rangle\langle 0|\right)\hat{U}_{SD}{}^{\dagger}\left(\hat{I}\otimes\hat{P}_M(m)\right)|m'\rangle_D\\
&=\langle m|_D\hat{U}_{SD}\left(\hat{\rho}\otimes|0\rangle\langle 0|\right)\hat{U}_{SD}{}^{\dagger}|m\rangle_D\\
&=\left(\langle m|_D\hat{U}_{SD}|0\rangle_D\right)\hat{\rho}\left(\langle 0|_D\hat{U}_{SD}{}^{\dagger}|m\rangle_D\right)
\end{aligned} \tag{7.12}$$

という変形ができる。最後の等号を示すときには

$$\hat{U}_{SD}\left(\hat{\rho}\otimes|0\rangle\langle 0|\right)\hat{U}_{SD}{}^{\dagger}=\left(\hat{U}_{SD}|0\rangle_D\right)\hat{\rho}\left(\langle 0|_D\hat{U}_{SD}{}^{\dagger}\right) \tag{7.13}$$

を使った (演習問題 (1))。ここで**測定演算子** (measurement operator) と呼ばれる

$$\hat{M}(m)=\langle m|_D\hat{U}_{SD}|0\rangle_D \tag{7.14}$$

という S 系の N_S 次元正方行列を定義しよう※77。(7.12) 式の両辺を $p(m)$ で割って、この測定演算子を使えば、

$$\hat{\rho}(m)=\frac{1}{p(m)}\hat{M}(m)\hat{\rho}\hat{M}(m)^{\dagger} \tag{7.15}$$

が得られる。そして m の観測確率は、(7.15) 式の両辺のトレースをとって、

※77 …… 測定機の初期状態が混合状態 $\hat{\rho}$ である場合には、それをスペクトル分解して、その各固有状態を初期状態とした測定演算子を導入すればよい。各測定後状態を $\hat{\rho}$ の固有値である確率分布で平均化すれば、$\hat{\rho}$ を初期状態とした場合の測定後状態を計算できる。

$\mathrm{Tr}_S\left[\hat{\rho}(m)\right] = 1$ と (B.55) 式を使って変形すると、

$$p(m) = \mathop{\mathrm{Tr}}_S\left[\hat{M}(m)\hat{\rho}\hat{M}(m)^\dagger\right] = \mathop{\mathrm{Tr}}_S\left[\hat{M}(m)^\dagger\hat{M}(m)\hat{\rho}\right] \tag{7.16}$$

で計算される。つまり測定演算子だけ知っていれば、測定結果の出現確率とその測定後の S 系の量子状態が得られる。また測定演算子は

$$\sum_m \hat{M}(m)^\dagger\hat{M}(m) = \hat{I} \tag{7.17}$$

という規格化条件を満たす（演習問題 (2)）。また (7.17) 式を満たす任意の N_S 次元正方行列 $\hat{M}(m)$ を考えれば、(7.10) 式を満たす $\hat{P}_M(m), \hat{U}_{SD}, |0\rangle\langle 0|$ をいつでも構成できることが示せる [1]。この意味で (7.17) 式を満たす任意の N_S 次元正方行列 $\hat{M}(m)$ の集合は、S 系の量子測定の集合と同定できる。このおかげで「全ての測定において」という前提の様々な一般的な定理が証明可能となるため、量子測定理論の強力さを示す一例になっている。なお二値の測定演算子の例は第 6 章の演習問題 (2) のクラウス演算子から得られる。

測定結果 m の観測確率だけを知りたければ、(7.16) 式から $\hat{\Pi}(m) = \hat{M}(m)^\dagger\hat{M}(m)$ で定義される**正作用素値測度**または **POVM** (positive operator valued measure) と呼ばれるエルミート行列 $\hat{\Pi}(m)$ があれば十分である。POVM は一般的な測定でも $p(m) = \mathrm{Tr}_S\left[\hat{\Pi}(m)\hat{\rho}\right]$ という式で簡単に確率を計算できる便利な道具であり、$\hat{\Pi}(m) \geq 0$ を満たし、かつ (7.17) 式から $\sum_m \hat{\Pi}(m) = \hat{I}$ という規格化条件を満たす。

7.3.4 理想測定

S 系の物理量 A のエルミート演算子 $\hat{A}$ の理想測定を、この章での枠組みで議論することも可能である。簡単のために最初 A には縮退がないと仮定しよう。$\hat{A}$ は N 個の異なる固有値 a を持ち、そしてそれぞれに対応する固有ベクトルは $|a\rangle$ だとしよう。簡単のために S 系の初期状態を純粋状態とし、その状態ベクトル $|\psi\rangle$ を

$$|\psi\rangle = \sum_a c_a|a\rangle \tag{7.18}$$

と、$|a\rangle$ で展開しておく。また D 系の互いに直交をする単位ベクトルを $|u_a\rangle$ としよう。測定相互作用が終わった後の状態 $|\Psi\rangle_{SD} = \hat{U}_{SD}|\psi\rangle_S|0\rangle_D$ が

$$|\Psi\rangle_{SD} = \sum_a c_a |a\rangle_S |u_a\rangle_D \tag{7.19}$$

という形になるように $\hat{U}_{SD}$ を用意するとき、D 系を測定することで S 系の A の理想測定が実現できる。まず (7.18) 式の状態にある S 系において、a が理想測定で観測される確率は、

$$p\,(A=a) = |c_a|^2 \tag{7.20}$$

である。一方、$|u_a\rangle$ に対応する状態が D 系で観測される確率 $p(u_a)$ は、ボルン則から

$$p(u_a) = \underset{SD}{\mathrm{Tr}}\left[|\Psi\rangle_{SD}\langle\Psi|_{SD}\left(\hat{I}\otimes|u_a\rangle\langle u_a|\right)\right] = |c_a|^2$$

となり、$p(u_a) = p\,(A=a)$ が実現している。また S 系の測定後状態は (7.9) 式から

$$\frac{1}{p(u_a)}\underset{D}{\mathrm{Tr}}\left[|\Psi\rangle_{SD}\langle\Psi|_{SD}\left(\hat{I}\otimes|u_a\rangle\langle u_a|\right)\right] = |a\rangle\langle a| \tag{7.21}$$

となっていて、確かにこの D 系の測定は S 系での物理量 A の理想測定の性質を満たしている。

7.3.5 縮退のある物理量の理想測定後の状態

理想測定を考えるときに物理量 A に縮退がある場合には、α を縮退度の自由度として $\hat{A}|a,\alpha\rangle = a|a,\alpha\rangle$ を満たす $\hat{A}$ の固有状態 $|a,\alpha\rangle$ を使って、量子状態は $|\psi\rangle = \sum_a\sum_\alpha c_{a,\alpha}|a,\alpha\rangle$ と展開できる。そして (7.19) 式は $|\Psi\rangle_{SD} = \hat{U}_{SD}|\psi\rangle_S|0\rangle_D = \sum_a\sum_\alpha c_{a,\alpha}|a,\alpha\rangle_S|u_a\rangle_D$ と拡張される[※78]。また (7.9) 式から、D 系の観測の後の S 系の状態は $\hat{P}_A(a) = \sum_\alpha |a,\alpha\rangle\langle a,\alpha|$ という射影演算子を使って、

$$\frac{1}{p(u_a)}\underset{D}{\mathrm{Tr}}\left[|\Psi\rangle_{SD}\langle\Psi|_{SD}\left(\hat{I}\otimes|u_a\rangle\langle u_a|\right)\right] = \frac{\hat{P}_A(a)|\psi\rangle\langle\psi|\hat{P}_A(a)^\dagger}{\langle\psi|\hat{P}_A(a)|\psi\rangle} \tag{7.22}$$

で与えられる。

※78 …. ここで測定機系 D の状態空間の次元は、縮退のある A の固有値の数にとればよいので、対象系 S の状態空間の次元よりも小さくできる。

7.3.6 様々な量子測定

$|\psi\rangle_S$ の状態にある S 系の物理量 O の量子測定でも、図 7.4 のように様々なクラスがある。その一つが上で説明したもので、D 系を測定して S 系の O の理想測定を実現するクラスである。S 系でのボルン則から計算される O の確率分布 $|\langle a|\psi\rangle|^2$ が正確に D 系の測定結果の確率分布 $p(u_a)$ に一致し、同時に S 系の測定後状態が $|a\rangle$ になる。次の量子測定のクラスは**正確な測定** (precise measurement) と呼ばれ、理想測定と同様に $p(u_a) = |\langle a|\psi\rangle|^2$ を満たすが、測定後状態は $|a\rangle$ に一致するとは限らない。理想測定は正確な測定の特殊例である。次に大きなクラスは、確率分布にも誤差が入って、$p(u_a)$ と $|\langle a|\psi\rangle|^2$ が同じになるとは限らず、また S 系の測定後状態も $|a\rangle$ に一致するとは限らない場合である。このクラスを**一般測定** (general measurement) と呼ぶ。そして一般測定のクラスにおいて、測定後状態を再び他の実験に使わない、もしくは使えない実験を **POVM 測定** (POVM measurement) と呼ぶことがある。

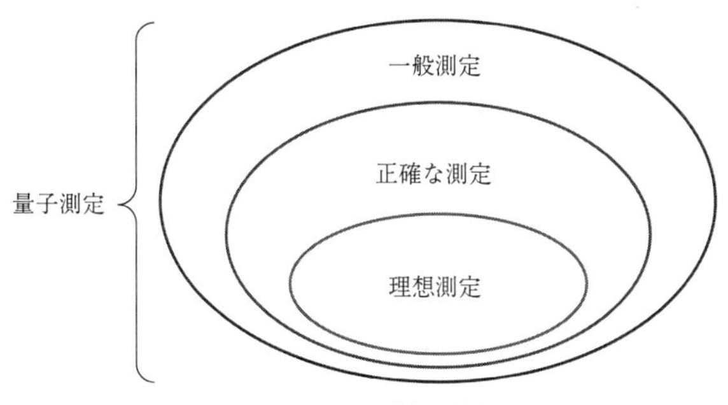

図 7.4 量子測定の種類

7.4 不確定性関係

7.4.1 ロバートソン不等式

ここでは N 準位系の測定の不確定性関係を説明しよう。その準備のためにまず**量子揺らぎ** (quantum fluctuation) の定量化から始める。物理量 A の量子揺らぎは、A の観測値の**標準偏差** (standard deviation)

$$\Delta A = \sqrt{\left\langle (A - \langle A \rangle)^2 \right\rangle} = \sqrt{\mathrm{Tr}\left[\hat{\rho}\left(\hat{A} - \mathrm{Tr}\left[\hat{\rho}\hat{A}\right]\hat{I}\right)^2\right]}$$
$$= \sqrt{\mathrm{Tr}\left[\hat{\rho}\hat{A}^2\right] - \left(\mathrm{Tr}\left[\hat{\rho}\hat{A}\right]\right)^2} \tag{7.23}$$

で定義される※79。A の揺らぎがない量子状態では $\Delta A = 0$ を満たすが、その場合の $\hat{\rho}$ は $\hat{A}$ の固有状態に限ることがわかる（演習問題 (3)）。ところが $\left[\hat{A}, \hat{B}\right] \neq 0$ となる二つの物理量 A と B は $\hat{A}|n\rangle = a_n|n\rangle, \hat{B}|n\rangle = b_n|n\rangle$ となる N 個の固有状態 $|n\rangle$ を持てない。この場合には、必ずある $\hat{\rho}$ が存在して、その状態では $\Delta A = \Delta B = 0$ とできないことが、

$$\Delta A \Delta B \geq \frac{1}{2}\left|\mathrm{Tr}\left[\hat{\rho}\left[\hat{A}, \hat{B}\right]\right]\right| \tag{7.24}$$

という**ロバートソン不等式** (Robertson inequality) からわかる。この不等式はハワード・ロバートソン (Howard Robertson) によって導かれた（この証明は演習問題 (4) を参照）。この不等式は、量子力学では全ての物理量が確定的な値を持つ量子状態 $\hat{\rho}$ は存在しないことを意味している。つまり量子揺らぎはどれかの物理量に残り、その物理量の値は不確定になる。この意味で (7.24) 式を**不確定性関係** (uncertainty relation) と呼ぶことが多い。

また A と B の演算子 $\hat{A}, \hat{B}$ が**可換** (commutative)、すなわち $\hat{A}\hat{B} = \hat{B}\hat{A}$ が成り立って交換可能ならば、(7.24) 式の右辺は零になる。また $\hat{A}\hat{B} = \hat{B}\hat{A}$ ならば $\hat{A}|n\rangle = a_n|n\rangle, \hat{B}|n\rangle = b_n|n\rangle$ を満たす N 個の同時固有状態 $|n\rangle$ が存在することが保証される。そして $\hat{\rho} = |n\rangle\langle n|$ と置けば $\Delta A = \Delta B = 0$ となるので、(7.24) 式の等号は実際に達成可能であることがわかる。

7.4.2 小澤不等式

次に測定過程における不確定性関係を説明しよう。例えば物理量 A の測定誤差と、その測定によって起こされる物理量 B の乱れ、つまり擾乱に対する一般的な関係が知られている。まず上の 7.3 節と同じ設定を考えてみよう。ある量子状態 $\hat{\rho}$ にある N 準位系 S の物理量 A を測定機 D で計測する。観測される物

※79 …標準偏差 ΔA は、物理量 A の典型的な観測値がどのくらいその期待値 $\langle A \rangle$ から外れているかの目安を与える。

理量 M に対応するハイゼンベルグ演算子を $\hat{M}_H(t)=\hat{U}_{SD}^\dagger(t)\big(\hat{I}\otimes\hat{M}\big)\hat{U}_{SD}(t)$ と書こう。誤差演算子を $\hat{N}(A)=\hat{M}_H(t)-\hat{A}\otimes\hat{I}$ と定義する。これは測定機の読みである M の値と測定前の物理量 A の値の差を誤差とみなす思想からきている。仮に $\hat{N}(A)$ が固有値 0 を持っていて、その観測確率が 1 で、他の非零の固有値の観測確率が 0 ならば、誤差のない測定となる。すると

$$\varepsilon(A)=\sqrt{\mathrm{Tr}\left[\hat{\rho}\hat{N}(A)^2\right]} \tag{7.25}$$

が非零であれば、その A の測定には誤差があることがわかるので、以下では $\varepsilon(A)$ をそのままその測定の A の誤差と呼ぼう。また $\hat{B}_H(t)=\hat{U}_{SD}^\dagger(t)\big(\hat{B}\otimes\hat{I}\big)\hat{U}_{SD}(t)$ として、A の測定の相互作用が B の値を乱す効果を見るために B の擾乱演算子を $\hat{D}(B)=\hat{B}_H(t)-\hat{B}_H(0)=\hat{B}_H(t)-\hat{B}\otimes\hat{I}$ で定義しよう。そして B の擾乱を

$$\eta(B)=\sqrt{\mathrm{Tr}\left[\hat{\rho}\hat{D}(B)^2\right]} \tag{7.26}$$

で定義しよう。すると

$$\varepsilon(A)\,\eta(B)+\varepsilon(A)\,\Delta B+\Delta A\eta(B)\geq\frac{1}{2}\left|\mathrm{Tr}\left[\hat{\rho}\left[\hat{A},\hat{B}\right]\right]\right| \tag{7.27}$$

という関係が成り立つ。これは**小澤不等式** (Ozawa inequality) として知られている。これは小澤正直によって導かれた（証明は演習問題 (5) を参照）。$\left[\hat{A},\hat{B}\right]\neq 0$ となって $\hat{A}$ と $\hat{B}$ が非可換ならば、(7.27) 式の左辺が零にならない量子状態 $\hat{\rho}$ が存在する。少し先取りすると、後の章で説明される粒子の量子力学では、粒子の位置と運動量に対応するエルミート演算子 $\hat{x}$ と $\hat{p}$ の交換関係が $[\hat{x},\hat{p}]=i\hbar$ となっている。位置測定をする場合の小澤の不等式は

$$\varepsilon(x)\,\eta(p)+\varepsilon(x)\,\Delta p+\Delta x\eta(p)\geq\frac{\hbar}{2} \tag{7.28}$$

となる。このため位置の量子揺らぎ Δx と運動量の量子揺らぎ Δp を有限に保ったまま $\varepsilon(x)=\eta(p)=0$ とすることは一般的に不可能である。

また

$$\varepsilon(A)\,\varepsilon(B)+\varepsilon(A)\,\Delta B+\Delta A\varepsilon(B)\geq\frac{1}{2}\left|\mathrm{Tr}\left[\hat{\rho}\left[\hat{A},\hat{B}\right]\right]\right| \tag{7.29}$$

という小澤不等式が示されている（この証明も演習問題 (5) を参照）。

第 8 章 8.8 節で述べるアインシュタインとポドルスキーとローゼンの三名の量子力学への批判論文（Einstein–Podolsky–Rosen, 略して EPR）では、特別な量子状態でのみ注目する物理量が正確に計測される測定が使われるが、このような測定を用いた EPR の議論に対して小澤不等式は正確な反論を提示し、量子力学の正当性を保証する。

なお量子測定の誤差と擾乱については、他にも様々な不確定性関係がある。例えば任意の状態で測りたい物理量の期待値を正確に測れる量子測定に限定し※80、そして物理量 A の測定誤差の定義をフィッシャー情報量に基づいた別な $\varepsilon_{WSU}(A)$ に変えると、(7.29) 式とは異なる $\varepsilon_{WSU}(A)\varepsilon_{WSU}(B) \geq \frac{1}{2}\left|\mathrm{Tr}\left[\hat{\rho}\left[\hat{A},\hat{B}\right]\right]\right|$ という渡辺＝沙川＝上田不等式が得られる [2]。

SUMMARY

まとめ

量子測定には理想測定以外にも、一般測定や POVM 測定などの多様な測定が存在する。測定後状態と測定結果の確率分布を計算可能にする測定演算子の集合は、一般測定の集合と等価である。また POVM 測定では、POVM から測定結果の確率分布が計算可能となる。物理量の量子揺らぎはその観測値の標準偏差で定義され、二つの物理量の間では (7.24) 式のロバートソン不等式が成り立つ。また一つの物理量の測定誤差とその測定が起こす他の物理量への擾乱に対しての普遍的な不確定性関係が存在している。その一つの例として (7.27) 式の小澤不等式が知られている。

EXERCISES

演習問題

問 1 (7.13) 式を示せ。

※80 …… これは任意の状態で期待値が測定の推定値と一致するというだけで、物理量の確率分布やその平均二乗誤差も一致する 7.3.6 節の「正確な測定」とは異なる条件である。このため測定誤差が一般に存在する。

解 $\hat{U}_{SD}$ の ab 行 cd 列を $\left(\hat{U}_{SD}\right)_{ab:cd}$ と書き、$\hat{\rho}$ の n 行 n' 成分を $\rho_{nn'}$ と書こう。またベクトル $|0\rangle$ の m 行成分を v_m としよう。すると (7.13) 式の左辺の行列の ab 行 cd 列成分は

$$\begin{aligned}&\left(\hat{U}_{SD}\left(\hat{\rho}\otimes|0\rangle\langle 0|\right)\hat{U}_{SD}{}^{\dagger}\right)_{ab:cd}\\&=\sum_{nn'mm'}\left(\hat{U}_{SD}\right)_{ab:nm}\left(\rho_{nn'}v_m v^*_{m'}\right)\left(\hat{U}_{SD}{}^{\dagger}\right)_{n'm':cd}\\&=\sum_{nn'}\left(\sum_m\left(\hat{U}_{SD}\right)_{ab:nm}v_m\right)\rho_{nn'}\left(\sum_{m'}v^*_{m'}\left(\hat{U}_{SD}{}^{\dagger}\right)_{n'm':cd}\right)\\&=\left(\left(\hat{U}_{SD}|0\rangle_D\right)\hat{\rho}\left(\langle 0|_D\hat{U}_{SD}{}^{\dagger}\right)\right)_{ab:cd}\end{aligned}$$

と計算されるため、(7.13) 式の右辺の行列の ab 行 cd 列成分に一致する。

問 2 (7.17) 式を示せ。

解

$$\begin{aligned}&\sum_{m=1}^{N_D}\hat{M}(m)^{\dagger}\hat{M}(m)\\&=\sum_{m=1}^{N_D}\langle 0|_D\hat{U}_{SD}{}^{\dagger}|m\rangle_D\langle m|_D\hat{U}_{SD}|0\rangle_D\\&=\langle 0|_D\hat{U}_{SD}{}^{\dagger}\left(\hat{I}\otimes\sum_{m=1}^{N_D}|m\rangle\langle m|\right)\hat{U}_{SD}|0\rangle_D\\&=\langle 0|_D\hat{U}_{SD}{}^{\dagger}\left(\hat{I}\otimes\hat{I}\right)\hat{U}_{SD}|0\rangle_D=\langle 0|_D\hat{U}^{\dagger}_{SD}\hat{U}_{SD}|0\rangle_D\\&=\langle 0|_D\hat{I}\otimes\hat{I}|0\rangle_D=\hat{I}\otimes\langle 0|_D\hat{I}|0\rangle_D=\hat{I}.\end{aligned}\tag{7.30}$$

問 3 (7.23) 式の ΔA が零であるとき、その量子状態 $\hat{\rho}$ は $\hat{A}$ の固有状態であることを示せ。

解 $\hat{A}$ のスペクトル分解

$$\hat{A}=\sum_{\lambda}a(\lambda)\hat{P}(\lambda)\tag{7.31}$$

を考える。ここで固有値 $a(\lambda)$ は $\lambda\neq\lambda'$ ならば $a(\lambda)\neq a(\lambda')$ となるように添え字 λ を決めている。$\hat{P}(\lambda)$ は $a(\lambda)$ の値をとる部分空間へのエルミートな射

影演算子である。$a(\lambda)$ が出る確率は $p(\lambda) = \mathrm{Tr}\left[\hat{\rho}\hat{P}(\lambda)\right]$ で計算される。これを用いると A と A^2 の期待値は

$$\langle A\rangle = \mathrm{Tr}\left[\hat{\rho}\hat{A}\right] = \sum_{\lambda} a(\lambda)\, p(\lambda),\ \langle A^2\rangle = \mathrm{Tr}\left[\hat{\rho}\hat{A}^2\right] = \sum_{\lambda} a(\lambda)^2\, p(\lambda) \tag{7.32}$$

で与えられる。そして $\Delta A^2 = \langle A^2\rangle - \langle A\rangle^2 = 0$ から、$\sum_{\lambda} a(\lambda)^2 p(\lambda) = \left(\sum_{\lambda} a(\lambda)\, p(\lambda)\right)^2$ が成り立つ。$\sum_{\lambda'} p(\lambda') = \sum_{\lambda'}\left(\sqrt{p(\lambda')}\right)^2 = 1$ を使うと、コーシー＝シュワルツ不等式から

$$\begin{aligned}
&\sum_{\lambda} a(\lambda)^2\, p(\lambda) \\
&= \left(\sum_{\lambda}\left(a(\lambda)\sqrt{p(\lambda)}\right)^2\right)\left(\sum_{\lambda'}\left(\sqrt{p(\lambda')}\right)^2\right) \\
&\geq \left|\sum_{\lambda} a(\lambda)\sqrt{p(\lambda)}\sqrt{p(\lambda)}\right|^2 = \left(\sum_{\lambda} a(\lambda)\, p(\lambda)\right)^2
\end{aligned} \tag{7.33}$$

がいつでも成立するが、$\Delta A^2 = 0$ はこの等号が成り立つことを意味する。つまり $a(\lambda)\sqrt{p(\lambda)}$ を成分とするベクトルと $\sqrt{p(\lambda)}$ を成分とするベクトルが平行であることが要求される。その比例係数を k とすると $a(\lambda)\sqrt{p(\lambda)} = k\sqrt{p(\lambda)}$ が成り立つ。$(a(\lambda) - k)\sqrt{p(\lambda)} = 0$ の解を考えよう。確率分布には $p(\lambda_o) \neq 0$ となる λ_o が必ず存在する。すると $k = a(\lambda_o)$ が課せられる。$\lambda \neq \lambda_o$ となる場合には $(a(\lambda) - a(\lambda_o))\sqrt{p(\lambda)} = 0$ から $p(\lambda \neq \lambda_o) = 0$ となるため、全確率が 1 であることから $p(\lambda_o) = 1$ が示される。これから $\mathrm{Tr}\left[\hat{\rho}\hat{P}(\lambda_o)\right] = 1$ が成り立つ。ここで $\hat{P}_{\perp} = \hat{I} - \hat{P}(\lambda_o)$ という射影演算子を考えれば、$1 - \mathrm{Tr}\left[\hat{\rho}\hat{P}(\lambda_o)\right] = \mathrm{Tr}\left[\hat{\rho}\hat{P}_{\perp}\right] = \mathrm{Tr}\left[\left(\hat{P}_{\perp}\sqrt{\hat{\rho}}\right)^{\dagger}\left(\hat{P}_{\perp}\sqrt{\hat{\rho}}\right)\right] = 0$ から $\hat{P}_{\perp}\sqrt{\hat{\rho}} = 0$ を得る。これに右から $\sqrt{\hat{\rho}}$ をかけた $\hat{P}_{\perp}\sqrt{\hat{\rho}} = 0$ を書き換えると $\hat{P}(\lambda_o)\hat{\rho} = \hat{\rho}$ が成り立つ。このエルミート共役な関係である $\hat{\rho}\hat{P}(\lambda_o) = \hat{\rho}$ と $\hat{\rho}\hat{P}_{\perp} = 0$ も成り立つことから、$\hat{\rho}$ は $\hat{A}\hat{\rho} = \hat{\rho}\hat{A} = a(\lambda_o)\hat{\rho}$ を満たす $\hat{A}$ の固有状態を表している。

問 4　(7.24) 式のロバートソン不等式を示せ。

解　N 次元複素行列 $\hat{X} = [X_{nn'}]$ と $\hat{Y} = [Y_{nn'}]$ をそれぞれ $X_{nn'}, Y_{nn'}$ を縦に並べた N^2 次元ベクトルとみなそう。これに対して

$$\left(\sum_{nn'} |X_{nn'}|^2\right)\left(\sum_{mm'} |Y_{mm'}|^2\right) \geq \left|\sum_{nn'} X^*_{nn'} Y_{nn'}\right|^2 \tag{7.34}$$

というコーシー＝シュワルツ不等式が成り立つ。

$$\sum_{nn'} X^*_{nn'} Y_{nn'} = \mathrm{Tr}\left[\hat{X}^\dagger \hat{Y}\right] \tag{7.35}$$

から (7.34) 式は $\mathrm{Tr}\left[\hat{X}^\dagger \hat{X}\right] \mathrm{Tr}\left[\hat{Y}^\dagger \hat{Y}\right] \geq \left|\mathrm{Tr}\left[\hat{X}^\dagger \hat{Y}\right]\right|^2$ と書ける。ここで密度演算子 $\hat{\rho}$ とエルミート行列 $\hat{A}', \hat{B}'$ を使って、$\hat{X} = \hat{A}'\sqrt{\hat{\rho}}, Y = \hat{B}'\sqrt{\hat{\rho}}$ と置くと

$$\mathrm{Tr}\left[\hat{\rho}\hat{A}'^2\right] \mathrm{Tr}\left[\hat{\rho}\hat{B}'^2\right] \geq \left|\mathrm{Tr}\left[\hat{\rho}\hat{A}'\hat{B}'\right]\right|^2 \tag{7.36}$$

という不等式が得られる。また $\mathrm{Tr}\left[\hat{\rho}\hat{A}'\hat{B}'\right]$ は

$$\mathrm{Tr}\left[\hat{\rho}\hat{A}'\hat{B}'\right] = \frac{1}{2}\mathrm{Tr}\left[\hat{\rho}\left(\hat{A}'\hat{B}' + \hat{B}'\hat{A}'\right)\right] + \frac{1}{2}\mathrm{Tr}\left[\hat{\rho}\left(\hat{A}'\hat{B}' - \hat{B}'\hat{A}'\right)\right] \tag{7.37}$$

と分解できるが、

$$\left(\mathrm{Tr}\left[\hat{\rho}\left(\hat{A}'\hat{B}' + \hat{B}'\hat{A}'\right)\right]\right)^* = \mathrm{Tr}\left[\hat{\rho}\left(\hat{A}'\hat{B}' + \hat{B}'\hat{A}'\right)\right], \tag{7.38}$$

$$\left(\mathrm{Tr}\left[\hat{\rho}\left(\hat{A}'\hat{B}' - \hat{B}'\hat{A}'\right)\right]\right)^* = -\mathrm{Tr}\left[\hat{\rho}\left(\hat{A}'\hat{B}' - \hat{B}'\hat{A}'\right)\right] \tag{7.39}$$

から $\mathrm{Tr}\left[\hat{\rho}\left(\hat{A}'\hat{B}' + \hat{B}'\hat{A}'\right)\right]$ は実数、$\mathrm{Tr}\left[\hat{\rho}\left(\hat{A}'\hat{B}' - \hat{B}'\hat{A}'\right)\right]$ は純虚数であることがわかる。このため $\mathrm{Tr}\left[\hat{\rho}\hat{A}'\hat{B}'\right]$ の絶対値の二乗は

$$\left|\mathrm{Tr}\left[\hat{\rho}\hat{A}'\hat{B}'\right]\right|^2 = \frac{1}{4}\left|\mathrm{Tr}\left[\hat{\rho}\left(\hat{A}'\hat{B}' + \hat{B}'\hat{A}'\right)\right]\right|^2 + \frac{1}{4}\left|\mathrm{Tr}\left[\hat{\rho}\left(\hat{A}'\hat{B}' - \hat{B}'\hat{A}'\right)\right]\right|^2 \tag{7.40}$$

と計算される。$\left|\mathrm{Tr}\left[\hat{\rho}\left(\hat{A}'\hat{B}' + \hat{B}'\hat{A}'\right)\right]\right|^2$ は負にならないので

$$\left|\mathrm{Tr}\left[\hat{\rho}\hat{A}'\hat{B}'\right]\right|^2 \geq \frac{1}{4}\left|\mathrm{Tr}\left[\hat{\rho}\left(\hat{A}'\hat{B}' - \hat{B}'\hat{A}'\right)\right]\right|^2 \tag{7.41}$$

が成り立つが、これを (7.36) 式に代入すると

$$\mathrm{Tr}\left[\hat{\rho}\hat{A}'^2\right] \mathrm{Tr}\left[\hat{\rho}\hat{B}'^2\right] \geq \frac{1}{4}\left|\mathrm{Tr}\left[\hat{\rho}\left[\hat{A}', \hat{B}'\right]\right]\right|^2 \tag{7.42}$$

を得る。ここで $\hat{A}' = \hat{A} - \mathrm{Tr}\left[\hat{\rho}\hat{A}\right]\hat{I},\ \hat{B}' = \hat{B} - \mathrm{Tr}\left[\hat{\rho}\hat{B}\right]\hat{I}$ と置けば、(7.24)

式が証明される。

問 5 (7.27) 式と (7.29) 式の小澤不等式を証明せよ。

解 時刻 t に測定相互作用が切れるとしたときの B と M のハイゼンベルグ演算子を

$$\hat{B}_H(t) = U_{SD}(t)^\dagger \left(\hat{B} \otimes \hat{I}\right) U_{SD}(t), \hat{M}_H(t) = U_{SD}(t)^\dagger \left(\hat{I} \otimes \hat{M}\right) U_{SD}(t) \tag{7.43}$$

で与える。この二つの行列は

$$\left[\hat{M}_H(t), \hat{B}_H(t)\right] = U_{SD}(t)^\dagger \left[\hat{I} \otimes \hat{M}, \hat{B} \otimes \hat{I}\right] U_{SD}(t) = 0 \tag{7.44}$$

から可換である。なお以降ではテンソル積 $\otimes$ や単位行列 $\hat{I}$ は省略する。誤差演算子と擾乱演算子の定義から

$$\hat{M}_H(t) = \hat{A} + \hat{N}(A), \hat{B}_H(t) = \hat{B} + \hat{D}(B) \tag{7.45}$$

と書ける。これを (7.44) 式の左辺に代入すると

$$\left[\hat{N}(A), \hat{D}(B)\right] + \left[\hat{N}(A), \hat{B}\right] + \left[\hat{A}, \hat{D}(B)\right] = -\left[\hat{A}, \hat{B}\right] \tag{7.46}$$

という関係を得る。この両辺に $\hat{\rho}$ をかけてトレースをとると

$$\begin{aligned}&\mathrm{Tr}\left[\hat{\rho}\left[\hat{N}(A), \hat{D}(B)\right]\right] + \mathrm{Tr}\left[\hat{\rho}\left[\hat{N}(A), \hat{B}\right]\right] + \mathrm{Tr}\left[\hat{\rho}\left[\hat{A}, \hat{D}(B)\right]\right] \\ &\quad = -\mathrm{Tr}\left[\hat{\rho}\left[\hat{A}, \hat{B}\right]\right]\end{aligned} \tag{7.47}$$

を得る。さらにこの両辺の絶対値をとり、そして $|\alpha| + |\beta| + |\gamma| \geq |\alpha + \beta + \gamma|$ という不等式を使うと

$$\begin{aligned}&\left|\mathrm{Tr}\left[\hat{\rho}\left[\hat{N}(A), \hat{D}(B)\right]\right]\right| + \left|\mathrm{Tr}\left[\hat{\rho}\left[\hat{N}(A), \hat{B}\right]\right]\right| + \left|\mathrm{Tr}\left[\hat{\rho}\left[\hat{A}, \hat{D}(B)\right]\right]\right| \\ &\quad \geq \left|\mathrm{Tr}\left[\hat{\rho}\left[\hat{A}, \hat{B}\right]\right]\right|\end{aligned} \tag{7.48}$$

が成り立つ。ここでロバートソン不等式 $2\Delta N(A)\Delta D(B) \geq \left|\mathrm{Tr}\left[\hat{\rho}\left[\hat{N}(A), \hat{D}(B)\right]\right]\right|$ などから

$$\Delta N(A)\Delta D(B) + \Delta N(A)\Delta B + \Delta A \Delta D(B) \geq \frac{1}{2}\left|\mathrm{Tr}\left[\hat{\rho}\left[\hat{A}, \hat{B}\right]\right]\right| \tag{7.49}$$

を得る。また測定誤差については

$$\varepsilon(A) = \sqrt{\mathrm{Tr}\left[\hat{\rho}\hat{N}(A)^2\right]} \geq \sqrt{\mathrm{Tr}\left[\hat{\rho}\hat{N}(A)^2\right] - \left(\mathrm{Tr}\left[\hat{\rho}\hat{N}(A)\right]\right)^2} = \Delta N(A) \tag{7.50}$$

という大小関係が成り立ち、擾乱については

$$\eta(B) = \sqrt{\mathrm{Tr}\left[\hat{\rho}\hat{D}(B)^2\right]} \geq \sqrt{\mathrm{Tr}\left[\hat{\rho}\hat{D}(B)^2\right] - \left(\mathrm{Tr}\left[\hat{\rho}\hat{D}(B)\right]\right)^2} = \Delta D(B) \tag{7.51}$$

という大小関係が成り立つので、これらを (7.49) 式の左辺に使うと、(7.27) 式が得られる。また B に対する測定機 D' と誤差演算子 $\hat{N}(B) = \hat{M}'_H(t) - \hat{B}$ を導入すれば

$$\varepsilon(B) = \sqrt{\mathrm{Tr}\left[\hat{\rho}\hat{N}(B)^2\right]} \geq \sqrt{\mathrm{Tr}\left[\hat{\rho}\hat{N}(B)^2\right] - \left(\mathrm{Tr}\left[\hat{\rho}\hat{N}(B)\right]\right)^2} = \Delta N(B) \tag{7.52}$$

が成り立つ。同様の方法で、(7.29) 式も得られる。(7.29) 式の詳しい導出は、EMAN 参考書『堀田量子ガイド』(堀田量子ガイド | EMAN | note https://note.com/eman/m/mf6c10fd256b8) の『小澤不等式の導出』(小澤不等式の導出 | EMAN | note
https://note.com/eman/n/ne26003b60e62?magazine_key=mf6c10fd256b8)
を参照。

REFERENCES
参考文献

[1] 小澤正直,「量子測定理論入門」,『物性研究』**97**(5), 1031 (2012). https://repository.kulib.kyoto-u.ac.jp/dspace/handle/2433/172051

[2] 渡辺優, 沙川貴大, 上田正仁,「量子推定理論による測定誤差の不確定性関係の定式化とその量子情報幾何における意味付け」,『素粒子論研究』**119**, D283, (2012). https://www.jstage.jst.go.jp/article/soken/119/4A/119_KJ00007943085/_article/-char/ja/

第8章

一次元空間の粒子の量子力学

8.1 はじめに

これまでは有限次元系である N 準位系を説明してきた。ここからは $N \to \infty$ 極限で記述される、一次元空間を運動する粒子を論じていく。N 準位系では物理量のエルミート行列の固有値の数も有限で、離散的な分布だったが、$N \to \infty$ では固有値が無限個になるだけでなく、連続的に分布する固有値も可能になる。このおかげで粒子の連続的な空間座標自由度も創発してくる。空間座標の微分が導入可能となり、物理量に対応したエルミート行列は、座標微分を含むことができる**エルミート演算子** (Hermitian operator) へと格上げされる。一方で、理想測定を持たない物理量が存在するなど、有限次元では起き得なかった様々な側面も出てくるので注意が必要となる。

8.2 状態空間次元の無限大極限

ここでは一次元空間の粒子の量子力学を $N \to \infty$ 極限で考えてみよう。まずは N は大きいが有限だとする。N 準位系の状態空間は N 次元の複素ベクトル空間であり、

$$|0\rangle = \begin{pmatrix} 1 \\ 0 \\ 0 \\ \vdots \\ 0 \end{pmatrix}, |1\rangle = \begin{pmatrix} 0 \\ 1 \\ 0 \\ \vdots \\ 0 \end{pmatrix}, \cdots, |N-1\rangle = \begin{pmatrix} 0 \\ 0 \\ \vdots \\ 0 \\ 1 \end{pmatrix} \tag{8.1}$$

という互いに直交する N 本の基底ベクトル $|0\rangle, |1\rangle, \cdots, |N-1\rangle$ が存在した。この基底ベクトルのそれぞれの間の関係を表現するのに、**生成演算子** (creation operator) もしくは**上昇演算子** (raising operator) と呼ばれる行列 $\hat{a}^\dagger$ と、そのエルミート共役な**消滅演算子** (annihilation operator) もしくは**下降演算子** (lowering operator) と呼ばれる行列 $\hat{a}$ を導入しておくと便利である。$\hat{a}^\dagger$ と $\hat{a}$ の二つを合わせて**昇降演算子** (ladder operator) と呼ぶこともある。一般の行列では、各基底ベクトルにかけられたときにどのようなベクトルになるかを定義すれば、線形性から全てのベクトルにかけられたときの結果が得られる。そこで $\hat{a}^\dagger|N-1\rangle = 0$ を満たし[※81]、かつ $n = 0, 1, \cdots, N-2$ に対しては

$$\hat{a}^\dagger|n\rangle = \sqrt{n+1}|n+1\rangle \tag{8.2}$$

となるように行列 $\hat{a}^\dagger$ を定めよう。基底ベクトルを使って、j と k を 0 から $N-1$ を走る添え字として j 行 k 列成分である $\langle j|\hat{a}^\dagger|k\rangle$ を並べて行列で書くと

$$\hat{a}^\dagger = \begin{pmatrix} 0 & 0 & 0 & \cdots & 0 \\ 1 & 0 & 0 & \cdots & 0 \\ 0 & \sqrt{2} & 0 & \ddots & \vdots \\ \vdots & \ddots & \ddots & \ddots & 0 \\ 0 & \cdots & 0 & \sqrt{N-1} & 0 \end{pmatrix} \tag{8.3}$$

となっている。また (8.2) 式を繰り返し使うことで

$$|n\rangle = \frac{1}{\sqrt{n!}} \left(\hat{a}^\dagger\right)^n |0\rangle \tag{8.4}$$

が示せる。一方 $\hat{a}^\dagger$ のエルミート共役行列 $\hat{a}$ では、$n = 1, 2, \cdots, N-1$ に対して

$$\hat{a}|n\rangle = \sqrt{n}|n-1\rangle \tag{8.5}$$

が成り立ち、また $\hat{a}|0\rangle = 0$ を満たしている。行列で具体的に書くと

※81 …… 以降の粒子の量子力学では、零ベクトルを単に 0 と略記する。

$$\hat{a} = \begin{pmatrix} 0 & 1 & 0 & \cdots & 0 \\ 0 & 0 & \sqrt{2} & \cdots & 0 \\ 0 & 0 & 0 & \ddots & \vdots \\ \vdots & \ddots & \ddots & \ddots & \sqrt{N-1} \\ 0 & \cdots & 0 & 0 & 0 \end{pmatrix} \tag{8.6}$$

となる。ここで

$$\hat{N} = \hat{a}^\dagger \hat{a} \tag{8.7}$$

は、$\hat{N}^\dagger = \left(\hat{a}^\dagger \hat{a}\right)^\dagger = \hat{a}^\dagger \left(\hat{a}^\dagger\right)^\dagger = \hat{N}$ からエルミート行列であり、

$$\hat{N}|n\rangle = n|n\rangle \tag{8.8}$$

を満たすことから下記のような対角行列になっている。

$$\hat{N} = \hat{a}^\dagger \hat{a} = \begin{pmatrix} 0 & 0 & 0 & \cdots & 0 \\ 0 & 1 & 0 & \cdots & 0 \\ 0 & 0 & 2 & \ddots & \vdots \\ \vdots & \vdots & \ddots & \ddots & 0 \\ 0 & 0 & \cdots & 0 & N-1 \end{pmatrix}. \tag{8.9}$$

また $\hat{a}\hat{a}^\dagger$ も対角行列となり、

$$\hat{a}\hat{a}^\dagger = \begin{pmatrix} 1 & 0 & 0 & \cdots & 0 \\ 0 & 2 & 0 & \cdots & 0 \\ 0 & 0 & \ddots & \ddots & \vdots \\ \vdots & \vdots & \ddots & N-1 & 0 \\ 0 & 0 & \cdots & 0 & 0 \end{pmatrix} \tag{8.10}$$

と計算されるため、$\hat{a}$ と $\hat{a}^\dagger$ の交換関係は

$$\left[\hat{a},\hat{a}^{\dagger}\right]=\hat{a}\hat{a}^{\dagger}-\hat{a}^{\dagger}\hat{a}=\begin{pmatrix}1&0&0&\cdots&0\\0&1&0&\cdots&0\\0&0&\ddots&\ddots&\vdots\\\vdots&\vdots&\ddots&1&0\\0&0&\cdots&0&-N+1\end{pmatrix} \tag{8.11}$$

で与えられる。ここで有限次元行列の $\mathrm{Tr}\left[\hat{A}\hat{B}\right]=\mathrm{Tr}\left[\hat{B}\hat{A}\right]$ という性質から、$\mathrm{Tr}\left[\left[\hat{a},\hat{a}^{\dagger}\right]\right]=\mathrm{Tr}\left[\hat{a}\hat{a}^{\dagger}\right]-\mathrm{Tr}\left[\hat{a}^{\dagger}\hat{a}\right]=\mathrm{Tr}\left[\hat{a}\hat{a}^{\dagger}\right]-\mathrm{Tr}\left[\hat{a}\hat{a}^{\dagger}\right]=0$ が保証されている。このため (8.11) 式の $N-1$ 行 $N-1$ 列成分には $-N+1$ が現れているが、$N\to\infty$ の極限をとると、この成分は発散して物理的な意味を持たなくなる。そこで病的な振る舞いの原因となる $|N-1\rangle$ の寄与を削って、物理的な状態ベクトルは

$$|\psi\rangle=\sum_{n=0}^{N-2}c_n\left(\psi\right)|n\rangle \tag{8.12}$$

で張られる部分ベクトル空間 $\mathcal{S}_N^{(N-1)}$ に属すると考えよう。$N\to\infty$ における状態空間 $\mathcal{S}$ は、標語的に書くと、$\lim_{N\to\infty}\mathcal{S}_N^{(N-1)}$ で与えられる※82。$|\psi\rangle\in\mathcal{S}$ と $|\varphi\rangle\in\mathcal{S}$ の内積は

$$\langle\varphi|\psi\rangle=\sum_{n=0}^{\infty}c_n^*(\varphi)c_n\left(\psi\right) \tag{8.13}$$

で与えられる。$|\psi\rangle\in\mathcal{S}$ に対して $\hat{I}|\psi\rangle=|\psi\rangle$ が成り立つ無限次元行列

$$\hat{I}=\begin{pmatrix}1&0&0&0&\cdots\\0&1&0&0&\cdots\\0&0&1&0&\cdots\\0&0&0&1&\ddots\\\vdots&\vdots&\vdots&\ddots&\ddots\end{pmatrix} \tag{8.14}$$

が恒等演算子を表す。$\hat{I}$ は (8.12) 式の形の各ベクトルに対して数字の 1 をかけ

※82 …物理的には、例えば第 9 章の調和振動子のエネルギー期待値に比例する $\Sigma n|c_n\left(\psi\right)|^2$ なども収束するように、$n\to\infty$ で $|c_n\left(\psi\right)|^2$ が素早く零になるという条件も必要となる。このため発散する $|N-1\rangle$ の寄与は実質的に現象へ影響を与えない。

る効果を持つため、以降ではしばしば複素数 c と $\hat{I}$ を用いて書かれる $c\hat{I}$ という演算子を、c と略記する。ベクトル $|\psi\rangle \in \mathcal{S}$ に対しては $\left[\hat{a}, \hat{a}^\dagger\right]|\psi\rangle = |\psi\rangle$ が成り立つので、

$$\left[\hat{a}, \hat{a}^\dagger\right] = 1 \tag{8.15}$$

という関係が出てくることがわかる。

8.3 位置演算子と運動量演算子

8.3.1 エルミート演算子

換算プランク定数 $\hbar$ は作用の単位を持つ。したがってこの $\hbar$ と長さの単位を持つ L という定数から、$\hbar/L$ という運動量の単位を持つ定数を作れる。そこで

$$\hat{x} = \frac{L}{\sqrt{2}}\left(\hat{a} + \hat{a}^\dagger\right),\ \hat{p} = \frac{\hbar}{\sqrt{2}iL}\left(\hat{a} - \hat{a}^\dagger\right) \tag{8.16}$$

という演算子を定義し、各々の単位から $\hat{x}$ を**位置演算子** (position operator)、$\hat{p}$ を**運動量演算子** (momentum operator) と名前を付けよう。N が有限ならば、この $\hat{x}$ と $\hat{p}$ がエルミート行列になることは自明である。$N \to \infty$ 極限の $\mathcal{S}$ においても、有限次元のエルミート行列と基本的には同じ性質を $\hat{x}$ と $\hat{p}$ は持っている。なお $\hat{a}$ と $\hat{a}^\dagger$ は $\hat{x}$ と $\hat{p}$ を用いて

$$\hat{a} = \frac{1}{\sqrt{2}}\left(\frac{\hat{x}}{L} + i\frac{L\hat{p}}{\hbar}\right),\ \hat{a}^\dagger = \frac{1}{\sqrt{2}}\left(\frac{\hat{x}}{L} - i\frac{L\hat{p}}{\hbar}\right) \tag{8.17}$$

と解ける。

数学では $N \to \infty$ 極限の $\hat{x}$ と $\hat{p}$ は、エルミート行列を拡張した**自己共役演算子**（または自己共役作用素、self-adjoint operator）という概念で整備されている。そして無限次元空間でも、自己共役演算子 $\hat{A}$ はスペクトル分解ができる。このため全ての状態ベクトルにおいて $\hat{A}$ に対応する物理量の確率分布も数学的に定義できるようになる。なお自己共役演算子の厳密な数学的定義は専門書を参考して欲しい [1][2]。なおこの教科書では、自己共役演算子を物理学の慣習に則って**エルミート演算子** (Hermitian operator) と呼ぶことにする。任意の物理量には対応するエルミート演算子が存在すると、量子力学では考える。

8.3.2 固有値の連続性

有限の N では離散的な固有値しか現れなかった理論の $N \to \infty$ 極限では、$\hat{x}$ は離散無限個ではなく連続無限個の固有値を持つことが示される。(8.16) 式と (8.15) 式を用いて計算すると、

$$[\hat{x}, \hat{p}] = i\hbar \tag{8.18}$$

という交換関係が得られる※83。また $\hat{p}$ のエルミート性（自己共役性）から、x_o を任意の実数値として、

$$\hat{U}_p(x_o) = \exp\left(-\frac{ix_o}{\hbar}\hat{p}\right) \tag{8.19}$$

というユニタリー演算子が作れる※84。そうすると $[\hat{x}, \hat{p}] = i\hbar$ から

$$\hat{U}_p(x_o)^\dagger \hat{x}\hat{U}_p(x_o) = \hat{x} + x_o \tag{8.20}$$

が導出される (演習問題 (1))。$\hat{x}$ がエルミート演算子なので、その固有値 x は実数に限定される。その固有ベクトルを $|x\rangle$ とすると、固有値方程式 $\hat{x}|x\rangle = x|x\rangle$ を満たしている。(8.20) 式の両辺において右から $|x\rangle$ をかけて左から $\hat{U}_p(x_o)$ をかけることで

$$\hat{x}\left(\hat{U}_p(x_o)|x\rangle\right) = (x + x_o)\left(\hat{U}_p(x_o)|x\rangle\right) \tag{8.21}$$

が示せる。したがって $\hat{U}_p(x_o)|x\rangle$ というベクトルは $\hat{x}$ の固有値が $x + x_o$ である固有ベクトルである※85。ここで x_o は任意の実数をとれるため、$x + x_o$ も任意の実数である。つまり $\hat{x}$ の固有値は任意の実数であることが示された。$\hat{U}_x(p_o)^\dagger \hat{p}\hat{U}_x(p_o) = \hat{p} + p_o$ を満たす $\hat{U}_x(p_o) = \exp\left(\frac{ip_o}{\hbar}\hat{x}\right)$ というユニタリー演算子を使うことで同様の議論が運動量演算子 $\hat{p}$ の場合にも可能であり、$\hat{p}$ の固有値も任意の実数となることがわかる。後の調和振動子などの例のように、

※83 …. (8.18) 式の位置演算子と運動量演算子の交換関係では、その右辺に現れる定数にかけられた恒等演算子 $\hat{I}$ が略されている。慣習として、多くの教科書や論文ではこの表記法が使用されている。なお $N \to \infty$ 極限をとる前の有限系では、(8.18) 式は成り立っていないことにも留意すること。

※84 …. ユニタリー性の証明は付録 B.1 の (B.43) 式参照。

※85 …. $\hat{U}_p(x_o)$ はユニタリー演算子であり、$|x\rangle$ は零ベクトルではないから、$\hat{U}_p(x_o)|x\rangle$ も零ベクトルではない。

この $\hat{x}$ と $\hat{p}$ を使って一次元空間内を運動する粒子の量子力学を構成することができる。またそのような具体的例を通じて、$\hat{x}$ と $\hat{p}$ は確かに位置 x や運動量 p に対応した演算子であると解釈することが正当化される。

8.3.3 連続的な固有値を持つ固有ベクトルの規格化条件

一般に固有値が連続無限個ある場合には、対応する固有ベクトルは普通には規格化できなくなる。例えば位置演算子 $\hat{x}$ の固有ベクトル $|x\rangle$ に対して $\langle x|x'\rangle = \delta_{xx'}$ と規格化したとすると、その完全性を $\sum_x |x\rangle\langle x| = \hat{I}$ と書いても、連続変数である x に対しての $\sum_x$ の意味が定まらない。$\sum_x$ ではなく $\int dx$ が出せれば問題はないのだが、これを実現するためには普通の関数の枠を超えた超関数という数学概念に属する**デルタ関数** (delta function) を考える必要が出てくる[※86]。デルタ関数とは、$x \to \pm\infty$ で素早く減衰する滑らかな関数 $f(x)$ に対して

$$\int_{-\infty}^{\infty} f(x)\delta(x - x_o)dx = f(x_o) \tag{8.22}$$

が成り立つ $\delta(x)$ を指す。位置演算子 $\hat{x}$ の固有ベクトル $|x\rangle$ の正規直交条件は

$$\langle x|x'\rangle = \delta\left(x - x'\right) \tag{8.23}$$

と書かれる[※87]。この (8.23) 式から、$|x'\rangle$ と任意のベクトル $|\varphi\rangle$ の内積について

$$\begin{aligned}\langle\varphi|x'\rangle &= \int_{-\infty}^{\infty}\langle\varphi|x\rangle\delta\left(x - x'\right)dx = \int_{-\infty}^{\infty}\langle\varphi|x\rangle\langle x|x'\rangle dx \\ &= \langle\varphi|\left(\int_{-\infty}^{\infty}|x\rangle\langle x|dx\right)|x'\rangle\end{aligned} \tag{8.24}$$

が成り立つため、

$$|x'\rangle = \int_{-\infty}^{\infty}|x\rangle\delta\left(x - x'\right)dx = \int_{-\infty}^{\infty}|x\rangle\langle x|x'\rangle dx = \left(\int_{-\infty}^{\infty}|x\rangle\langle x|dx\right)|x'\rangle \tag{8.25}$$

という関係式が得られる。これから $|x\rangle$ に対して

※86 …… 付録 D.2 参照。
※87 …… これは発散する規格化定数を状態ベクトルにかけて、このデルタ関数での規格化条件を満たさせていると解釈できる。

$$\int_{-\infty}^{\infty} |x\rangle\langle x| dx = \hat{I} \tag{8.26}$$

という望ましい積分形の完全系関係式の表示が与えられる。

なお $|x\rangle$ は任意の滑らかな実関数 $f(x)$ を用いて $|x\rangle \exp(if(x))$ と置き換えても $\hat{x}$ の固有ベクトルであり、そして (8.23) 式と (8.26) 式も満たすことに注意しよう。この不定性は次の運動量演算子の位置表示の議論で使う。

8.3.4 位置表示の波動関数

次に $\langle\psi|\psi\rangle = 1$ で規格化された状態ベクトル $|\psi\rangle$ に対して、位置表示の**波動関数** (wave function) を $\psi(x) = \langle x|\psi\rangle$ で定義しよう。この定義と内積の性質から $\psi^*(x) = \langle\psi|x\rangle$ が成り立っている。そして (8.26) 式の完全性から

$$\langle\psi|\psi\rangle = \langle\psi| \left(\int_{-\infty}^{\infty} |x\rangle\langle x| dx \right) |\psi\rangle = \int_{-\infty}^{\infty} \psi^*(x)\psi(x) dx \tag{8.27}$$

が示される。$\langle\psi|\psi\rangle = 1$ から導かれる

$$\int_{-\infty}^{\infty} \psi^*(x)\psi(x) dx = \int_{-\infty}^{\infty} |\psi(x)|^2 \, dx = 1 \tag{8.28}$$

という条件を、波動関数の**規格化条件** (normalization condition) と呼ぶ。

また $[x_1, x_2]$ という任意の空間領域の中に粒子が見つかる確率は、$\hat{P}(x_2, x_1) = \int_{x_1}^{x_2} |x\rangle\langle x| dx$ という射影演算子を用いた (3.28) 式のボルン則から

$$p(x_1, x_2) = \langle\psi| \left(\int_{x_1}^{x_2} |x\rangle\langle x| dx \right) |\psi\rangle = \int_{x_1}^{x_2} |\langle x|\psi\rangle|^2 \, dx = \int_{x_1}^{x_2} |\psi(x)|^2 \, dx \tag{8.29}$$

で与えられる。これは点 x における確率密度が $|\psi(x)|^2$ であることを意味する。そして (8.28) 式の規格化条件は、全空間で粒子を探せば、必ずどこかに粒子が見つかることを意味している。

8.4 運動量演算子の位置表示

次に運動量の固有状態の波動関数を求めてみよう。

8.4.1 位置表示の不定性

$[\hat{x},\hat{p}]=i\hbar$ の両辺を左右から $\langle x|$ と $|x'\rangle$ で挟むと、(8.23) 式から

$$\langle x|[\hat{x},\hat{p}]|x'\rangle=(x-x')\langle x|\hat{p}|x'\rangle=i\hbar\delta(x-x') \tag{8.30}$$

が示される。ここで x,x' から

$$x=v+\frac{1}{2}u,\ x'=v-\frac{1}{2}u \tag{8.31}$$

で定義される u,v へと座標変換をしよう。そして運動量演算子 $\hat{p}$ に対して

$$f(u,v)=\langle x|\hat{p}|x'\rangle=\left\langle v+\frac{1}{2}u\middle|\hat{p}\middle|v-\frac{1}{2}u\right\rangle \tag{8.32}$$

という u,v の関数 $f(u,v)$ を考える。(8.30) 式から $f(u,v)$ は

$$uf(u,v)=i\hbar\delta(u) \tag{8.33}$$

を満たすが、フーリエ変換[※88]を使うとこれは積分できて、$A(v)$ を v の任意関数として一般解は

$$f(u,v)=-i\hbar\frac{\partial}{\partial u}\delta(u)+A(v)\delta(u)=-i\hbar\delta'(u)+A(v)\delta(u) \tag{8.34}$$

で与えられることがわかる（演習問題 (2)）。ここで元の変数に戻すと

$$\begin{aligned}\langle x|\hat{p}|x'\rangle&=-i\hbar\delta'(x-x')+A\left(\frac{1}{2}(x+x')\right)\delta(x-x')\\&=\left(-i\hbar\frac{\partial}{\partial x}+A(x)\right)\delta(x-x')\end{aligned} \tag{8.35}$$

という結果になる。なお $\hat{p}$ がエルミート演算子であることから、$A(x)$ は実関数に限定される。

ここで $A(x)$ という任意関数の自由度が出てきた原因は、任意の滑らかな関数 $f(x)$ に対して $[\hat{x},f(\hat{x})]=0$ が成り立つため、元々の $[\hat{x},\hat{p}]=i\hbar$ は

$$[\hat{x},\hat{p}+f(\hat{x})]=i\hbar \tag{8.36}$$

と等価であることにある。つまり $\hat{p}$ と $\hat{p}'=\hat{p}+f(\hat{x})$ は区別がつかないことが

※88 …付録 D.1 参照。

理由である。

8.4.2 ゲージ変換

ここで $A(x)$ は電磁場などを記述する**ゲージ場** (gauge field) の特殊例になっている。ただし定義から $A(x)$ は時間依存性を持たないため、$\frac{\partial A}{\partial t}$ に比例する電場は零である※89。$\psi(x) = \langle x|\psi\rangle$ という波動関数に対する $\hat{p}$ の作用は

$$\langle x|\hat{p}|\psi\rangle = \int_{-\infty}^{\infty} \langle x|\hat{p}|x'\rangle\langle x'|\psi\rangle dx' = \left(-i\hbar\frac{\partial}{\partial x} + A(x)\right)\psi(x) \tag{8.37}$$

と計算される。そしてこの場合の運動量の期待値は

$$\langle\psi|\hat{p}|\psi\rangle = \int_{-\infty}^{\infty} \langle\psi|x\rangle\langle x|\hat{p}|\psi\rangle dx = \int_{-\infty}^{\infty} \psi^*(x)\left(-i\hbar\frac{\partial}{\partial x} + A(x)\right)\psi(x)dx \tag{8.38}$$

となる。ここで任意の滑らかな実数関数 $\theta(x)$ を使って、

$$\psi'(x) = \psi(x)\exp\left(\frac{i}{\hbar}\theta(x)\right),\ A'(x) = A(x) - \frac{\partial\theta}{\partial x}(x) \tag{8.39}$$

という変換を (8.38) 式に行おう。これは**ゲージ変換** (gauge transformation) と呼ばれる。すると (8.38) 式の方程式の形自体は変わらずに

$$\langle\psi|\hat{p}|\psi\rangle = \int_{-\infty}^{\infty} \psi'^*(x)\left(-i\hbar\frac{\partial}{\partial x} + A'(x)\right)\psi'(x)dx \tag{8.40}$$

となる。ゲージ理論では、このことを「$\int_{-\infty}^{\infty} \psi^*(x)\left(-i\hbar\frac{\partial}{\partial x} + A(x)\right)\psi(x)dx$ は**ゲージ対称性** (gauge symmetry) を持つ」と表現する。今はトポロジー的に自明である実数直線 $\mathcal{R}$ 上で $A(x)$ を考えているため、$A'(x) = 0$ を満たすように $\theta(x) = \int_0^x A(u)du$ と決めることはいつでも可能である※90。そこで位置演算子 $\hat{x}$ の固有ベクトル $|x\rangle$ を、同じく $\hat{x}$ の固有ベクトルである $\exp\left(-\frac{i}{\hbar}\theta(x)\right)|x\rangle$ に最初から置き換えておいて、$\psi'(x)$ が $\langle x|\psi\rangle$ に等しい設定にしておこう。このようにすることで一般性を失わずに、運動量演算子の位置表示を

$$\langle x|\hat{p}|x'\rangle = -i\hbar\frac{\partial}{\partial x}\delta(x - x') \tag{8.41}$$

※89 …… この例では空間一次元なので、空間二次元や三次元とは異なり、磁場はいつも存在しない。

※90 …… 第 11 章 11.2 節の AB 効果の閉曲線の例のように、トポロジー的に穴があるような非自明な空間上の波動関数だと、単なるゲージ変換では $A(x)$ を零にできない場合がある。

とすることができる。この場合の運動量の期待値は

$$\langle\psi|\hat{p}|\psi\rangle=\int_{-\infty}^{\infty}\psi^{*}(x)\left(-i\hbar\frac{\partial}{\partial x}\right)\psi(x)dx \tag{8.42}$$

で計算される。

8.4.3 固有関数

(8.41) 式に基づいて、波動関数 $\psi(x)$ に作用する

$$\mathbf{p}=-i\hbar\frac{\partial}{\partial x},\ \mathbf{x}=x \tag{8.43}$$

という、位置表示での運動量演算子と位置演算子を導入しよう。そして $\hat{p}|p\rangle=p|p\rangle$ を満たす運動量演算子の固有ベクトル $|p\rangle$ の波動関数 $u_p(x)=\langle x|p\rangle$ を求めてみよう。まず

$$\langle x|\hat{p}|p\rangle=\int_{-\infty}^{\infty}\langle x|\hat{p}|x'\rangle\langle x'|p\rangle dx'=p\langle x|p\rangle \tag{8.44}$$

に (8.41) 式を代入すれば $\mathbf{p}u_p(x)=-i\hbar\frac{\partial}{\partial x}u_p(x)=pu_p(x)$ という方程式を得る。これから解として $u_p(x)\propto\exp\left(\frac{i}{\hbar}px\right)$ が求まる。このため $u_p(x)$ は $\mathbf{p}$ の**固有関数** (eigenfunction) とも呼ばれる。なお運動量以外でも、なんらかの物理量の位置表示での演算子 $\mathbf{A}$ に対して $\mathbf{A}u_a(x)=au_a(x)$ を満たすならば、$u_a(x)$ は $\mathbf{A}$ の固有関数と呼ばれる。例えば $\mathbf{x}\delta\left(x-x_o\right)=x_o\delta\left(x-x_o\right)$ から、$\delta\left(x-x_o\right)$ は位置演算子 $\mathbf{x}$ の固有関数である※91。

8.4.4 直交性と完全性

$u_p(x)\propto\exp\left(\frac{i}{\hbar}px\right)$ という結果から $\hat{p}$ の固有ベクトルも決まるので、$\hat{p}$ の固有値 p は任意の実数が許されていることも再確認できる。固有値が連続無限個あるので、運動量の固有ベクトルの規格化条件も (8.23) 式と同様に、デルタ関数を用いて

$$\langle p|p'\rangle=\delta\left(p-p'\right) \tag{8.45}$$

※91 …… ただしデルタ関数は超関数なので、正確には位置演算子の固有超関数と呼ぶべきものではある。

で与えよう※92。そして

$$\langle p|p'\rangle = \int_{-\infty}^{\infty}\langle p|x\rangle\langle x|p'\rangle dx = \delta\left(p-p'\right) \tag{8.46}$$

に対して (D.23) 式のデルタ関数の性質を使うと、$u_p(x)$ の比例係数は決定されて

$$u_p(x) = \langle x|p\rangle = \frac{1}{\sqrt{2\pi\hbar}}\exp\left(\frac{i}{\hbar}px\right) \tag{8.47}$$

という最終結果を得る。また (D.23) 式から

$$\int_{-\infty}^{\infty} u_p^*(x)u_p(x')dp = \delta\left(x-x'\right) \tag{8.48}$$

も示されるが、これは $\int_{-\infty}^{\infty}\langle x|p\rangle\langle p|x'\rangle dp = \langle x|x'\rangle$ を意味するため、(8.26) 式と同様に、

$$\int_{-\infty}^{\infty}|p\rangle\langle p|dp = \hat{I} \tag{8.49}$$

という完全性が成り立っている。

8.4.5 運動量表示の波動関数

これまで $\langle\psi|\psi\rangle = 1$ を満たす量子状態 $|\psi\rangle$ に対して、位置表示の波動関数 $\psi(x) = \langle x|\psi\rangle$ を説明してきたが、同様な運動量表示の波動関数 $\tilde{\psi}(p) = \langle p|\psi\rangle$ も存在する。そして $\psi(x)$ と $\tilde{\psi}(p)$ はフーリエ変換で結ばれている。具体的には

$$\tilde{\psi}(p) = \langle p|\left(\int_{-\infty}^{\infty}|x\rangle\langle x|dx\right)|\psi\rangle = \int_{-\infty}^{\infty}\langle p|x\rangle\psi(x)dx \tag{8.50}$$

に $\langle p|x\rangle = \frac{1}{\sqrt{2\pi\hbar}}\exp\left(-\frac{i}{\hbar}px\right)$ を代入して

$$\tilde{\psi}(p) = \frac{1}{\sqrt{2\pi\hbar}}\int_{-\infty}^{\infty}\psi(x)\exp\left(-\frac{i}{\hbar}px\right)dx \tag{8.51}$$

というフーリエ変換を得る。また

$$\psi(x) = \langle x|\left(\int_{-\infty}^{\infty}|p\rangle\langle p|dp\right)|\psi\rangle = \int_{-\infty}^{\infty}\langle x|p\rangle\tilde{\psi}(p)dp \tag{8.52}$$

※92 …… (8.45) 式には、異なる固有値に対応する固有関数同士の直交条件も含まれているが、直交性自体は $\hat{p}$ がエルミート演算子であることから導かれる。

に $\langle x|p\rangle = \frac{1}{\sqrt{2\pi\hbar}}\exp\left(\frac{i}{\hbar}px\right)$ を代入すると、

$$\psi(x) = \frac{1}{\sqrt{2\pi\hbar}}\int_{-\infty}^{\infty}\tilde{\psi}(p)\exp\left(\frac{i}{\hbar}px\right)dp \tag{8.53}$$

という逆フーリエ変換を得る。フーリエ変換は量子力学ができる前から知られていたが、量子力学の見方では、位置演算子の固有ベクトルから作る位置表示の波動関数と、運動量演算子の固有ベクトルから作る運動量表示の波動関数を結ぶ、基底ベクトルの変換の一例に過ぎない。

また $[p_1, p_2]$ という運動量空間領域の中に粒子の運動量が観測される確率は、$\hat{P}'(p_2, p_1) = \int_{p_1}^{p_2}|p\rangle\langle p|dp$ という射影演算子を用いた (3.28) 式のボルン則から

$$\tilde{p}(p_1, p_2) = \langle\psi|\left(\int_{p_1}^{p_2}|p\rangle\langle p|dp\right)|\psi\rangle = \int_{p_1}^{p_2}|\langle p|\psi\rangle|^2\,dp = \int_{p_1}^{p_2}\left|\tilde{\psi}(p)\right|^2 dp \tag{8.54}$$

で与えられる。これは運動量の確率密度が $\left|\tilde{\psi}(p)\right|^2$ であることを意味する。

8.5 $\hat{N}$ の固有状態の位置表示波動関数

ここでは $N\to\infty$ 極限における (8.4) 式の基底ベクトルの位置表示の波動関数 $\psi_n(x) = \langle x|n\rangle$ を具体的に求めてみよう。$\mathbf{a}$ を $\hat{a}$ の位置表示の演算子とすると、$\hat{a}|0\rangle = 0$ から波動関数 $\psi_0(x) = \langle x|0\rangle$ は

$$\mathbf{a}\psi_0(x) = \frac{1}{\sqrt{2}}\left(\frac{\mathbf{x}}{L} + i\frac{L\mathbf{p}}{\hbar}\right)\psi_0(x) = \frac{1}{\sqrt{2}}\left(\frac{x}{L} + L\frac{\partial}{\partial x}\right)\psi_0(x) = 0 \tag{8.55}$$

という方程式を満たす。これを積分し、(8.28) 式の規格化条件を満たすように係数を決めると

$$\psi_0(x) = \left(\frac{1}{\sqrt{\pi}L}\right)^{1/2}\exp\left(-\frac{x^2}{2L^2}\right) \tag{8.56}$$

と求まる。また (8.4) 式から

$$\psi_n(x) = \frac{1}{\sqrt{n!}}\left(\mathbf{a}^\dagger\right)^n\psi_0(x) = \frac{1}{\sqrt{2^n n!}}\left(\frac{x}{L} - L\frac{\partial}{\partial x}\right)^n\psi_0(x) \tag{8.57}$$

が導かれる。$z = x/L$ と変数変換すると、$\mathbf{a}^\dagger = \frac{1}{\sqrt{2}}\left(z - \frac{\partial}{\partial z}\right)$ が成り立

つ。ここで $\left(z-\frac{\partial}{\partial z}\right) f(z) = -e^{\frac{z^2}{2}}\frac{\partial}{\partial z}\left(e^{-\frac{z^2}{2}}f(z)\right)$ という関係を繰り返し用いると $\left(z-\frac{\partial}{\partial z}\right)^n f(z) = (-1)^n e^{\frac{z^2}{2}}\frac{\partial^n}{\partial z^n}\left(e^{-\frac{z^2}{2}}f(z)\right)$ が示される。これから $\left(\mathbf{a}^\dagger\right)^n \psi_0(x) = \left(\frac{1}{2^n\sqrt{\pi}L}\right)^{1/2}(-1)^n e^{\frac{z^2}{2}}\frac{\partial^n}{\partial z^n}e^{-z^2}$ が導かれる。ここで

$$H_n(z) = (-1)^n e^{z^2}\left(\frac{d^n}{dz^n}e^{-z^2}\right) \tag{8.58}$$

を定義すれば、$H_n(z)$ はエルミート多項式と呼ばれる z の n 次多項式になる。例えば小さな n でのその具体形は $H_0(z)=1$、$H_1(z)=2z$、$H_2(z)=4z^2-2$ となっている。この $H_n(z)$ を用いると、n 番目の波動関数は

$$\psi_n(x) = \left(\frac{1}{2^n n!\sqrt{\pi}L}\right)^{1/2} H_n\left(\frac{x}{L}\right)\exp\left(-\frac{x^2}{2L^2}\right) \tag{8.59}$$

とまとまる。またこれを用いると、状態空間 $\mathcal{S}$ に属するベクトル $|\psi\rangle$ は、位置表示で $\psi(x)=\sum_{n=0}^{\infty} c_n\psi_n(x)$ と展開することが可能である。

ここで任意の n に対して $\psi_n(x)$ は（x の多項式）$\times\exp\left(-\frac{x^2}{2L^2}\right)$ という形になっていることに留意しよう。$\exp\left(-\frac{x^2}{2L^2}\right)$ はガウス型の急減少関数である。有限だがいくらでも大きくできる正整数 Λ によって正則化された $\psi_\Lambda(x)=\sum_{n=0}^{\Lambda} c_n\psi_n(x)$ という形の波動関数も、$\psi_n(x)$ 中の $\exp\left(-\frac{x^2}{2L^2}\right)$ という因子の存在のために、ある有限空間領域の中で非零の値を持ち、その領域の外では零に向かって急速に減衰する局在性を持っている[※93]。

8.6 エルミート演算子のエルミート性

上で論じた波動関数の局在性は、物理量 A に対応するエルミート演算子 $\hat{A}$ が満たすべき $\langle\varphi|\hat{A}\psi\rangle = \langle\hat{A}\varphi|\psi\rangle$ という性質にも関連している。この性質はエルミート演算子の**エルミート性** (hermiticity) と呼ばれ、N 準位系

※93…なお Λ は任意の正整数でよいので、$\psi_\Lambda(x)$ の形で書かれる関数は二乗可積分な関数空間であるヒルベルト空間の中に稠密に分布している。したがって状態空間 $\mathcal{S}$ 中の状態ベクトルに対応する波動関数は、$\psi_\Lambda(x)$ によって任意の精度で近似できる。

ではエルミート行列の定義にもなっていた[※94]。位置表示の波動関数では、$\mathbf{A}\varphi(x) = \langle x|\hat{A}|\varphi\rangle$, $\mathbf{A}\psi(x) = \langle x|\hat{A}|\psi\rangle$ を用いて、

$$\int_{-\infty}^{\infty} (\mathbf{A}\varphi(x))^* \psi(x)dx = \int_{-\infty}^{\infty} \varphi^*(x)\mathbf{A}\psi(x)dx \tag{8.60}$$

と書かれる。例えば実数空間上で定義され、滑らかでかつ $\psi(x \to \pm\infty) = 0$ という局在性を満たす波動関数で定義される状態空間 $\mathcal{S}$ において、$\mathbf{p} = -i\hbar\frac{\partial}{\partial x}$ がエルミート性を満たすことは以下のように部分積分で示される。

$$\begin{aligned}
\int_{-\infty}^{\infty} \left(-i\hbar\frac{\partial}{\partial x}\varphi(x)\right)^* \psi(x)dx &= i\hbar\int_{-\infty}^{\infty} \frac{\partial\varphi}{\partial x}(x)^*\psi(x)dx \\
&= i\hbar\left[\varphi(x)^*\psi(x)\right]_{-\infty}^{\infty} - i\hbar\int_{-\infty}^{\infty} \varphi(x)^*\frac{\partial\psi}{\partial x}(x)dx \\
&= \int_{-\infty}^{\infty} \varphi(x)^*\left(-i\hbar\frac{\partial}{\partial x}\psi(x)\right)dx.
\end{aligned} \tag{8.61}$$

なお位置演算子 $\mathbf{x} = x$ についてのエルミート性は $\int_{-\infty}^{\infty} (x\varphi(x))^* \psi(x)dx = \int_{-\infty}^{\infty} \varphi(x)^* (x\psi(x))\, dx$ から自明である。

8.7 粒子系の基準測定

運動量の固有ベクトル $|p\rangle$ の位置表示の波動関数は空間全体に広がる平面波となっている。そのような測定後状態を実現する実験は空間全体と同じ大きさの測定機を考える必要があるが、現実には不可能だという側面がある。さらに原理的な問題で言うと、運動量の固有値 p は連続的な値をとるために $\langle p|p\rangle = 1$ という規格化条件を満たせない。普通の規格化条件を満たす波動関数を考えると、その運動量の値はばらつくことになる。つまり運動量には、規格化条件を満たす測定後状態が出てくる厳密な意味での理想測定は存在しない。同様に粒子の位置座標でも、厳密な理想測定は存在しない。しかし近似的に理想測定の代わりになる基準測定は存在している。次にそれを説明しよう。

※94 …エルミート演算子 $\hat{A}$ の定義には、内積に関するエルミート性を $\hat{A}$ が満たすだけでなく、さらに関数論の意味でのエルミート共役演算子 $\hat{A}^\dagger$ の定義域が、$\hat{A}$ の定義域に一致することも含まれている。詳しくは [1][2] 等の参考文献を参照。

8.7.1 運動量の基準測定

粒子の運動量の場合では、ある極限で理想測定に漸近する基準測定を考えることができる。基準測定には離散的に区別できる正規直交基底が必要である。ここでは整数値 n と k のペアで区別される基底ベクトル $|n,k\rangle$ を考え、$\Theta(x)$ をヘビサイドの階段関数※95として、その運動量表示での波動関数が

$$\tilde{u}_{nk}(p) = \frac{1}{\sqrt{\xi}}\Theta\left(\frac{\xi}{2} - |p - k\xi|\right)\exp\left(-\frac{2\pi ni}{\xi}p\right) \tag{8.62}$$

で与えられる場合を考える。この絶対値の二乗は図 8.1 のような分布を与える。ここで ξ は運動量の単位を持つ正の実数パラメータである。対応する単位長さの状態ベクトルは

$$|n,k\rangle = \int_{-\infty}^{\infty} \tilde{u}_{nk}(p)|p\rangle dp \tag{8.63}$$

で与えられる。(8.62) 式から $|\tilde{u}_{nk}(p)|^2$ は $p = k\xi$ を中心とした幅 $\delta p = \xi$ の運動量領域に一様に分布している関数である。つまり $\left[\left(k - \frac{1}{2}\right)\xi, \left(k + \frac{1}{2}\right)\xi\right]$ の運動量領域に局在した状態になっているため、$k\xi$ を有限値 $p\,(\xi)$ に固定しながらの $\xi \to 0$ と $|k| \to \infty$ の極限では運動量が精密に測れる。また

$$\int_{-\infty}^{\infty} \tilde{u}^*_{nk}(p)\tilde{u}_{n'k'}(p)dp = \delta_{nn'}\delta_{kk'} \tag{8.64}$$

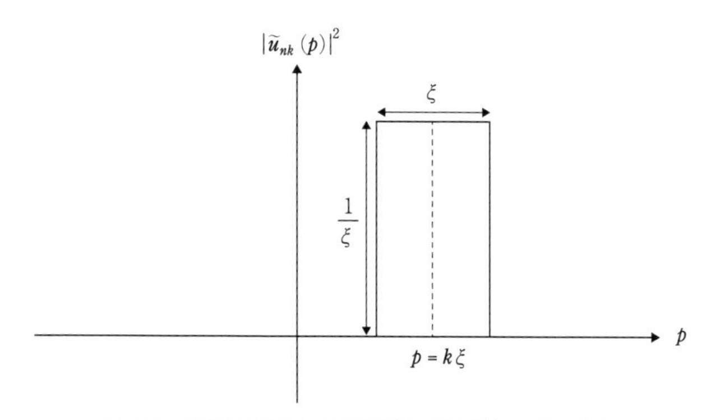

図 8.1 運動量表示での波動関数の絶対値の二乗の分布

※95 …定義は、$\Theta(x < 0) = 0, \Theta(x = 0) = \frac{1}{2}, \Theta(x > 0) = 1$ で与えられる。

という正規直交条件も示せる（演習問題 (3)）。そして

$$\sum_{n=-\infty}^{\infty}\sum_{k=-\infty}^{\infty}\tilde{u}_{nk}(p)\tilde{u}_{nk}(p')^{*}=\delta\left(p-p'\right) \tag{8.65}$$

という完全性の関係も示せる（演習問題 (4)）。したがって $\tilde{u}_{nk}(p)=\langle p|n,k\rangle$ となる状態ベクトル $|n,k\rangle$ は

$$\langle n,k|n',k'\rangle=\delta_{nn'}\delta_{kk'},\quad \sum_{n=-\infty}^{\infty}\sum_{k=-\infty}^{\infty}|n,k\rangle\langle n,k|=\hat{I} \tag{8.66}$$

を満たし、粒子の状態空間の正規直交基底を成す。

その位置表示での波動関数は

$$u_{nk}(x)=\langle x|n,k\rangle=\sqrt{\frac{2\hbar}{\pi\xi}}\frac{\sin\left(\frac{\xi}{2\hbar}\left(x-\frac{2\pi\hbar}{\xi}n\right)\right)}{x-\frac{2\pi\hbar}{\xi}n}\exp\left(\frac{i\xi}{\hbar}kx\right) \tag{8.67}$$

と計算され（演習問題 (5)）、$\exp\left(\frac{i\xi}{\hbar}kx\right)$ の速い振動に遅い振動の sin 関数が重なる、うなりを伴った波が距離の逆数で減衰していく振る舞いをしている。図 8.2 には $n=0$ としたときの $u_{nk}(x)$ の実部を図示してある。粒子の位置の確率密度である $|u_{nk}(x)|^2$ は $x=n\frac{2\pi\hbar}{\xi}=n\frac{h}{\xi}$ に中心値を持つ減衰振動の分布をしている。つまり $|n,k\rangle$ で指定される量子状態は、位置の分布が

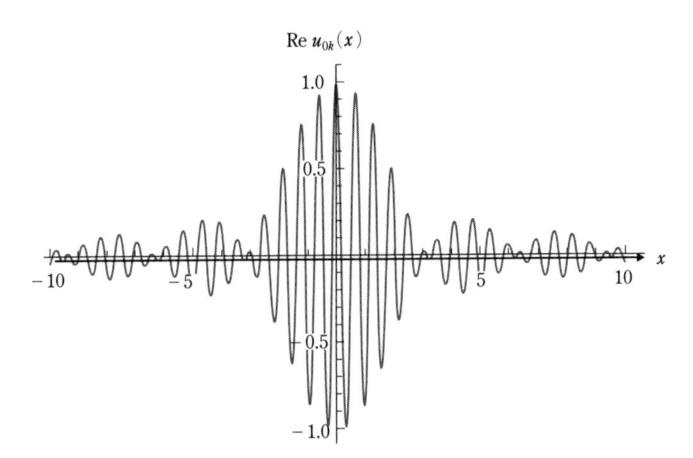

図 8.2 位置表示での波動関数の実部の振る舞い

$x_n = n\frac{h}{\xi}$ に、運動量の分布が $p_k = k\xi$ に中心値を持つ分布である。また位置 x の分布の典型的な幅は sin 関数が振動をまだ始めないという条件から読み取れ、それは $\delta x = O\left(\frac{\hbar}{\xi}\right)$ となる。そして運動量分布の幅は $\delta p = \xi$ であるため、$\delta x \delta p = O(\hbar)$ となり、$\delta x \delta p$ は 8.8 節で説明する量子揺らぎのケナード不等式の下限である $\Delta x \Delta p = \frac{\hbar}{2}$ にほぼ一致していることも確認できる。

図 8.3 のように、x と p が張る座標空間（相空間）はプランク定数 $h = 2\pi\hbar$ の面積のブロックに分割されており、各ブロックは番地 (n, k) で指定されている。ここで定義された基準測定では (n, k) の一つが選ばれて観測される。物理量を定義したいときには、各測定結果 (n, k) に適当な実数 $\lambda(n, k)$ を割り振ればよい。この物理量に対応するエルミート演算子は

$$\hat{\Lambda} = \sum_{n=-\infty}^{\infty} \sum_{k=-\infty}^{\infty} \lambda(n, k)|n, k\rangle\langle n, k| \tag{8.68}$$

で与えられる。例えば $\lambda(n, k) = k\xi$ という値を割り振れば、運動量に関する物理量 $p(\xi)$ とそれに対応したエルミート演算子 $\hat{p}(\xi)$ が定義できる。ここで $\langle\psi|\psi\rangle = 1$ を満たす状態ベクトル $|\psi\rangle$ を考えよう。このとき離散的な n, k で区別される測定結果が観測される確率は $\Pr(n, k) = |\langle n, k|\psi\rangle|^2$ で与えられる。運動量を測定したいときは、粒子の位置を区別する n には関心がないので、k が共通である $|n, k\rangle$ の測定結果の確率は足し上げて、$p(\xi) = k\xi$ となる確率は

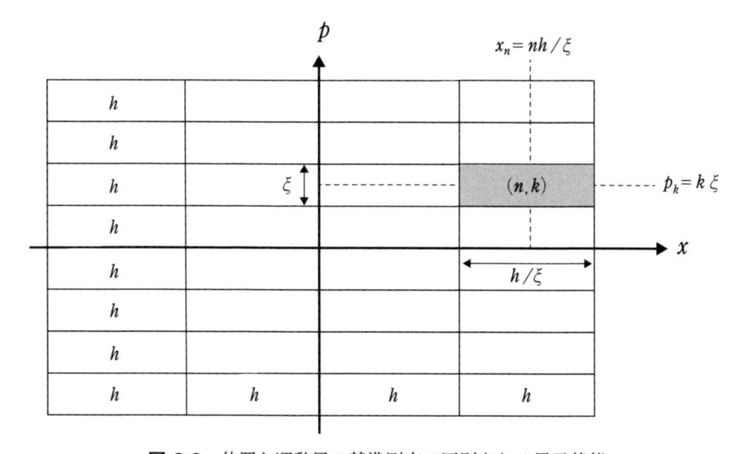

図 8.3 位置と運動量の基準測定で区別される量子状態

$$\Pr(p(\xi) = k\xi) = \sum_{n=-\infty}^{\infty} \Pr(n, k) \tag{8.69}$$

と計算される。すると (8.62) 式から、運動量表示での波動関数 $\tilde{\psi}(p) = \langle p|\psi\rangle$ を用いて

$$\Pr(p(\xi) = k\xi) = \int_{\left(k-\frac{1}{2}\right)\xi}^{\left(k+\frac{1}{2}\right)\xi} \left|\tilde{\psi}(p)\right|^2 dp \tag{8.70}$$

と評価できる（演習問題 (6)）。ここで ξ は各 $|n, k\rangle$ における運動量分布の幅である。そして (8.70) 式は $\xi \to 0$ 極限で $\Pr(p(\xi) = k\xi) \approx \left|\tilde{\psi}(k\xi)\right|^2 \xi$ となるため、$\left|\tilde{\psi}(p)\right|^2$ が運動量の確率密度であることが導かれる。つまり $\langle\psi|\psi\rangle = 1$ を満たす状態 $|\psi\rangle$ に対して、この基準測定は $\xi \to 0$ 極限で運動量の正確な測定と同じ働きをすることが示された。

また考えている量子状態での典型的な運動量の値に比べて ξ をずっと小さくすると、広い空間領域で $|x - x_n| \ll \frac{\hbar}{\xi}$ を満たせる。その領域では (8.67) 式から

$$u_{nk}(x) \approx \sqrt{\frac{\xi}{2\pi\hbar}} \exp\left(\frac{i}{\hbar} p_k x\right) \tag{8.71}$$

となる。つまり $u_{nk}(x)$ は運動量演算子 $\mathbf{p} = -i\hbar\frac{\partial}{\partial x}$ の固有関数である $u_{p_k}(x) = \frac{1}{\sqrt{2\pi\hbar}} \exp\left(\frac{i}{\hbar} p_k x\right)$ に比例するようになる。したがってこの基準測定の $\xi \to 0$ 極限は、測定後状態に関しても運動量の理想測定の性質を再現できる。ただし $u_{p_k}(x)$ とは異なり、$u_{nk}(x)$ は $\int_{-\infty}^{\infty} |u_{nk}(x)|^2 dx = 1$ という規格化条件をきちんと満たしていることは、この基準測定で強調すべき点である。

8.7.2 有限感度の運動量演算子

また M をカットオフとしての大きな正整数として、M で正則化された運動量演算子

$$\begin{aligned}\hat{p}_\xi(M) = \xi M \sum_{k=M}^{\infty} \sum_{n=-\infty}^{\infty} |n, k\rangle\langle n, k| + \xi \sum_{k=-M+1}^{M-1} k \sum_{n=-\infty}^{\infty} |n, k\rangle\langle n, k| \\ - \xi M \sum_{k=-\infty}^{-M} \sum_{n=-\infty}^{\infty} |n, k\rangle\langle n, k| \end{aligned} \tag{8.72}$$

を考えることもできる。$\hat{p}_\xi(M)$ の固有値は $-\xi M$ と $+\xi M$ の間の実数に限定

される[※96]。元の演算子 $\hat{p}(\xi)$ とは $\lim_{M\to\infty}\hat{p}_\xi(M)=\hat{p}(\xi)$ という極限の関係にある。なお $k\geq M$ の場合は全て $p_\xi(M)=\xi M$ と測定結果は表示され、また $k\leq -M$ のときは $p_\xi(M)=-\xi M$ と表示される。この $\hat{p}_\xi(M)$ は、現実の実験装置で測定値の感度領域が決まっている場合の運動量測定をモデル化している。

この $|n,k\rangle$ を使った基準測定で $p_\xi(M)$ を測るときに測定機が $p_\xi(M)=\xi M$ と表示した場合には、測定後状態は実際には $|n,k\rangle$ のどれか一つになっている。しかし $p_\xi(M)$ の理想測定を別な実験装置で実現する場合には、測定前に量子状態 $|\psi\rangle$ にあった粒子の測定後状態は、(7.22) 式から $\left(\sum_{k=M}^{\infty}\sum_{n=-\infty}^{\infty}|n,k\rangle\langle n,k|\right)|\psi\rangle$ に比例した単位状態ベクトルで表される。同様に $p_\xi(M)=-\xi M$ のときは $\left(\sum_{k=-\infty}^{-M}\sum_{n=-\infty}^{\infty}|n,k\rangle\langle n,k|\right)|\psi\rangle$ に比例した単位状態ベクトルで表される。

なお (8.71) 式の波動関数は、$\xi\to 0$ 極限で全空間に広がってしまうことを改善していない。第 10 章では、荷電粒子の運動量を、実際に行われている実験のように磁場をかけて測定する有限空間領域で実行可能な量子測定を紹介する。

8.7.3 位置の基準測定

運動量の場合と同様に、

$$v_{nk}(x)=\frac{1}{\sqrt{\epsilon}}\Theta\left(\frac{\epsilon}{2}-|x-n\epsilon|\right)\exp\left(-\frac{2\pi ki}{\epsilon}x\right) \tag{8.73}$$

という位置表示の波動関数を持つ基底ベクトルを用いれば、$n\epsilon$ を有限値 x_ϵ に固定しながらの $\epsilon\to 0$ と $|n|\to\infty$ の極限で位置の理想測定に漸近する基準測定も作れる。この基準測定では、$\langle\psi|\psi\rangle=1$ を満たす状態における波動関数 $\psi(x)=\langle x|\psi\rangle$ を使って、幅 ϵ で中心が $x=n\epsilon$ となる空間領域に粒子が見つかる確率が

$$\Pr(x=n\epsilon)=\sum_{k=-\infty}^{\infty}\Pr(n,k)=\int_{\left(n-\frac{1}{2}\right)\epsilon}^{\left(n+\frac{1}{2}\right)\epsilon}|\psi(x)|^2\,dx \tag{8.74}$$

※96 …… これは数学的には**有界作用素** (bounded operator) に分類される。一方、固有値の絶対値がいくらでも大きな固有状態を持つ $\hat{p}$ などは**非有界作用素** (unbounded operator) に分類される。

で与えられる。このため $\epsilon \to 0$ の極限では $\Pr(x = n\epsilon) \approx |\psi(x_\epsilon)|^2 \epsilon$ となり、$|\psi(x)|^2$ は粒子の位置の確率密度だとわかる。(8.74) 式の証明は演習問題 (6) と同様である。$v_{nk}(x)$ に対応する単位長さの状態ベクトルは

$$|\widetilde{n,k}\rangle = \int_{-\infty}^{\infty} v_{nk}(x)|x\rangle dx \tag{8.75}$$

で与えられ、またこの基準測定での位置測定に対応する演算子を

$$\hat{x}_\epsilon = \sum_{n=-\infty}^{\infty} \sum_{k=-\infty}^{\infty} n\epsilon|\widetilde{n,k}\rangle\langle\widetilde{n,k}| \tag{8.76}$$

で定義することも可能である。また (8.72) 式と対応して、大きな正整数 M をカットオフとした

$$\hat{x}_\epsilon(M) = \epsilon \sum_{n=-M+1}^{M-1} n \sum_{k=-\infty}^{\infty} |\widetilde{n,k}\rangle\langle\widetilde{n,k}| + \epsilon M \hat{P}_{out} \tag{8.77}$$

という n の有限領域にのみ感度がある現実的な位置演算子も作れる。ここで $\hat{P}_{out}$ は測定機の外に粒子がある状態への射影演算子であり、

$$\hat{P}_{out} = \sum_{n=M}^{\infty} \sum_{k=-\infty}^{\infty} |\widetilde{n,k}\rangle\langle\widetilde{n,k}| + \sum_{n=-\infty}^{-M} \sum_{k=-\infty}^{\infty} |\widetilde{n,k}\rangle\langle\widetilde{n,k}| \tag{8.78}$$

で定義されている。この測定機は $n \in [-M+1, M-1]$ の領域だけに位置測定の感度があり、測定機の中に粒子が見つからなかった場合は、測定結果は全て $x_\epsilon(M) = \epsilon M$ と表示される。$|\widetilde{n,k}\rangle$ を使った基準測定で $x_\epsilon(M)$ を測るときに測定機が $x_\epsilon(M) = \epsilon M$ と表示した場合には、測定後状態は $|\widetilde{n,k}\rangle$ のどれかになっている。しかし測定前に量子状態 $|\psi\rangle$ にあった粒子の $x_\epsilon(M)$ の理想測定を行って、$x_\epsilon(M) = \epsilon M$ という結果を得た場合には、その測定後状態は (7.22) 式から $\hat{P}_{out}|\psi\rangle$ に比例した単位状態ベクトルで表される。

ちなみに運動量測定で使った (8.67) 式でも、$x_n = \frac{2\pi\hbar}{\xi}n$ を有限にしながら $n \to \infty$ と $\xi \to \infty$ の極限をとると、その右辺にある $\sin\left(\frac{\xi}{2\hbar}\left(x - \frac{2\pi\hbar}{\xi}n\right)\right)/(x - \frac{2\pi\hbar}{\xi}n)$ という因子が (D.25) 式から $\pi\delta(x - x_n)$ となってデルタ関数に比例し、(8.67) 式は $x = x_n$ という空間点に局在した粒子の波動関数を表すことがわかる。これから位置測定機の幅を $2D = \frac{4\pi\hbar}{\xi}M$

として

$$\hat{x}'_{\xi}(M) = \sum_{n=-M+1}^{M-1} x_n \sum_{k=-\infty}^{\infty} |n,k\rangle\langle n,k| + D\left(\sum_{n=M}^{\infty}\sum_{k=-\infty}^{\infty}|n,k\rangle\langle n,k| + \sum_{n=-\infty}^{-M}\sum_{k=-\infty}^{\infty}|n,k\rangle\langle n,k|\right) \quad (8.79)$$

という、有限感度の位置測定に対応した別な有界な演算子も考えることができる※97。

8.8 粒子の不確定性関係

前にも述べたように $[\hat{x},\hat{p}] = i\hbar$ を満たす粒子の量子力学の場合には、位置と運動量の量子揺らぎに関するロバートソン不等式は、$\Delta x\Delta p \geq \frac{\hbar}{2}$ というアール・ケナード (Earle Kennard) によって示されていた**ケナード不等式** (Kennard inequality) と呼ばれるものになる。また測定に関する不確定性関係である小澤不等式は (7.28) 式になることを思い出しておこう。同様に位置と運動量の誤差に関する (7.29) 式の小澤不等式は

$$\varepsilon(x_A)\varepsilon(p_A) + \varepsilon(x_A)\Delta p_A + \Delta x_A \varepsilon(p_A) \geq \frac{\hbar}{2} \quad (8.80)$$

となる。ここで量子測定として興味深いのは、EPR の有名な量子力学への批判 [3] に関連した小澤不等式の側面である。二つの粒子 A と B を用意し、それらが

$$\Psi(x_A, x_B) = \int_{-\infty}^{\infty} \Delta_\epsilon(p_A + p_B) f(p_A - p_B) \exp\left(\frac{i}{\hbar}(p_A x_A + p_B x_B)\right) dp_A dp_B \quad (8.81)$$

という量子もつれ状態にあるとしよう。ここで $f(p_A - p_B)$ は相対運動量の分布を決める関数であり、$\Delta_\epsilon(p_A + p_B)$ は合成系の全運動量の分布を決める関数で、実数パラメータ ϵ を含んでいる。そして $\epsilon \to 0$ 極限では

※97 …素粒子の実験観測で使用される霧箱や泡箱実験は、実用上は粒子の位置と運動量の基準測定の一種とみなせる。

$\Delta_\epsilon (p_A+p_B) \to \delta(p_A+p_B)$ となるとしよう。つまり全運動量 p_A+p_B が零となることを意味する。この状態では、B 粒子の p_B を誤差なく測ることで、量子もつれの相関から $p_A=-p_B$ とわかってしまう。つまり $\varepsilon(p_A)=0$ を意味する。一方 A 粒子の x_A はこれとは独立に誤差なく測定できる※98。つまり A 粒子と量子もつれをする外部系としての B 粒子を用意すると、$\varepsilon(x_A)=\varepsilon(p_A)=0$ が極限として可能となっている。x_A も p_A も同時に誤差なく測れるのだから、A 粒子は位置と運動量の二つの属性を同時に持てるのではないかと、EPR は量子力学を批判した。しかし普通に量子揺らぎの Δx_A と Δp_A が有限ならば、$\varepsilon(x_A)=\varepsilon(p_A)=0$ となる測定は存在しないことを (8.80) 式の小澤不等式は示している。なお EPR が出した例は、$\Delta x_A=\Delta p_A=\infty$ となる特別な状態であり、そのため小澤不等式自体は満たされている。$\varepsilon(x_A)=\varepsilon(p_A)=0$ が厳密に成り立たない普通の多くの量子状態では、A 粒子に位置と運動量の二つの属性を同時に与えることはできないので、EPR の指摘は量子力学にとって打撃にはならない。ただし EPR 論文自体は、量子もつれの概念を初めて提出した歴史的論文として、近年高く評価されている。

SUMMARY

まとめ

N 準位系の量子力学の $N\to\infty$ 極限において、粒子の運動量演算子 $\hat{p}$ と位置演算子 $\hat{x}$ の固有値は連続的になるため、それぞれの厳密な理想測定は存在しない。代わりに (8.62) 式や (8.73) 式で定義される基準測定が存在し、それぞれは $\xi\to 0$ と $\epsilon\to 0$ の極限において $\hat{p}$ と $\hat{x}$ の理想測定の機能を果たす。$\langle\psi|\psi\rangle=1$ を満たす量子状態 $|\psi\rangle$ では、(8.45) 式を満たす運動量演算子の固有ベクトル $|p\rangle$ を用いて定義される $\tilde{\psi}(p)=\langle p|\psi\rangle$ という運動量表示の波動関数を使って、運動量観測の確率密度は $\left|\tilde{\psi}(p)\right|^2$ と計算される。同様に (8.23) 式を満たす位置演算子の固有ベクトル $|x\rangle$ を用いて定義される $\psi(x)=\langle x|\psi\rangle$ という位置表示の波動関数を使って、位置観測の確率密度は $|\psi(x)|^2$ と計算される。

※98 …アインシュタインらは、$f(p_A-p_B)$ を $\delta(p_A-p_B)$ に比例させる極限で、$\epsilon(x_A)=0$ と $\epsilon(p_A)=0$ が同時に実現できると考えていた。

EXERCISES

演習問題

問 1 (8.19) 式と $[\hat{x}, \hat{p}] = i\hbar$ から (8.20) 式を示せ。

解 $\hat{U}_p(x_o)^\dagger \hat{x}\hat{U}_p(x_o) = \exp\left(\frac{ix_o}{\hbar}\hat{p}\right)\hat{x}\exp\left(-\frac{ix_o}{\hbar}\hat{p}\right)$ を x_o で微分すると

$$\frac{d}{dx_o}\left(\hat{U}_p(x_o)^\dagger \hat{x}\hat{U}_p(x_o)\right) = -\frac{i}{\hbar}\exp\left(\frac{ix_o}{\hbar}\hat{p}\right)(\hat{x}\hat{p} - \hat{p}\hat{x})\exp\left(-\frac{ix_o}{\hbar}\hat{p}\right) = \hat{I} \tag{8.82}$$

が成り立つ。これを x_o で積分すると積分定数としての演算子を $\hat{c}$ として $\hat{U}_p(x_o)^\dagger \hat{x}\hat{U}_p(x_o) = x_o\hat{I} + \hat{c} = x_o + \hat{c}$ となる。そしてこの両辺で $x_o = 0$ ととると、$\hat{c} = \hat{x}$ であることが課せられるので、(8.20) 式が示された。

問 2 (8.33) 式の一般解は (8.34) 式で与えられることを示せ。

解 (D.11) 式のフーリエ変換を u 座標に関して、$uf(u,v) = i\hbar\delta(u)$ の両辺に施すと

$$\frac{1}{\sqrt{2\pi}}\int_{-\infty}^{\infty} uf(u,v)e^{-iku}du = \frac{i\hbar}{\sqrt{2\pi}}\int_{-\infty}^{\infty}\delta(u)e^{-iku}du = \frac{i\hbar}{\sqrt{2\pi}} \tag{8.83}$$

となる。また $\int_{-\infty}^{\infty} uf(u,v)e^{-iku}du = i\frac{\partial}{\partial k}\int_{-\infty}^{\infty} f(u,v)e^{-iku}du$ から $F(k,v) = \frac{1}{\sqrt{2\pi}}\int_{-\infty}^{\infty} f(u,v)e^{-iku}du$ に対して

$$\frac{\partial}{\partial k}F(k,v) = \frac{\hbar}{\sqrt{2\pi}} \tag{8.84}$$

が要求される。この両辺を k で積分し、その k 積分の定数として、任意の v の関数 $\tilde{A}(v)/\sqrt{2\pi}$ を加えると

$$F(k,v) = \frac{\hbar k}{\sqrt{2\pi}} + \frac{\tilde{A}(v)}{\sqrt{2\pi}} \tag{8.85}$$

を得る。これに (D.12) 式の逆フーリエ変換をすると、(D.23) 式のデルタ関数の性質から

$$\begin{aligned} f(u,v) &= \frac{1}{\sqrt{2\pi}}\int_{-\infty}^{\infty} F(k,v)e^{iku}dk = \frac{\hbar}{2\pi}\int_{-\infty}^{\infty} ke^{iku}dk + \frac{\tilde{A}(v)}{2\pi}\int_{-\infty}^{\infty} e^{iku}dk \\ &= \left(-i\hbar\frac{\partial}{\partial u} + \tilde{A}(v)\right)\frac{1}{2\pi}\int_{-\infty}^{\infty} e^{iku}dk = \left(-i\hbar\frac{\partial}{\partial u} + \tilde{A}(v)\right)\delta(u) \end{aligned} \tag{8.86}$$

が導かれて、(8.34) 式を得る。

問 3 (8.62) 式から (8.64) 式を示せ。

解 まず $k \neq k'$ ならば、被積分関数の $\tilde{u}^*_{nk}(p)$ と $\tilde{u}_{n'k'}(p)$ にはオーバーラップがないため、積分は零になる。$k = k'$ のとき $n \neq n'$ ならば

$$
\begin{aligned}
&\int_{-\infty}^{\infty} \tilde{u}^*_{nk}(p)\tilde{u}_{n'k}(p)dp \\
&= \frac{1}{\xi}\int_{\left(k-\frac{1}{2}\right)\xi}^{\left(k+\frac{1}{2}\right)\xi} \exp\left(\frac{2\pi(n-n')i}{\xi}p\right)dp \\
&= \frac{1}{2\pi(n-n')i}\left(\exp\left(2\pi i(n-n')\left(k+\frac{1}{2}\right)\right)-\exp\left(2\pi i(n-n')\left(k-\frac{1}{2}\right)\right)\right) \\
&= \frac{\exp(-\pi i(n-n'))}{2\pi(n-n')i}\left(\exp(2\pi i(n-n')(k+1))-\exp(2\pi i(n-n')k)\right)=0
\end{aligned}
\tag{8.87}
$$

となる。そして $k = k'$ のとき $n = n'$ ならば $\int_{-\infty}^{\infty} \tilde{u}^*_{nk}(p)\tilde{u}_{nk}(p)dp = \frac{1}{\xi}\int_{\left(k-\frac{1}{2}\right)\xi}^{\left(k+\frac{1}{2}\right)\xi} dp = 1$ となる。

問 4 (8.62) 式から (8.65) 式を示せ。

解 離散的フーリエ変換の (D.10) 式から

$$
\sum_{n=-\infty}^{\infty} \exp\left(-\frac{2\pi in}{\xi}(p-p')\right) = \xi\sum_{l=-\infty}^{\infty} \delta(p-p'-l\xi) \tag{8.88}
$$

という関係が一般に成り立つ。これを用いると

$$
\begin{aligned}
&\sum_{nk} \tilde{u}_{nk}(p)\tilde{u}_{nk}(p')^* \\
&= \frac{1}{\xi}\sum_{k}\Theta\left(\frac{\xi}{2}-|p-k\xi|\right)\Theta\left(\frac{\xi}{2}-|p'-k\xi|\right)\sum_{n}\exp\left(-in\frac{2\pi}{\xi}(p-p')\right) \\
&= \sum_{k}\Theta\left(\frac{\xi}{2}-|p-k\xi|\right)\Theta\left(\frac{\xi}{2}-|p'-k\xi|\right)\sum_{l}\delta(p-p'-l\xi) \\
&= \delta(p-p')
\end{aligned}
\tag{8.89}
$$

と示される。最後の変形では、$\Theta\left(\frac{\xi}{2}-|p-k\xi|\right)$ は p の中心値が $k\xi$ で幅 ξ の領域だけで非零の値をとることを思い出すと示せる。例えば $p-$

$p' = \xi$ のときには、$\Theta\left(\frac{\xi}{2} - |p - k\xi|\right)\Theta\left(\frac{\xi}{2} - |p' - k\xi|\right) = \Theta\left(\frac{\xi}{2} - |p - k\xi|\right)$ $\Theta\left(\frac{\xi}{2} - |p - (k+1)\xi|\right) = 0$ となるので、$\Theta\left(\frac{\xi}{2} - |p - k\xi|\right)\Theta\left(\frac{\xi}{2} - |p' - k\xi|\right)$ $\delta(p - p' - \xi)$ の寄与は残らない。

問 5 (8.62) 式から (8.67) 式を示せ。

解 (8.62) 式のフーリエ変換を計算すると以下のようになる。

$$
\begin{aligned}
u_{nk}(x) &= \frac{1}{\sqrt{2\pi\xi\hbar}} \int_{\left(k-\frac{1}{2}\right)\xi}^{\left(k+\frac{1}{2}\right)\xi} \exp\left(\frac{ip}{\hbar}\left(x - \frac{2\pi\hbar n}{\xi}\right)\right) dp \\
&= \frac{-i\hbar}{\sqrt{2\pi\xi\hbar}} \left[\frac{\exp\left(\frac{ip}{\hbar}\left(x - \frac{2\pi\hbar n}{\xi}\right)\right)}{\left(x - \frac{2\pi\hbar n}{\xi}\right)}\right]_{\left(k-\frac{1}{2}\right)\xi}^{\left(k+\frac{1}{2}\right)\xi} \\
&= \frac{-i\hbar}{\sqrt{2\pi\xi\hbar}} \frac{\exp\left(\frac{i}{\hbar}\left(k+\frac{1}{2}\right)\xi\left(x - \frac{2\pi\hbar n}{\xi}\right)\right) - \exp\left(\frac{i}{\hbar}\left(k-\frac{1}{2}\right)\xi\left(x - \frac{2\pi\hbar n}{\xi}\right)\right)}{x - \frac{2\pi\hbar n}{\xi}} \\
&= \sqrt{\frac{2\hbar}{\pi\xi}} \frac{\sin\left(\frac{\xi}{2\hbar}\left(x - \frac{2\pi\hbar}{\xi}n\right)\right)}{x - \frac{2\pi\hbar}{\xi}n} \exp\left(\frac{i\xi}{\hbar}k\left(x - \frac{2\pi\hbar}{\xi}n\right)\right) \\
&= \sqrt{\frac{2\hbar}{\pi\xi}} \frac{\sin\left(\frac{\xi}{2\hbar}\left(x - \frac{2\pi\hbar}{\xi}n\right)\right)}{x - \frac{2\pi\hbar}{\xi}n} \exp\left(\frac{i\xi}{\hbar}kx\right).
\end{aligned}
\tag{8.90}
$$

問 6 (8.62) 式から (8.70) 式を示せ。

解

$$
\begin{aligned}
&\Pr(p = k\xi) \\
&\quad = \sum_{n=-\infty}^{\infty} \left|\int_{-\infty}^{\infty} \tilde{u}_{nk}(p)^* \tilde{\psi}(p) dp\right|^2 \\
&\quad = \frac{1}{\xi} \int_{\left(k-\frac{1}{2}\right)\xi}^{\left(k+\frac{1}{2}\right)\xi} dp \int_{\left(k-\frac{1}{2}\right)\xi}^{\left(k+\frac{1}{2}\right)\xi} d\bar{p} \tilde{\psi}(\bar{p})^* \tilde{\psi}(p) \sum_{n=-\infty}^{\infty} \exp\left(\frac{2\pi n i}{\xi}(p - \bar{p})\right) \\
&\quad = \int_{\left(k-\frac{1}{2}\right)\xi}^{\left(k+\frac{1}{2}\right)\xi} dp \int_{\left(k-\frac{1}{2}\right)\xi}^{\left(k+\frac{1}{2}\right)\xi} d\bar{p} \tilde{\psi}(\bar{p})^* \tilde{\psi}(p) \sum_{l=-\infty}^{\infty} \delta(p - \bar{p} + l\xi) \\
&\quad = \int_{\left(k-\frac{1}{2}\right)\xi}^{\left(k+\frac{1}{2}\right)\xi} dp \int_{\left(k-\frac{1}{2}\right)\xi}^{\left(k+\frac{1}{2}\right)\xi} d\bar{p} \tilde{\psi}(\bar{p})^* \tilde{\psi}(p) \delta(p - \bar{p})
\end{aligned}
$$

$$
= \int_{\left(k-\frac{1}{2}\right)\xi}^{\left(k+\frac{1}{2}\right)\xi} \left|\tilde{\psi}(p)\right|^2 dp. \tag{8.91}
$$

REFERENCES

参考文献

[1] 並木美喜雄，位田正邦，豊田利幸，江沢洋，湯川秀樹，『現代物理学の基礎 4 量子力学 II』（岩波書店，1978）．

[2] 新井朝雄，『量子現象の数理』（朝倉書店，2006）．

[3] A. Einstein, B. Podolsky, and N. Rosen, *Physical Review* **47** (10), 777 (1935).

第9章

量子調和振動子

9.1 ハミルトニアン

ここでは粒子を表す具体的なモデルを作ってみよう。粒子の運動を見越して、その質量 m と、運動の速さを特徴づける角振動数の単位（つまり時間の逆数の単位）を持つ ω というパラメータを導入する。このとき $\hbar\omega$ はエネルギーの単位を持つため、$\hat{a}^\dagger$ と $\hat{a}$ から作られて、かつエネルギー固有値が下限を持つ最も簡単な

$$\hat{H} = \frac{\hbar\omega}{2}(\hat{a}^\dagger\hat{a} + \hat{a}\hat{a}^\dagger) = \hbar\omega\left(\hat{a}^\dagger\hat{a} + \frac{1}{2}\right) \tag{9.1}$$

というハミルトニアンを考えることができる※99。これは下で説明するように、その性質から量子的な調和振動子を記述するモデルだとわかる。$\hat{H}$ の固有値は (8.8) 式から n を非負の整数として

$$E_n = \hbar\omega\left(n + \frac{1}{2}\right) \tag{9.2}$$

という離散値で与えられる。ここで $\omega = 1\,\mathrm{sec}^{-1}$ という日常生活で出てくる値を仮にとれば、$\hbar\omega$ はおよそ 1.05×10^{-34} J という極めて小さなエネルギー量になる。したがって、n を 1 増やしたときのエネルギー増分 $\hbar\omega$ も、極めて小さい。つまりエネルギー値 E_n の離散性は、$n \gg 1$ の**古典領域** (classical

※99……エネルギー固有値に下限があることは、系が熱平衡に達するという熱力学的な安定性から要求される。例えば $\hat{a}^\dagger + \hat{a}$ というエルミート演算子は位置演算子に比例するため、その固有値は下限も上限も持たない。$\hat{a}^\dagger$ と $\hat{a}$ の 2 次関数で $\hat{H}$ を作る場合、固有値に下限があるのは、$\hat{a}^\dagger$ と $\hat{a}$ の線形和で作られる生成消滅演算子 $\hat{a}'^\dagger$ と $\hat{a}'$ に対する数演算子 $\hat{a}'^\dagger\hat{a}'$ を正定数倍し、それに定数を加えた形になることが知られている。(9.1) 式は、定数を除いて $\hat{a}^\dagger$ と $\hat{a}$ の 2 次関数で書ける最も一般的な $\hat{H}$ の形を与えている。また (9.1) 式で $\hat{H}$ に加えられている ω に依存した正の定数は最低エネルギーを意味し、零点エネルギーと呼ばれる。

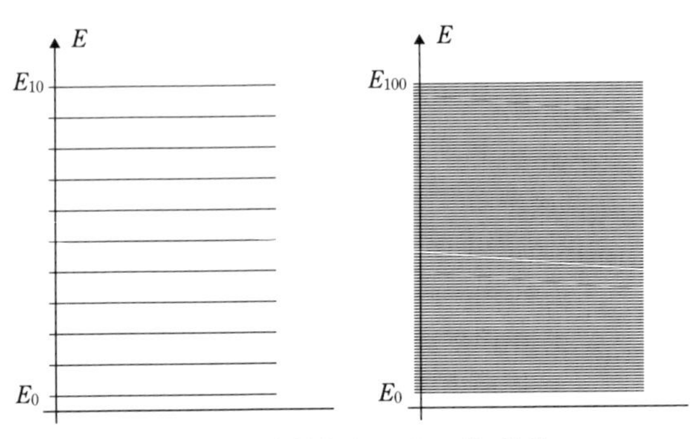

図 9.1 調和振動子のエネルギー準位

regime) では $(\hbar\omega)/E_n$ が小さいため、無視できるようになる※100。図 9.1 の左図は、エネルギーの離散性が無視できない $n = 10$ までのエネルギー準位を描いてある。右図は $n = 100$ までのエネルギー準位を図示しており、エネルギー差 $\hbar\omega$ は目立たなくなっている。

E_n に対応する固有状態は、$\hat{a}|0\rangle = 0$ を満たす $|0\rangle$ を使って、(8.4) 式の $|n\rangle$ で与えられる。ここで重要なのは

$$L = \sqrt{\frac{\hbar}{m\omega}} \tag{9.3}$$

という定数が長さの単位を持つ点である。この L を用いて (8.16) 式の位置演算子 $\hat{x}$ と運動量演算子 $\hat{p}$ が自然に定義できる。(8.17) 式を (9.1) 式に代入して (8.18) 式を使うと

$$\hat{H} = \frac{1}{2m}\hat{p}^2 + \frac{m\omega^2}{2}\hat{x}^2 \tag{9.4}$$

というハミルトニアンが出てくる※101。この $\hat{H}$ が調和振動子の運動を記述することは、位置と運動量のハイゼンベルグ演算子

$$\hat{x}_H(t) = \exp\left(\frac{it}{\hbar}\hat{H}\right)\hat{x}\exp\left(-\frac{it}{\hbar}\hat{H}\right),\ \hat{p}_H(t) = \exp\left(\frac{it}{\hbar}\hat{H}\right)\hat{p}\exp\left(-\frac{it}{\hbar}\hat{H}\right) \tag{9.5}$$

※100‥換算プランク定数 $\hbar$ は自然定数なので、その値が小さいのではなく、古典領域の状態にある系の作用やエネルギーの値が大きすぎるのである。これは自然定数である光速度 c が大きいのではなく、古典領域の状態にある物体の速さが小さいのと同様。ちなみに $\hbar = c = 1$ とする単位系を自然単位系と呼ぶ。

※101‥$\hat{x}\hat{p}$ と $\hat{p}\hat{x}$ は等しくないことに注意。(8.18) 式を用いて計算をする。

に対する、(6.36) 式のハイゼンベルグ方程式を考えればわかる。ここで位置と運動量のハイゼンベルグ演算子が $[\hat{x}_H(t), \hat{p}_H(t)] = \exp\left(\frac{it}{\hbar}\hat{H}\right)[\hat{x}, \hat{p}]\exp\left(-\frac{it}{\hbar}\hat{H}\right) = i\hbar$ を満たすことと、$\hat{H} = \exp\left(\frac{it}{\hbar}\hat{H}\right)\hat{H}\exp\left(-\frac{it}{\hbar}\hat{H}\right) = \frac{1}{2m}\hat{p}_H(t)^2 + \frac{m\omega^2}{2}\hat{x}_H(t)^2$ を使うと計算が楽にできる。また一般に交換関係に対して $\left[\hat{A}\hat{B}, \hat{C}\right] = \hat{A}\left[\hat{B}, \hat{C}\right] + \left[\hat{A}, \hat{C}\right]\hat{B}$ と $\left[\hat{A}, \hat{B}\hat{C}\right] = \hat{B}\left[\hat{A}, \hat{C}\right] + \left[\hat{A}, \hat{B}\right]\hat{C}$ が成り立つため、$\left[\hat{x}_H(t), \hat{p}_H(t)^2\right] = [\hat{x}_H(t), \hat{p}_H(t)\hat{p}_H(t)] = \hat{p}_H(t)[\hat{x}_H(t), \hat{p}_H(t)] + [\hat{x}_H(t), \hat{p}_H(t)]\hat{p}_H(t) = 2i\hbar\hat{p}_H(t)$ という変形も可能となる。これらを使うと

$$\frac{d}{dt}\hat{x}_H(t) = \frac{1}{m}\hat{p}_H(t),\ \frac{d}{dt}\hat{p}_H(t) = -m\omega^2\hat{x}_H(t) \tag{9.6}$$

が示される。これは調和振動子の古典的な運動方程式と同じ形をしている。初期状態を $|\psi\rangle$ としたときの位置と運動量の期待値は $\langle\psi|\hat{x}_H(t)|\psi\rangle, \langle\psi|\hat{p}_H(t)|\psi\rangle$ となり、古典的な調和振動子の運動方程式の解と一致する[※102]。このことから (9.4) 式のハミルトニアンの理論は、量子的な調和振動子を定義している。

この量子的な調和振動子は、多くの複雑な量子系に弱い線形的刺激を与えたときの普遍的な振る舞いを記述する重要な系であるため、その応用も幅広い。最低エネルギー状態を**基底状態** (ground state) と一般に呼ぶが、今の調和振動子の場合は $n = 0$ の $|0\rangle$ が基底状態であり、その固有値は $\frac{1}{2}\hbar\omega$ となって非零になっている。古典論では零であった最低エネルギー値は、量子揺らぎの Δx と Δp のケナード不等式の効果で、$E_0 = \frac{1}{2}\hbar\omega$ へとかさ上げされる (演習問題 (1) 参照)。この $\frac{1}{2}\hbar\omega$ は、**零点エネルギー** (zero-point energy) と呼ばれる[※103]。

※102‥なお一般のポテンシャル $V(x)$ の中を運動する粒子の場合、位置と運動量の期待値は古典力学の運動方程式を満たさない。これは $\langle\psi|V'(\hat{x}(t))|\psi\rangle$ が一般には $V'(\langle\psi|\hat{x}(t)|\psi\rangle)$ と一致しないためである。古典的な運動を量子力学から再現するには、ある時間領域でマクロな古典状態を記述する特定の量子状態 $|\psi\rangle$ を選ぶ必要がある。

※103‥ω が時間変化したり、外部パラメータに依存する場合には、零点エネルギーの差が物理的な効果として観測されることがある。例えば真空中に置かれた 2 枚の鏡が互いに引き合うカシミール効果も、電磁場の零点エネルギーによって説明される。

9.2 シュレディンガー方程式の位置表示

(8.41) 式を使うとシュレディンガー方程式

$$i\hbar\frac{d}{dt}|\psi(t)\rangle = \left(\frac{1}{2m}\hat{p}^2 + \frac{m\omega^2}{2}\hat{x}^2\right)|\psi(t)\rangle \tag{9.7}$$

の位置表示が可能になる。まず波動関数 $\psi(t,x) = \langle x|\psi(t)\rangle$ に対して

$$i\hbar\frac{\partial}{\partial t}\psi(t,x) = \int_{-\infty}^{\infty}dx'\int_{-\infty}^{\infty}dx''\frac{1}{2m}\langle x|\hat{p}|x''\rangle\langle x''|\hat{p}|x'\rangle\psi(t,x') + \frac{m\omega^2}{2}x^2\psi(t,x) \tag{9.8}$$

という関係式が導かれる。ここで $\langle x|\hat{p}|x'\rangle = -i\hbar\frac{\partial}{\partial x}\delta(x-x')$ を代入すると

$$i\hbar\frac{\partial}{\partial t}\psi(t,x) = \left(-\frac{\hbar^2}{2m}\frac{\partial^2}{\partial x^2} + \frac{m\omega^2}{2}x^2\right)\psi(t,x) \tag{9.9}$$

を得る。ハミルトニアン $\hat{H}$ の位置表示を $\mathbf{H} = \frac{1}{2m}\mathbf{p}^2 + \frac{m\omega^2}{2}\mathbf{x}^2$ で定義すれば、これは

$$i\hbar\frac{\partial}{\partial t}\psi(t,x) = \mathbf{H}\psi(t,x) \tag{9.10}$$

とも書かれる。

また $\omega \to 0$ 極限で、自由粒子のシュレディンガー方程式

$$i\hbar\frac{\partial}{\partial t}\psi(t,x) = -\frac{\hbar^2}{2m}\frac{\partial^2}{\partial x^2}\psi(t,x) \tag{9.11}$$

が導かれる。

9.3 伝播関数

ここでは任意の初期状態から出発する系の時間発展を、積分形で簡単に求められる方法を紹介しよう。x' を定数としたときに、シュレディンガー方程式

$$i\hbar\frac{\partial}{\partial t}K(t;x,x') = \mathbf{H}K(t;x,x') = \left(-\frac{\hbar^2}{2m}\frac{\partial^2}{\partial x^2} + \frac{m\omega^2}{2}x^2\right)K(t;x,x') \tag{9.12}$$

の解となる関数 $K\left(t;x,x'\right)$ が $K\left(0;x,x'\right)=\delta\left(x-x'\right)$ という初期条件を満たす場合に、$K\left(t;x,x'\right)$ は**伝播関数** (propagator) と呼ばれ、ブラケット表示では $\langle x|\exp(-\frac{it}{\hbar}\hat{H})|x'\rangle$ で与えられる。なお $G\left(t;x,x'\right)=\frac{1}{i\hbar}\Theta(t)K\left(t;x,x'\right)$ は $\left(i\hbar\frac{\partial}{\partial t}-\mathbf{H}\right)G\left(t;x,x'\right)=\delta\left(t\right)\delta\left(x-x'\right)$ を満たし、遅延グリーン関数と呼ばれる※104。時刻 $t=0$ に粒子が $\psi(x)$ という波動関数の量子状態にあるとしよう。その後 (9.9) 式のシュレディンガー方程式に従って量子状態は時間発展する。時刻 t における波動関数は伝播関数を使って

$$\psi(t,x)=\int_{-\infty}^{\infty}K(t;x,x')\psi(x')dx' \tag{9.13}$$

と計算できる（演習問題 (2)）。この $K(t;x,x')$ の具体形は

$$K\left(t;x,x'\right)=\sqrt{\frac{m\omega}{2\pi i\hbar\sin(\omega t)}}\exp\left[\frac{im\omega}{2\hbar\sin(\omega t)}\left(\left(x^2+x'^2\right)\cos(\omega t)-2xx'\right)\right] \tag{9.14}$$

で与えられることが示される。まず (9.14) 式を代入すれば (9.12) 式が成り立つことが確認できる（演習問題 (3)）。また $\omega t=\epsilon\to 0$ という極限を考えると、$\cos(\omega t)\to 1,\sin(\omega t)\to\epsilon\to 0$ となることから、

$$\lim_{\epsilon\to 0}\sqrt{\frac{1}{\pi i\epsilon}}\exp\left(i\frac{x^2}{\epsilon}\right)=\delta(x) \tag{9.15}$$

というデルタ関数の公式を使って、$K\left(0;x,x'\right)=\delta\left(x-x'\right)$ も確認できる。ここで (9.15) 式を確認するには、以下のようにすればよい。まず ϵ が正の場合は、$x=\sqrt{\epsilon}X$ という変数変換を使うことで、滑らかな関数 $f(x)$ に対して

$$\begin{aligned}\lim_{\epsilon\to+0}\sqrt{\frac{1}{\pi i\epsilon}}\int_{-\infty}^{\infty}\exp\left(i\frac{x^2}{\epsilon}\right)f(x)dx&=\sqrt{\frac{1}{\pi i}}\int_{-\infty}^{\infty}\exp\left(iX^2\right)\lim_{\epsilon\to+0}f(\sqrt{\epsilon}X)dX\\&=f(0)\sqrt{\frac{1}{\pi i}}\int_{-\infty}^{\infty}\exp\left(iX^2\right)dX\end{aligned}$$

が示される。そしてフレネル積分（複素ガウス積分）

$$\sqrt{\frac{1}{\pi i}}\int_{-\infty}^{\infty}\exp\left(iX^2\right)dX=1 \tag{9.16}$$

※104‥この遅延グリーン関数は非相対論的な粒子系のファインマン則を使った摂動論において多用される。

を使うと (9.15) 式が得られる。同様に ϵ が負の場合は、$\epsilon = -|\epsilon|$ として $x = \sqrt{|\epsilon|}X$ という積分変数変換を考えて、(9.16) 式の複素共役をとった公式を使えば示せる。

なお自由粒子の伝播関数は $K(t;x,x')$ の $\omega \to 0$ 極限で

$$K_0(t;x,x') = \sqrt{\frac{m}{2\pi i\hbar t}} \exp\left(\frac{im}{2\hbar t}(x-x')^2\right) \tag{9.17}$$

と得られる。

EXERCISES

演習問題

問 1 ケナード不等式（位置と運動量のロバートソン不等式）を用いて、調和振動子の基底状態のエネルギーが量子揺らぎで理解できることを述べよ。

解 量子揺らぎが小さいほどエネルギーは下がるので、ケナード不等式の下限 $\Delta x \Delta p = \frac{\hbar}{2}$ を満たす量子揺らぎ Δx と Δp を考えよう。Δp を Δx の関数とみなすとエネルギーも

$$E(\Delta x) = \frac{1}{2m}\Delta p^2 + \frac{m\omega^2}{2}\Delta x^2 = \frac{1}{2m}\left(\frac{\hbar}{2\Delta x}\right)^2 + \frac{m\omega^2}{2}\Delta x^2 \tag{9.18}$$

という Δx の関数になる。この $E(\Delta x)$ は $\Delta x_o = \sqrt{\frac{\hbar}{2m\omega}}$ で最低値 $E(\Delta x_o) = \frac{1}{2}\hbar\omega$ をとり、これは零点エネルギーと一致している。なおこの議論から示せるのは、零点エネルギーが $\hbar\omega$ 程度であることだけで、$\frac{1}{2}$ という係数まで正確に一致したのは偶然である。

問 2 $K(0;x,x') = \delta(x-x')$ という初期条件とシュレディンガー方程式

$$i\hbar\frac{\partial}{\partial t}K(t;x,x') = \mathbf{H}K(t;x,x') \tag{9.19}$$

を満たす伝播関数 $K(t;x,x')$ を用いると、任意の波動関数の時間発展は

$$\psi(t,x) = \int_{-\infty}^{\infty} K(t;x,x')\psi(x')dx' \tag{9.20}$$

で与えられることを示せ。

解 **H** の線形性から

$$i\hbar\frac{\partial}{\partial t}\psi(t,x) = \int_{-\infty}^{\infty} i\hbar\frac{\partial}{\partial t}K\left(t;x,x'\right)\psi(x')dx'$$
$$= \int_{-\infty}^{\infty} \mathbf{H}K\left(t;x,x'\right)\psi(x')dx' = \mathbf{H}\psi(t,x). \tag{9.21}$$

また

$$\psi(0,x) = \int_{-\infty}^{\infty} K(0;x,x')\psi(x')dx' = \int_{-\infty}^{\infty} \delta\left(x-x'\right)\psi(x')dx' = \psi(x) \tag{9.22}$$

も確認できる。

問 3 (9.14) 式の調和振動子の伝播関数が (9.12) 式のシュレディンガー方程式を満たすことを直接代入で示せ。

解 (9.12) 式の左辺は

$$\begin{aligned}
&i\hbar\frac{\partial}{\partial t}K\left(t;x,x'\right)\\
&=\left(i\hbar\frac{\partial}{\partial t}\sqrt{\frac{m\omega}{2\pi i\hbar\sin(\omega t)}}\right)\exp\left[\frac{im\omega}{2\hbar\sin(\omega t)}\left(\left(x^2+x'^2\right)\cos(\omega t)-2xx'\right)\right]\\
&+\sqrt{\frac{m\omega}{2\pi i\hbar\sin(\omega t)}}i\hbar\frac{\partial}{\partial t}\exp\left[\frac{im\omega}{2\hbar\sin(\omega t)}\left(\left(x^2+x'^2\right)\cos(\omega t)-2xx'\right)\right]\\
&=\left(i\hbar\frac{\partial}{\partial t}\ln\sqrt{\frac{m\omega}{2\pi i\hbar\sin(\omega t)}}\right)K\left(t;x,x'\right)\\
&+\left(\frac{m\omega^2}{2\sin^2(\omega t)}\left(\left(x^2+x'^2\right)-2xx'\cos(\omega t)\right)\right)K\left(t;x,x'\right)\\
&=\left(-\frac{i\hbar\omega}{2}\frac{\cos(\omega t)}{\sin(\omega t)}+\frac{m\omega^2}{2\sin^2(\omega t)}\left(\left(x^2+x'^2\right)-2xx'\cos(\omega t)\right)\right)K\left(t;x,x'\right)
\end{aligned} \tag{9.23}$$

と計算される。一方、右辺は

$$\begin{aligned}
&\left(-\frac{\hbar^2}{2m}\frac{\partial^2}{\partial x^2}+\frac{m\omega^2}{2}x^2\right)K\left(t;x,x'\right)\\
&=\sqrt{\frac{m\omega}{2\pi i\hbar\sin(\omega t)}}\left(-\frac{\hbar^2}{2m}\frac{\partial^2}{\partial x^2}\right)\exp\left[\frac{im\omega}{2\hbar\sin(\omega t)}\left(\left(x^2+x'^2\right)\cos(\omega t)-2xx'\right)\right]\\
&\quad+\frac{m\omega^2}{2}x^2K\left(t;x,x'\right)
\end{aligned}$$

$$
\begin{aligned}
&= -\frac{\hbar^2}{2m}\left(\left(\frac{im\omega}{\hbar\sin(\omega t)}(x\cos(\omega t)-x')\right)^2 + \frac{im\omega\cos(\omega t)}{\hbar\sin(\omega t)}\right)K(t;x,x') \\
&\quad + \frac{m\omega^2}{2}x^2 K(t;x,x') \\
&= \left(\frac{m\omega^2}{2\sin^2(\omega t)}\left(x^2+x'^2-2xx'\cos(\omega t)\right) - \frac{i\hbar\omega}{2}\frac{\cos(\omega t)}{\sin(\omega t)}\right)K(t;x,x')
\end{aligned}
$$

と計算され、確かに一致することがわかる。

第 10 章

磁場中の荷電粒子

10.1 調和振動子から磁場中の荷電粒子へ

磁場中の荷電粒子の量子力学は、質量 m と角振動数 ω を持つ二つの調和振動子を考え、テンソル積を使ってその合成系の状態空間を構成することで得られる。以下では一つ目の調和振動子に対して一組の昇降演算子 $\hat{a}^\dagger, \hat{a}$ を考え、二つ目の調和振動子に対してもう一つの昇降演算子の組である $\hat{b}^\dagger, \hat{b}$ を考える。そして合成系の基底状態は $|g\rangle = |0\rangle|0\rangle$ と書こう。また $\hat{a}^\dagger \otimes \hat{I}$ という演算子を以降ではテンソル積および $\hat{I}$ を略して、単に $\hat{a}^\dagger$ と表記する。同様に $\hat{I} \otimes \hat{b}^\dagger$ は $\hat{b}^\dagger$ と略記しよう。それぞれの調和振動子の数演算子 $\hat{N}_a = \hat{a}^\dagger\hat{a}, \hat{N}_b = \hat{b}^\dagger\hat{b}$ の固有値が n_a, n_b となる同時固有状態は、(8.4) 式から

$$|n_a, n_b\rangle = \frac{1}{\sqrt{n_a! n_b!}} \left(\hat{a}^\dagger\right)^{n_a} \left(\hat{b}^\dagger\right)^{n_b} |g\rangle \tag{10.1}$$

と書かれる。これにより一次元空間の二つの調和振動子から、二次元空間の一つの調和振動子が作られる。

以下ではこの二次元空間内で座標変換をするために、二つの座標系が必要となる。そのため最初は大文字で各座標変数を書こう。最初の調和振動子の演算子から二次元平面内の X 軸方向の位置演算子 $\hat{X} = \sqrt{\frac{\hbar}{2m\omega}} \left(\hat{a} + \hat{a}^\dagger\right)$ とその運動量演算子 $\hat{P}_X = \frac{1}{i}\sqrt{\frac{\hbar m\omega}{2}} \left(\hat{a} - \hat{a}^\dagger\right)$ を定義しよう。同様に他方の調和振動子の演算子から、Y 軸方向の位置演算子 $\hat{Y} = \sqrt{\frac{\hbar}{2m\omega}} \left(\hat{b} + \hat{b}^\dagger\right)$ とその運動量演算子 $\hat{P}_Y = \frac{1}{i}\sqrt{\frac{\hbar m\omega}{2}} \left(\hat{b} - \hat{b}^\dagger\right)$ を定義する。すると二つの調和振動子のハミルトニアンの和は、

$$\hat{H} = \hbar\omega \left(\hat{a}^\dagger\hat{a} + \frac{1}{2}\right) + \hbar\omega \left(\hat{b}^\dagger\hat{b} + \frac{1}{2}\right) = \frac{1}{2m} \left(\hat{P}_X^2 + \hat{P}_Y^2\right) + \frac{m\omega^2}{2} \left(\hat{X}^2 + \hat{Y}^2\right) \tag{10.2}$$

のように二次元空間の一つの調和振動子のハミルトニアンに一致する。

また $\left[\hat{X},\hat{Y}\right]=0$ から、$\hat{X},\hat{Y}$ には同時固有ベクトル $|X,Y\rangle$ が存在する。これを用いて、時刻 T における二次元調和振動子の量子状態 $|\Psi(T)\rangle$ に対する位置表示の波動関数は $\Psi(T,X,Y)=\langle X,Y|\Psi(T)\rangle$ で与えられる。そのシュレディンガー方程式は

$$i\hbar\frac{\partial}{\partial T}\Psi(T,X,Y)=\left(-\frac{\hbar^2}{2m}\left(\frac{\partial^2}{\partial X^2}+\frac{\partial^2}{\partial Y^2}\right)+\frac{1}{2}m\omega^2\left(X^2+Y^2\right)\right)\Psi(T,X,Y) \tag{10.3}$$

となる。この方程式を

$$T=t, \tag{10.4}$$

$$\begin{pmatrix} X \\ Y \end{pmatrix}=\begin{pmatrix} \cos(\omega t) & \sin(\omega t) \\ -\sin(\omega t) & \cos(\omega t) \end{pmatrix}\begin{pmatrix} x \\ y \end{pmatrix} \tag{10.5}$$

という回転座標から見ると、c を光速度として $\omega=\frac{eB}{2mc}$ と置けば、$\psi(t,x,y)=\Psi(T,X,Y)$ で定義される波動関数は

$$i\hbar\frac{\partial}{\partial t}\psi(t,x,y)=\left(\frac{1}{2m}\left(-i\hbar\frac{\partial}{\partial x}-\frac{eB}{2c}y\right)^2+\frac{1}{2m}\left(-i\hbar\frac{\partial}{\partial y}+\frac{eB}{2c}x\right)^2\right)\psi(t,x,y) \tag{10.6}$$

というシュレディンガー方程式を満たす。なおこの証明では、時間に依存した回転座標系であることを忘れずに、$\frac{\partial}{\partial T}=\frac{\partial t}{\partial T}\frac{\partial}{\partial t}+\frac{\partial x}{\partial T}\frac{\partial}{\partial x}+\frac{\partial y}{\partial T}\frac{\partial}{\partial y}$ の各項を計算することが大切である。また $\frac{\partial t}{\partial T}=1$ である。(10.5) 式を x,y について解いて出てくる

$$\begin{pmatrix} x \\ y \end{pmatrix}=\begin{pmatrix} \cos(\omega T) & -\sin(\omega T) \\ \sin(\omega T) & \cos(\omega T) \end{pmatrix}\begin{pmatrix} X \\ Y \end{pmatrix} \tag{10.7}$$

という関係式の両辺を T で微分すると

$$\begin{aligned}
\begin{pmatrix} \frac{\partial x}{\partial T} \\ \frac{\partial y}{\partial T} \end{pmatrix}&=-\omega\begin{pmatrix} \sin(\omega T) & \cos(\omega T) \\ -\cos(\omega T) & \sin(\omega T) \end{pmatrix}\begin{pmatrix} X \\ Y \end{pmatrix} \\
&=-\omega\begin{pmatrix} \sin(\omega t) & \cos(\omega t) \\ -\cos(\omega t) & \sin(\omega t) \end{pmatrix}\begin{pmatrix} \cos(\omega t) & \sin(\omega t) \\ -\sin(\omega t) & \cos(\omega t) \end{pmatrix}\begin{pmatrix} x \\ y \end{pmatrix}
\end{aligned}$$

$$= \begin{pmatrix} -\omega y \\ \omega x \end{pmatrix} \tag{10.8}$$

が得られる。この結果を用いると、(10.6) 式は示される。また

$$A_x(x,y) = -\frac{B}{2}y,\ A_y(x,y) = \frac{B}{2}x \tag{10.9}$$

と置くと、(10.6) 式のハミルトニアンは

$$\mathbf{H} = \frac{1}{2m}\left(\mathbf{p}_x + \frac{e}{c}A_x(\mathbf{x},\mathbf{y})\right)^2 + \frac{1}{2m}\left(\mathbf{p}_y + \frac{e}{c}A_y(\mathbf{x},\mathbf{y})\right)^2 \tag{10.10}$$

と書ける。また一般の実関数 $A_x(t,x,y)$、$A_y(t,x,y)$、$A_t(t,x,y)$ を使って (10.10) 式を拡張した量子力学のハミルトニアン

$$\mathbf{H} = \frac{1}{2m}\left(\mathbf{p}_x + \frac{e}{c}A_x(t,\mathbf{x},\mathbf{y})\right)^2 + \frac{1}{2m}\left(\mathbf{p}_y + \frac{e}{c}A_y(t,\mathbf{x},\mathbf{y})\right)^2 + \frac{e}{c}A_t(t,\mathbf{x},\mathbf{y}) \tag{10.11}$$

は、電磁ポテンシャル中を運動する電荷 e を持った荷電粒子の古典力学のハミルトニアンと同じ形になっている。(10.11) 式の右辺に $\frac{1}{2m}\left(\mathbf{p}_z + \frac{e}{c}A_z\right)^2$ も加えれば、三次元空間中の荷電粒子のハミルトニアンへの拡張も自然にできる。(10.9) 式の電磁ポテンシャルから、(10.6) 式は $\frac{\partial A_y}{\partial x} - \frac{\partial A_x}{\partial y} = B$ という一様磁場の中を運動する荷電粒子のハミルトニアンになっている。

(10.10) 式に対応するハミルトニアン $\hat{H}$ から導かれるハイゼンベルグ方程式は

$$\hat{x}_H(t) = \frac{\hat{x}}{2} - \frac{\hat{p}_y}{m\omega_c} + \left(\frac{\hat{x}}{2} + \frac{\hat{p}_y}{m\omega_c}\right)\cos(\omega_c t) - \left(\frac{\hat{y}}{2} - \frac{\hat{p}_x}{m\omega_c}\right)\sin(\omega_c t), \tag{10.12}$$

$$\hat{y}_H(t) = \frac{\hat{y}}{2} + \frac{\hat{p}_x}{m\omega_c} + \left(\frac{\hat{x}}{2} + \frac{\hat{p}_y}{m\omega_c}\right)\sin(\omega_c t) + \left(\frac{\hat{y}}{2} - \frac{\hat{p}_x}{m\omega_c}\right)\cos(\omega_c t), \tag{10.13}$$

$$\hat{p}_{xH}(t) = \frac{\hat{p}_x}{2} + \frac{m\omega_c\hat{y}}{4} + \left(\frac{\hat{p}_x}{2} - \frac{m\omega_c\hat{y}}{4}\right)\cos(\omega_c t) - \left(\frac{\hat{p}_y}{2} + \frac{m\omega_c\hat{x}}{4}\right)\sin(\omega_c t), \tag{10.14}$$

$$\hat{p}_{yH}(t) = \frac{\hat{p}_y}{2} - \frac{m\omega_c\hat{x}}{4} + \left(\frac{\hat{p}_x}{2} - \frac{m\omega_c\hat{y}}{4}\right)\sin(\omega_c t) + \left(\frac{\hat{p}_y}{2} + \frac{m\omega_c\hat{x}}{4}\right)\cos(\omega_c t) \tag{10.15}$$

と解かれる (演習問題 (1))。この解は角振動数 ω_c の等速円運動に一致している。この ω_c は $\frac{eB}{mc}$ に等しく、ω の二倍である。ω_c は**サイクロトロン角振動数** (cyclotron angular frequency) と呼ばれる。またこの系のエネルギー準位は全てエネルギー差 $\hbar\omega_c$ の離散準位となり、**ランダウ準位** (Landau level) と呼ばれる。この名はレフ・ランダウ (Lev Landau, 1908–1968) に由来する。

なお $\hat{p}_x, \hat{p}_y$ は磁場中の正準運動量演算子なので、質量 × 速度に対応する運動量演算子とは異なる。時刻 $t = 0$ において、それらは $m\frac{d}{dt}\hat{x}_H(0) = \hat{p}_x - \frac{eB}{2c}\hat{y}$ と $m\frac{d}{dt}\hat{y}_H(0) = \hat{p}_y + \frac{eB}{2c}\hat{x}$ という関係で結ばれている。また $m\frac{d}{dt}\hat{x}_H(0), m\frac{d}{dt}\hat{y}_H(0)$ は $\left[m\frac{d}{dt}\hat{x}_H(0), m\frac{d}{dt}\hat{y}_H(0)\right] = -i\frac{e}{c}B\hbar$ となって磁場中では非可換であるが、$\hat{p}_x, \hat{p}_y$ は $[\hat{p}_x, \hat{p}_y] = 0$ となって可換である。

ここで面白いのは、時刻 $t = t_c = \pi/\omega_c$ において

$$\hat{x}_H(t_c) = -\frac{2}{m\omega_c}\hat{p}_y, \quad \hat{y}_H(t_c) = \frac{2}{m\omega_c}\hat{p}_x \tag{10.16}$$

という関係が現れる点である。つまり $t = 0$ での正準運動量の値は、時刻 $t = t_c$ の位置を測定すれば得られることがわかる。古典力学でも、z 軸方向に磁場 B をかけた xy 平面内に運動量 mv を持って入射する荷電粒子は直径 $\frac{2v}{\omega_c}$ の円を描く。その粒子の位置を測定して、その円の直径を測れば、粒子の運動量の大きさが評価できた。同様に量子力学でも、磁場を使って有限空間領域での運動量測定が構成できることを (10.16) 式は意味している。それを以下で見てみよう。

10.2 伝播関数

時刻 T での (10.4) 式 ∼(10.5) 式で定義される座標変換と、時刻 $T = 0$ での $X' = x', Y' = y'$ という恒等変換を、(9.14) 式の伝播関数から作られる二次元調和振動子の伝播関数

$$K(T; X, Y, X', Y')$$

$$= \frac{m\omega}{2\pi i\hbar\sin(\omega T)}$$

$$\times \exp\left[\frac{im\omega}{2\hbar\sin(\omega T)}\left(\left(X^2+X'^2+Y^2+Y'^2\right)\cos(\omega T)-2\left(XX'+YY'\right)\right)\right] \tag{10.17}$$

に施すと、

$$\begin{aligned}&K_B\left(t;x,y,x',y'\right)\\&=\frac{eB}{4\pi i\hbar c\sin\left(\frac{eB}{2mc}t\right)}\\&\times\exp\left[\frac{ieB}{4\hbar c\sin\left(\frac{eB}{2mc}t\right)}\left(\left(x^2+x'^2+y^2+y'^2\right)\cos\left(\frac{eB}{2mc}t\right)\right.\right.\\&\left.\left.\qquad-2\left(x,y\right)\begin{pmatrix}\cos\left(\frac{eB}{2mc}t\right) & -\sin\left(\frac{eB}{2mc}t\right)\\ \sin\left(\frac{eB}{2mc}t\right) & \cos\left(\frac{eB}{2mc}t\right)\end{pmatrix}\begin{pmatrix}x'\\ y'\end{pmatrix}\right)\right]\end{aligned}$$

という一様磁場 B 中の荷電粒子の伝播関数が得られる。時刻 $t=0$ の波動関数が $\psi(x,y)$ であるとき、時刻 t の波動関数は

$$\psi(t,x,y)=\int_{-\infty}^{\infty}K_B\left(t;x,y,x',y'\right)\psi\left(x',y'\right)dx'dy' \tag{10.18}$$

で与えられる。特に時刻 $t=t_c=mc\pi/(eB)$ では $\cos\left(\frac{eB}{2mc}t_c\right)=0$ となるため、

$$\psi\left(t_c,x,y\right)=\frac{eB}{4\pi i\hbar c}\int_{-\infty}^{\infty}\exp\left(-\frac{ieB}{2\hbar c}\left(yx'-xy'\right)\right)\psi\left(x',y'\right)dx'dy' \tag{10.19}$$

という関係が成り立つ。すると (10.19) 式の伝播関数の積分は、時刻 $t=0$ の波動関数 $\psi(x,y)$ の二次元フーリエ変換

$$\tilde{\psi}\left(p_x,p_y\right)=\left(\frac{1}{\sqrt{2\pi\hbar}}\right)^2\int_{-\infty}^{\infty}\psi\left(x',y'\right)\exp\left(-\frac{i}{\hbar}\left(p_xx'+p_yy'\right)\right)dx'dy' \tag{10.20}$$

を使って、$\psi\left(t_c,x,y\right)=\frac{eB}{2ci}\tilde{\psi}\left(\frac{eBy}{2c},-\frac{eBx}{2c}\right)$ となる。この結果を $p_x=\frac{eB}{2c}y$, $p_y=-\frac{eB}{2c}x$ という引数の関数として書き換えると

$$\tilde{\psi}\left(p_x,p_y\right)=\frac{2ci}{eB}\psi\left(t_c,x=-\frac{2c}{eB}p_y,y=\frac{2c}{eB}p_x\right) \tag{10.21}$$

という関係が得られる。つまり時刻 $t=0$ の運動量表示の波動関数は、時刻

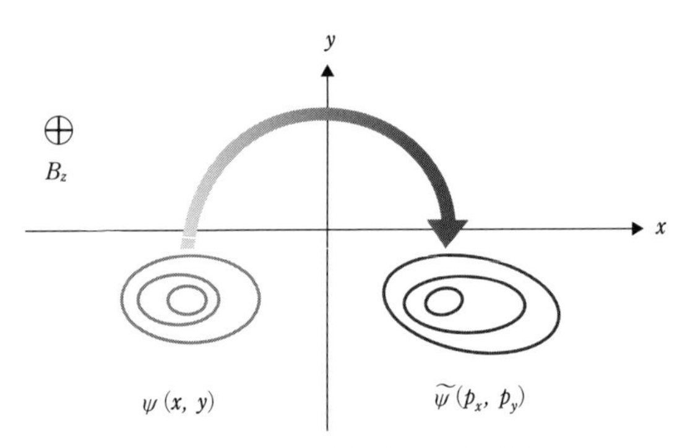

図 10.1　磁場中の荷電粒子の運動量測定

$t = t_c$ の位置表示の波動関数から求められる。これは、図 10.1 のように、磁場中の時間発展によって、$\psi(x, y)$ が運動量表示の波動関数 $\tilde{\psi}(p_x, p_y)$ に変換されることを意味している。

ここで $A_x(t, x, y) = -\frac{B\Theta(t)}{2}y$, $A_y(t, x, y) = \frac{B\Theta(t)}{2}x$ という電磁ポテンシャルの時間に依存した外場を考えよう。時刻 $t = 0$ 以前には磁場はなく、時刻 $t = 0$ 以降に一様磁場 B がかかる。電場は時刻 $t = 0$ においてデルタ関数的に瞬間にかかる。時刻 $t = -0$ に $\psi(x, y)$ が有限空間領域で局在している滑らかな波動関数だとしよう。外場の変化は一瞬で起きるため、時刻 $t = +0$ でも波動関数は取り残されて変化せずに $\psi(x, y)$ のままである※105。その後磁場中で時間発展して得られる $\psi(t_c, x, y)$ も、ある空間領域の外では急減少する波動関数となる。(10.21) 式から、時刻 $t = t_c$ に観測される粒子の位置確率密度分布 $|\psi(t = t_c, x, y)|^2$ を使って、元の時刻 $t = -0$ での状態での運動量分布は

$$\left|\tilde{\psi}(p_x, p_y)\right|^2 = \left(\frac{2c}{eB}\right)^2 \left|\psi\left(t = t_c, x = -\frac{2c}{eB}p_y, y = \frac{2c}{eB}p_x\right)\right|^2 \qquad (10.22)$$

と計測される。したがって正確な運動量測定が有限空間領域でも実行可能となる。なお $\tilde{\psi}(p_x, p_y)$ は磁場を入れる前の波動関数なので、p_x, p_y は磁場のない空間において質量 × 速度で与えられる普通の運動量に対応している。

※105‥波動関数は変わらないが、ハミルトニアンが瞬間に変わる。電磁ポテンシャルの時間依存性からデルタ関数的な電場 $E_x(t) = \frac{B}{2c}y\delta(t), E_y(t) = -\frac{B}{2c}x\delta(t)$ が生じて、その電場から粒子に余分な運動量とエネルギーが与えられることが解析からわかる。波動関数は変化しなくても、座標原点から遠い場所の荷電粒子ほど、この電場から瞬間に多くのエネルギーをもらう。

EXERCISES

演習問題

問 1 (10.10) 式のハミルトニアンからハイゼンベルグ方程式を作って、(10.12) 式 ~(10.15) 式がその解であることを確認せよ。

解 位置と運動量のハイゼンベルグ演算子は $[\hat{x}_H(t), \hat{p}_{xH}(t)] = \hat{U}^\dagger(t)\,[\hat{x}, \hat{p}_x]\,\hat{U}(t) = i\hbar$ および $[\hat{y}_H(t), \hat{p}_{yH}(t)] = \hat{U}^\dagger(t)\,[\hat{y}, \hat{p}_y]\,\hat{U}(t) = i\hbar$ を満たす。これ以外の $[\hat{x}_H(t), \hat{y}_H(t)]$ や $[\hat{x}_H(t), \hat{p}_{yH}(t)]$ などの交換関係は零になる。これらを使うと

$$\hat{H} = \hat{U}^\dagger(t)\hat{H}\hat{U}(t) = \frac{1}{2m}\left(\hat{p}_{xH}(t) - \frac{eB}{2c}\hat{y}_H(t)\right)^2 + \frac{1}{2m}\left(\hat{p}_{yH}(t) + \frac{eB}{2c}\hat{x}_H(t)\right)^2 \tag{10.23}$$

というハミルトニアンに対してのハイゼンベルグ方程式の具体形を求めることができる。一般に交換関係に対して $\left[\hat{A}\hat{B}, \hat{C}\right] = \hat{A}\left[\hat{B}, \hat{C}\right] + \left[\hat{A}, \hat{C}\right]\hat{B}$ と $\left[\hat{A}, \hat{B}\hat{C}\right] = \hat{B}\left[\hat{A}, \hat{C}\right] + \left[\hat{A}, \hat{B}\right]\hat{C}$ が成り立つため、例えば

$$\begin{aligned}
\frac{d}{dt}\hat{x}_H(t) &= \frac{1}{i\hbar}\left[\hat{x}_H(t), \hat{H}\right] = \frac{1}{2mi\hbar}\left[\hat{x}_H(t), \left(\hat{p}_{xH}(t) - \frac{eB}{2c}\hat{y}_H(t)\right)^2\right] \\
&= \frac{1}{2mi\hbar}\left(\hat{p}_{xH}(t) - \frac{eB}{2c}\hat{y}_H(t)\right)\left[\hat{x}_H(t), \hat{p}_{xH}(t) - \frac{eB}{2c}\hat{y}_H(t)\right] \\
&\quad + \frac{1}{2mi\hbar}\left[\hat{x}_H(t), \hat{p}_{xH}(t) - \frac{eB}{2c}\hat{y}_H(t)\right]\left(\hat{p}_{xH}(t) - \frac{eB}{2c}\hat{y}_H(t)\right) \\
&= \frac{1}{m}\left(\hat{p}_{xH}(t) - \frac{eB}{2c}\hat{y}_H(t)\right)
\end{aligned} \tag{10.24}$$

と計算できる。同様の計算で全てのハイゼンベルグ演算子の時間微分を計算すると、ハイゼンベルグ方程式はまとめて

$$\frac{d}{dt}\hat{x}_H(t) = \frac{1}{m}\left(\hat{p}_{xH}(t) - \frac{eB}{2c}\hat{y}_H(t)\right), \tag{10.25}$$

$$\frac{d}{dt}\hat{p}_{xH}(t) = -\frac{eB}{2mc}\left(\hat{p}_{yH}(t) + \frac{e}{2c}B\hat{x}_H(t)\right), \tag{10.26}$$

$$\frac{d}{dt}\hat{y}_H(t) = \frac{1}{m}\left(\hat{p}_{yH}(t) + \frac{eB}{2c}\hat{x}_H(t)\right), \tag{10.27}$$

$$\frac{d}{dt}\hat{p}_{yH}(t) = \frac{eB}{2mc}\left(\hat{p}_{xH}(t) - \frac{e}{2c}B\hat{y}_H(t)\right) \tag{10.28}$$

で与えられる。調和振動子と同様に、この場合もハイゼンベルグ方程式が古典力学の運動方程式と一致する例になっている。(10.12) 式 ~(10.15) 式を代入すると直接計算からこの方程式を満たすことがわかる。

第11章

粒子の量子的挙動

量子力学の法則に従う粒子は、古典力学で培われた直観に反する様々な振る舞いをする。ここではその代表的な例を紹介していこう。

11.1 自分自身と干渉する

量子的な粒子の振る舞いは、シュレディンガー方程式に従う波動関数によって支配されている。この方程式を解くと、その名の通り、波のように波動関数が非零の値をとる領域は時間とともに様々な空間方向へと広がっていく。穴の開いた壁を通過する場合も、波動関数は通過した壁の平行方向にも回折する現象がある。また二つの穴が開いた壁（二重スリット）に一つの粒子を通過させるときでも、両方のその穴から発せられた波が重なるような時間発展が波動関数に起こる。そのため壁を通過した粒子の位置をスクリーンで観測することを繰り返すと、図 11.1 にあるように干渉縞が見られる。この粒子実験における干渉縞の出現は、第 2 章 2.7 節の二準位スピン系の干渉効果のときと同様に、

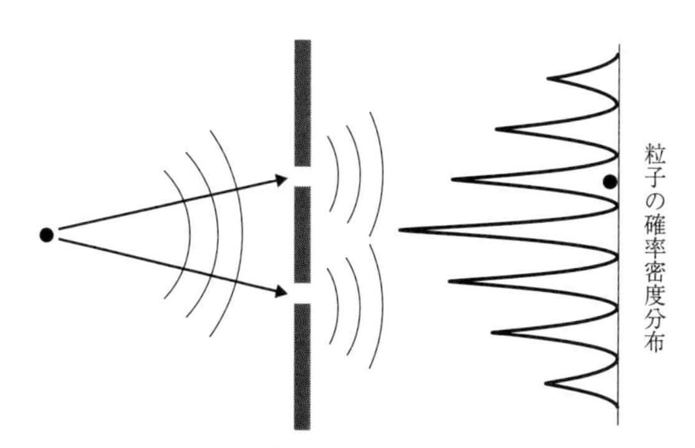

図 11.1 粒子が作る干渉縞の概念図

区別できる量子状態の線形重ね合わせがその起源である。ここで波動関数は確率分布の集合でしかないことを改めて思い出しておこう。物理的な実在としてのなんらかの波が空間を伝搬して、干渉縞を作っているわけではない。

11.2 電場や磁場に触れずとも感じる

電荷を持った荷電粒子は電場や磁場から力を受ける。しかし量子力学的な荷電粒子は、自分がいる場所に電場や磁場がなくても、離れた場所にかかる電場や磁場の影響を受ける。例えば図 11.2 のように、中心に磁束 Φ が通った長さ L のリングを考えよう。リングに磁場はかからない。そのリング上に束縛された電荷 q を持った粒子のリング方向への量子的自由運動を考察してみる。リング上の位置は x 座標で指定され、$x=0$ と $x=L$ は同一点を表す。

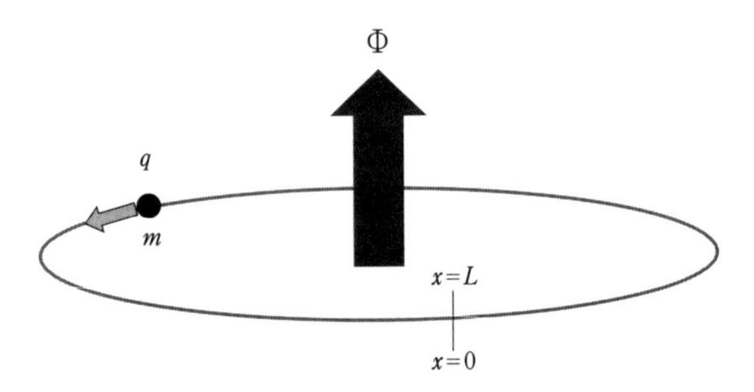

図 11.2 中心に磁束が通ったリングに拘束される荷電粒子

リング中心からの動径座標 r、リング周りの $\phi = 2\pi x/L$ という角度座標、そして縦方向の z 座標からなる円柱座標系で

$$(A_r, A_\phi, A_z) = \left(0, \frac{L}{2\pi}A(r), 0\right) \tag{11.1}$$

と書かれる電磁ポテンシャルを考えよう。なおこの電磁ポテンシャルは、直交座標系 $(X, Y, Z) = (r\cos\phi, r\sin\phi, z)$ では

$$(A_X, A_Y, A_Z) = \frac{L}{2\pi}A\left(\sqrt{X^2+Y^2}\right)\left(-\frac{Y}{X^2+Y^2}, \frac{X}{X^2+Y^2}, 0\right) \tag{11.2}$$

と書けている。この場合電場はなく、磁場も z 成分のみで、それは $B_Z(r) = \frac{L}{2\pi r}\frac{\partial A}{\partial r}(r)$ と計算される。r_B をリングの半径 $\frac{L}{2\pi}$ よりも小さい正実数とし、$r > r_B$ では $A(r)$ が定数 A になるとしよう。このときリング直上では $B_z(r) = 0$ となって、磁場は存在しない。このとき、磁場がリング中心に通す磁束 Φ は、ストークスの定理から $\Phi = \int \vec{B}\cdot d\vec{S} = \oint \vec{A}\cdot d\vec{x} = \int_0^{2\pi} A_\phi d\phi = AL$ と評価できる。

(8.35) 式のゲージ場 $A(x)$ が定数 $\frac{q}{c}A$ の場合、その一次元リングの上の自由粒子のハミルトニアン $\mathbf{H}$ は

$$\mathbf{H} = \frac{1}{2m}\left(-i\hbar\frac{\partial}{\partial x} + \frac{q}{c}A\right)^2 \tag{11.3}$$

と書ける※106。ここで c は光速度である。リング上の自由粒子の波動関数には

$$\psi(x+L) = \psi(x) \tag{11.4}$$

という**周期境界条件** (periodic boundary condition) が課せられる※107。この条件を満たし、かつ

$$\frac{1}{2m}\left(-i\hbar\frac{\partial}{\partial x} + \frac{q}{c}A\right)^2 u_n(x) = E_n u_n(x) \tag{11.5}$$

の解であるハミルトニアンの固有関数は、n を整数として

$$u_n(x) = \frac{1}{\sqrt{L}}\exp\left(2\pi ni\frac{x}{L}\right) \tag{11.6}$$

で与えられる。そして対応する固有値は

$$E_n = \frac{2\pi^2\hbar^2}{mL^2}\left(n + \frac{qL}{2\pi\hbar c}A\right)^2 = \frac{2\pi^2\hbar^2}{mL^2}\left(n + \frac{q\Phi}{hc}\right)^2 \tag{11.7}$$

となる。

※106‥三次元空間で実際に一次元リングを作る実験をする場合は、このハミルトニアンは飽くまで近似に過ぎない。例えばリングの断面や円周 L に依存した零点エネルギーも加わるし、またリングへ粒子を閉じ込めるポテンシャルの高さを超えたエネルギー固有値は観測されない。

※107‥三次元空間の中の一次元リングでは、閉じ込められた粒子のリング方向の運動量は三次元空間の軌道角運動量の一成分に比例する。このため自動的にリング中の粒子の波動関数は周期境界条件を満たすことがわかる。これについては第 12 章 12.5.3 節を参照。

(11.7) 式の値は定数 A に依存してしまっているが、エネルギー固有値は実験で測られる物理量なので、この結果は一見奇妙に思える。これは実数直線 $\mathcal{R}$ 上で定義された波動関数の場合とは異なり、リング上の波動関数に対してはゲージ変換で A を消すことはできないことが理由である。そしてその A はエネルギー固有値に影響を実際に与えているのである。

もう少し具体的に述べよう。(8.39) 式のゲージ変換

$$\tilde{u}_n(x) = u_n(x) \exp\left(\frac{iq}{\hbar c} A x\right) \tag{11.8}$$

で、(11.5) 式は A を含まない

$$\frac{1}{2m}\left(-i\hbar\frac{\partial}{\partial x}\right)^2 \tilde{u}_n(x) = E_n \tilde{u}_n(x) \tag{11.9}$$

という方程式に書けそうだから、E_n は A に依るべきではないという間違った答えを出しそうになる。しかし $A \neq 0$ ならば、特別な場合を除いて※108、(11.8) 式の $\tilde{u}_n(x)$ は (11.4) 式の周期境界条件を満たさず、そのため多価関数になってしまう。しかし空間自由度を記述する波動関数は一価でなければならない。したがって $A = 0$ にはできないのだ。

離れた場所の磁場が荷電粒子に影響を与える事実は、最初 (11.1) 式で与えられる磁場中の散乱の干渉実験の考察において理論的にヤキール・アハラノフ (Yakir Aharonov) とデビッド・ボームによって発見され、それは**アハラノフ＝ボーム効果**（AB 効果、Aharonov–Bohm effect）と呼ばれている [1]。ここでは離れた場所の磁場の効果を紹介したが、離れた場所の電場も同様に、量子的な荷電粒子に影響を与える [2]。

11.3　トンネル効果

量子的な粒子は、自分が持っているエネルギーよりも高いポテンシャル障

※108‥整数 m を用いて磁束 Φ が $m\,(hc/q)$ と書けるような A の場合には周期境界条件を満たすが、そのときエネルギー準位は $A = 0$ のときのものに一致するので、A の効果は粒子に現れない。なお参考として書いておくと、超伝導のクーパー対の場合は、素電荷を e として $q = 2e$ が成り立つ。磁束 Φ が $(hc/2e)$ の整数倍に等しいという条件を磁束の量子化と呼ぶ。

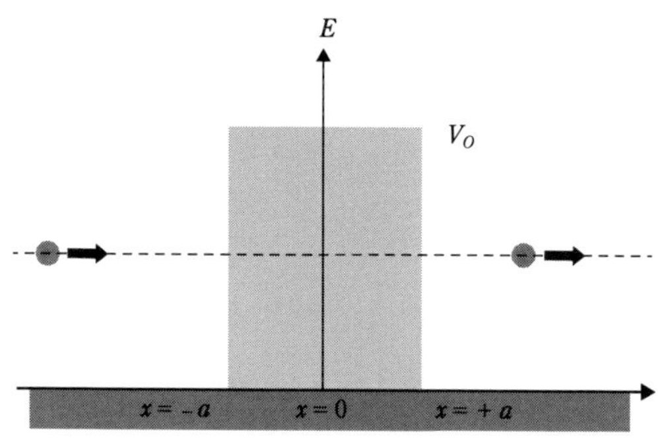

図 11.3 トンネル効果

壁を超えて、その向こう側にすり抜けることができる。これを**トンネル効果** (tunneling effect) と呼ぶ。ここではそれを図 11.3 のような一次元矩形ポテンシャル $V(x) = V_o\Theta(a - |x|)$ の散乱問題で見てみよう。

11.3.1 反射率と透過率

具体的な計算の前に、トンネル効果を特徴づける透過率を定義しておこう。まず一般的なポテンシャル項 $V(x)$ を含むシュレディンガー方程式

$$i\hbar\frac{\partial}{\partial t}\psi(t,x) = \left(\frac{1}{2m}\left(-i\hbar\frac{\partial}{\partial x}\right)^2 + V(x)\right)\psi(t,x) \tag{11.10}$$

を考えよう。この両辺に $\psi(t,x)$ の複素共役 $\psi^*(t,x)$ をかけると

$$i\hbar\psi^*(t,x)\frac{\partial\psi}{\partial t}(t,x) = -\frac{\hbar^2}{2m}\psi^*(t,x)\frac{\partial^2\psi}{\partial x^2}(t,x) + V(x)|\psi(t,x)|^2 \tag{11.11}$$

となる。この方程式の複素共役を作って、それを (11.11) 式から引き、さらに

$$\psi^*(t,x)\frac{\partial\psi}{\partial t}(t,x) + \frac{\partial\psi^*}{\partial t}(t,x)\psi(t,x) = \frac{\partial|\psi|^2}{\partial t}(t,x) \tag{11.12}$$

という関係と

$$\begin{aligned}&\psi^*(t,x)\frac{\partial^2\psi}{\partial x^2}(t,x) - \frac{\partial^2\psi^*}{\partial x^2}(t,x)\psi(t,x)\\&= \frac{\partial}{\partial x}\left(\psi^*(t,x)\frac{\partial\psi}{\partial x}(t,x) - \frac{\partial\psi^*}{\partial x}(t,x)\psi(t,x)\right)\end{aligned} \tag{11.13}$$

という計算を用いれば

$$\frac{\partial}{\partial t}\left|\psi\left(t,x\right)\right|^{2}+\frac{\partial}{\partial x}\operatorname{Re}\left(\psi^{*}\left(t,x\right)\frac{\mathbf{p}}{m}\psi\left(t,x\right)\right)=0 \tag{11.14}$$

が導かれる。この確率密度 $\left|\psi\left(t,x\right)\right|^{2}$ を用いると、(x_1, x_2) の空間領域に粒子が見つかる確率は $p_{(x_1,x_2)}(t)=\int_{x_1}^{x_2}\left|\psi\left(t,x\right)\right|^{2}dx$ と書ける。

次に V_o より小さなエネルギー期待値を持つ粒子が図 11.4 のように $x=-\infty$ から右へ走ってきて、ポテンシャルによって散乱される場合を考えよう。図 11.5 のように、確率 R で左方向に反射して $x=-\infty$ へと戻り、また主にトンネル効果のために※109、確率 T で粒子はポテンシャルの右側領域

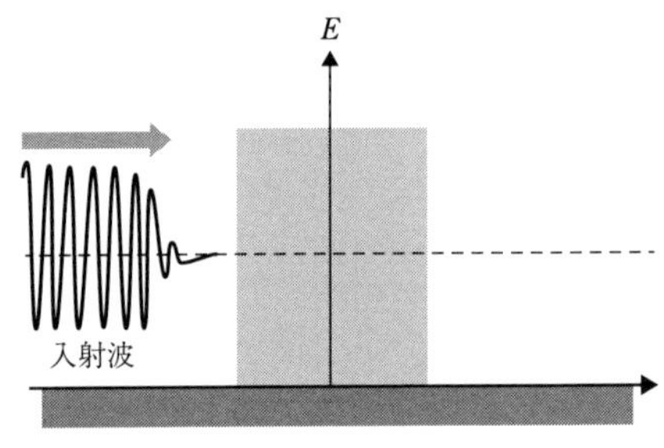

図 11.4 入射波の概念図

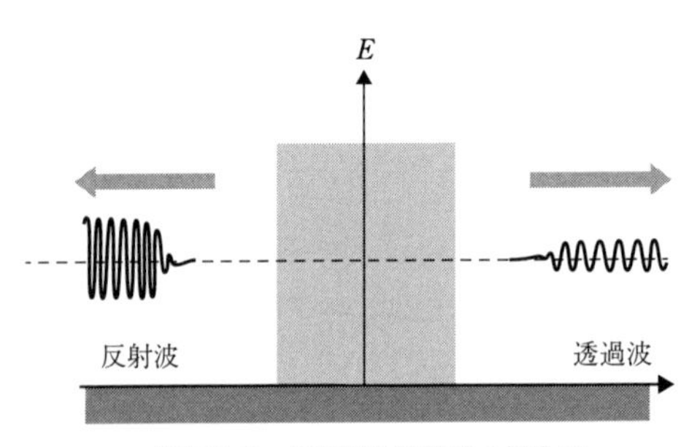

図 11.5 反射波と透過波の概念図

※109 ‥ 異なるエネルギーを持つ平面波の重ね合わせで波動関数が書けているため、この波束には V_o より大きなエネルギーを持つ粒子の平面波成分も若干含まれており、それはトンネル効果がなくても、ポテンシャル右側領域へと通過できる。入射粒子の波動関数を V_o より小さなエネルギー固有値のエネルギー固有関数へと漸近させる極限では、V_o より大きいエネルギーを持つ平面波成分は消える。

に出てきて、$x = +\infty$ と向かう。R は**反射率** (reflection rate) と呼ばれ、$R = p_{(-\infty,-a)}(t = +\infty)$ で定義される。また T は**透過率** (transmittance) と呼ばれ、$T = p_{(+a,+\infty)}(t = +\infty)$ で定義される。そして確率保存から $R + T = 1$ が成り立っている。

規格化されない波動関数を用いた定式化　ここまで波動関数 $\psi(t,x)$ は、いつでも $\int_{-\infty}^{\infty} |\psi(t,x)|^2 dx = 1$ という規格化条件を満たしていた。これは一つの粒子の実験を考えていることに相当する。実際の実験では、N 個の粒子の実験をひとまとめにして、それを大きな一つの実験とみなすこともできる。この場合、反射率と透過率は

$$R = \frac{Np_{(-\infty,-a)}(t = +\infty)}{N},\ T = \frac{Np_{(+a,+\infty)}(t = +\infty)}{N} \tag{11.15}$$

とも書ける。つまり N 個のうち平均 RN 個の粒子が左側領域に見つかり、平均 TN 個の粒子が右側領域に見つかる。このような状況では計算の簡略化のために、規格化された波動関数 $\psi(t,x)$ を使って

$$\Psi(t,x) = \sqrt{N}\psi(t,x) \tag{11.16}$$

という規格化されていない波動関数を導入することが多い。時刻 t に (x_1, x_2) の領域に入っている粒子数の期待値は、その領域に一つの粒子が入っている確率 $p_{(x_1,x_2)}(t)$ に全粒子 N をかけたもので定義されるので、

$$Np_{(x_1,x_2)}(t) = N\int_{x_1}^{x_2} |\psi|^2 dx = \int_{x_1}^{x_2} |\Psi|^2 dx \tag{11.17}$$

と計算される。また (11.14) 式から

$$\frac{\partial}{\partial t}|\Psi(t,x)|^2 + \frac{\partial}{\partial x}\mathrm{Re}\left(\Psi^*(t,x)\frac{\mathbf{p}}{m}\Psi(t,x)\right) = 0 \tag{11.18}$$

も成り立つ。ここで**確率流** (probability current, probability flux) と呼ばれる

$$\begin{aligned} J(t,x) &= \mathrm{Re}\left(\Psi^*(t,x)\frac{\mathbf{p}}{m}\Psi(t,x)\right) \\ &= -\frac{i\hbar}{2m}\left(\Psi^*(t,x)\frac{\partial\Psi}{\partial x}(t,x) - \frac{\partial\Psi^*}{\partial x}(t,x)\Psi(t,x)\right) \end{aligned} \tag{11.19}$$

という量は、(11.18) 式から

$$\frac{d}{dt}\left(Np_{(x_1,x_2)}(t)\right) = J(t,x_1) - J(t,x_2) \tag{11.20}$$

を満たすため、単位時間当たりに $x = x_1$ を通過して (x_1, x_2) の領域に入る粒子数が $J(t, x_1)$ であり、また単位時間当たりに $x = x_2$ を通過して (x_1, x_2) の領域の外に出る粒子数が $J(t, x_2)$ だと解釈できる。このような解釈を用いると、規格化できなかった $\Psi(x) = \frac{1}{\sqrt{2\pi\hbar}}\exp\left(\frac{i}{\hbar}px\right)$ という運動量の固有関数でさえ、単位時間当たり $J = \frac{1}{2\pi\hbar}\frac{p}{m}$ の個数の粒子が左から右へ流れている状態と解釈づけられる。なお $\frac{p}{m}$ は古典的には粒子の速度 v になっていることに注意すれば、粒子の流れとしての (11.19) 式の J の形は覚えやすいだろう。

入射粒子の運動量 p_{in} がほぼ決まっている場合には、ポテンシャル領域に入射平面波の確率流 J_I と、反射平面波の確率流 J_R の比で反射率が $R = |J_R/J_I|$ と計算できる。同様に透過率もトンネルして反対側に出てくる透過平面波の確率流 J_T を用いて、$T = |J_T/J_I|$ と書ける。以下では具体的な例でそれを見てみよう。

11.3.2 エネルギー固有関数とその導関数の連続性

ハミルトニアンの固有値方程式

$$\left(-\frac{\hbar^2}{2m}\frac{d^2}{dx^2} + V(x)\right)u_E(x) = Eu_E(x) \tag{11.21}$$

において、例えば $x = a$ でポテンシャル $V(x)$ が不連続でも、その寄与は (11.21) 式の左辺で波動関数の二階微分の不連続な寄与と打ち消しあうことで、$x = a$ でも連続な解 $u_E(x)$ を持てることが具体例からわかる。そして x の微分で得られる $\frac{du_E}{dx}(x)$ も $x = a$ で連続である。この導関数の連続性を確認するために、ϵ を正の実数として (11.21) 式の両辺を $[a-\epsilon, a+\epsilon]$ の区間で積分してみよう。$\epsilon \to 0$ 極限では $\int_{a-\epsilon}^{a+\epsilon} V(x)u_E(x)dx \to 0, \int_{a-\epsilon}^{a+\epsilon} Eu_E(x)dx \to 0$ となることから、$-\frac{\hbar^2}{2m}\left(\frac{du_E}{dx}(a+\epsilon) - \frac{du_E}{dx}(a-\epsilon)\right) \to 0$ が要求される。これから $\frac{du_E}{dx}(a+0) = \frac{du_E}{dx}(a-0)$ という連続性の条件が自然に出てくる。以下で考える矩形ポテンシャル問題でも、そのエネルギー固有関数と導関数の連続性を満たすことができる。

11.3.3 矩形ポテンシャル障壁による散乱

ここでは $V(x)=V_o\Theta(a-|x|)$ というポテンシャルにおけるハミルトニアンの固有値問題

$$\left(-\frac{\hbar^2}{2m}\frac{\partial^2}{\partial x^2}+V_o\Theta(a-|x|)\right)u_p(x)=\frac{p^2}{2m}u_p(x) \tag{11.22}$$

を解いてみる※110。特にトンネル効果を示す $\frac{p^2}{2m}<V_o$ の領域で解を探そう。

ポテンシャルが $V(-x)=V(x)$ を満たしているため、$u_p(x)$ が (11.22) 式の解ならば $u_p(-x)$ も解である※111。そして方程式の線形性から、固有関数は偶関数 $u_p^{(+)}(x)=u_p(x)+u_p(-x)$ または奇関数 $u_p^{(-)}(x)=-u_p(x)+u_p(-x)$ とすることができる。どちらの場合でも固有関数を右側の $0\le x<+\infty$ 領域だけを解けば、$x\to -x$ という空間反転で $-\infty<x\le 0$ の領域の固有関数は求まる。$a\le x<+\infty$ の領域ではポテンシャルがないため、全体を定数倍する自由度を除き、固有関数の一般形は複素係数 $C^{(\pm)}(p)$ を用いて

$$u_p^{(\pm)}(x)=\frac{1}{\sqrt{2\pi\hbar}}\exp\left(-i\frac{px}{\hbar}\right)+\frac{C^{(\pm)}(p)}{\sqrt{2\pi\hbar}}\exp\left(i\frac{px}{\hbar}\right) \tag{11.23}$$

で与えられる。ここで一般性を失わずに $p>0$ と置ける。この p を使うと、エネルギー固有値は $E=\frac{p^2}{2m}$ となる。また $-a\le x\le a$ の領域では、$\frac{p^2}{2m}<V_o$ から波動関数は振動型ではなく、指数関数型で、$u_p^{(\pm)}(-x)=\pm u_p^{(\pm)}(x)$ を満たす

$$u_p^{(\pm)}(x)=\frac{D^{(\pm)}(p)}{\sqrt{2\pi\hbar}}\left(\exp\left(\frac{qx}{\hbar}\right)\pm\exp\left(-\frac{qx}{\hbar}\right)\right) \tag{11.24}$$

という形になる。ここで q は $\sqrt{2mV_o-p^2}$ という x に依らない定数である。そして (11.23) 式と (11.24) 式において

$$\exp\left(-i\frac{pa}{\hbar}\right)+C^{(\pm)}(p)\exp\left(i\frac{pa}{\hbar}\right)=D^{(\pm)}(p)\left(\exp\left(\frac{qa}{\hbar}\right)\pm\exp\left(-\frac{qa}{\hbar}\right)\right) \tag{11.25}$$

が $x=a$ での固有関数の連続性から成り立つ。また $x=a$ での固有関数の導

※110‥ただし実験で実際に作れるポテンシャルは、$V(x)=\frac{1}{2}V_o(\tanh(\Lambda(a-|x|))+1)$ のように、微係数がどこでも有限な場合である。ここで Λ はその逆数が長さの単位を持つ実数である。そして $\Lambda\to\infty$ 極限で (11.22) 式のポテンシャルは再現される。考える粒子の運動量に比べて $h\Lambda/(2\pi)$ が十分に大きくなる場合の近似が、(11.22) 式のポテンシャルである。

※111‥このことは (11.22) 式で、$x\to -x$ と座標変換すれば示される。

関数の連続性からは

$$
\begin{aligned}
&-i\frac{p}{\hbar}\left(\exp\left(-i\frac{pa}{\hbar}\right)-C^{(\pm)}(p)\exp\left(i\frac{pa}{\hbar}\right)\right)\\
&=\frac{q}{\hbar}D^{(\pm)}(p)\left(\exp\left(\frac{qa}{\hbar}\right)\mp\exp\left(-\frac{qa}{\hbar}\right)\right)
\end{aligned}
\tag{11.26}
$$

という関係が得られる。(11.25) 式と (11.26) 式を連立して解くと、$C^{(\pm)}(p)$ という係数は

$$
C^{(\pm)}(p)=\frac{(p-iq)\exp\left(\frac{qa}{\hbar}\right)\pm(p+iq)\exp\left(-\frac{qa}{\hbar}\right)}{(p+iq)\exp\left(\frac{qa}{\hbar}\right)\pm(p-iq)\exp\left(-\frac{qa}{\hbar}\right)}\exp\left(-2i\frac{pa}{\hbar}\right) \tag{11.27}
$$

と求まる（演習問題 (2))。

ここで同じ固有値に対応する固有関数の線形重ね合わせも、同じ固有値の固有関数になることを思い出そう。したがって $u_p(x)=\frac{1}{2}\left(u_p^{(+)}(x)-u_p^{(-)}(x)\right)$ も $E=\frac{p^2}{2m}$ の固有関数である。また $A(p)=\frac{1}{2}\left(C^{(+)}(p)+C^{(-)}(p)\right)$ と置けば、$u_p^{(\pm)}(-x)=\pm u_p^{(\pm)}(x)$ と (11.26) 式から、$x<-a$ の領域での $u_p(x)$ は

$$
u_p(x)=\frac{1}{\sqrt{2\pi\hbar}}\exp\left(i\frac{px}{\hbar}\right)+A(p)\frac{1}{\sqrt{2\pi\hbar}}\exp\left(-i\frac{px}{\hbar}\right) \tag{11.28}
$$

と書かれる。右辺第一項は確率流が $J_I=\frac{1}{2\pi\hbar}\frac{p}{m}$ と計算される入射波と解釈できる。また右辺第二項は確率流が $J_R=-\frac{1}{2\pi\hbar}\frac{p}{m}|A(p)|^2$ となる反射波と解釈される。したがって反射率は

$$
R=|A(p)|^2=\frac{m^2V_o^2\sinh^2\left(\frac{2qa}{\hbar}\right)}{m^2V_o^2\sinh^2\left(\frac{2qa}{\hbar}\right)+p^2q^2} \tag{11.29}
$$

と計算される。

また $B(p)=\frac{1}{2}\left(C^{(+)}(p)-C^{(-)}(p)\right)$ と置けば、$x>a$ の領域では $u_p(x)$ は

$$
u_p(x)=B(p)\frac{1}{\sqrt{2\pi\hbar}}\exp\left(i\frac{px}{\hbar}\right) \tag{11.30}
$$

と書かれ、透過波と解釈される。この確率流は $J_T=\frac{1}{2\pi\hbar}\frac{p}{m}|B(p)|^2$ と計算される。これから透過率は

$$
T=|B(p)|^2=\frac{p^2q^2}{m^2V_o^2\sinh^2\left(\frac{2qa}{\hbar}\right)+p^2q^2} \tag{11.31}
$$

と計算される。この透過率は量子的な粒子のトンネル効果の大きさを定量化し

ている。なお右側から入射波がくる場合の固有関数 $u_{-p}(x)$ は $u_p(-x)$ で記述される。

ここで注意が必要なのは、ハミルトニアンの厳密な固有関数だと、粒子が左からきてポテンシャルと散乱するという時間発展は起きないということである。時間発展を起こすには、(8.62) 式のように有限運動量幅で (11.28) 式と (11.30) 式で与えられる固有関数の重ね合わせをして、ある空間領域に確率密度が集中してまとまる**波束** (wave packet) を作る必要がある。そして波束の運動量の揺らぎ幅を零にする極限をとることで、この波束は平面波に漸近し、その結果として (11.29) 式の反射率と (11.31) 式の透過率が得られている。

この散乱問題のハミルトニアンでも、異なる固有関数は互いに直交し、また固有関数全体は完全系を成している。正規直交条件は $\int_{-\infty}^{\infty} u_p^*(x)u_{p'}(x)dx = \delta(p-p')$ と表され、また完全性は $\int_{-\infty}^{\infty} u_p(x)u_p^*(x')dp = \delta(x-x')$ と表される。

11.4 ポテンシャル勾配による反射

古典力学ではポテンシャルより高い運動エネルギーを持っている粒子は、反射されることなく、ポテンシャル領域を通過して前進した。ところが量子的粒子はポテンシャル勾配があるだけでも反射が起きる。

例えば図 11.6 のような

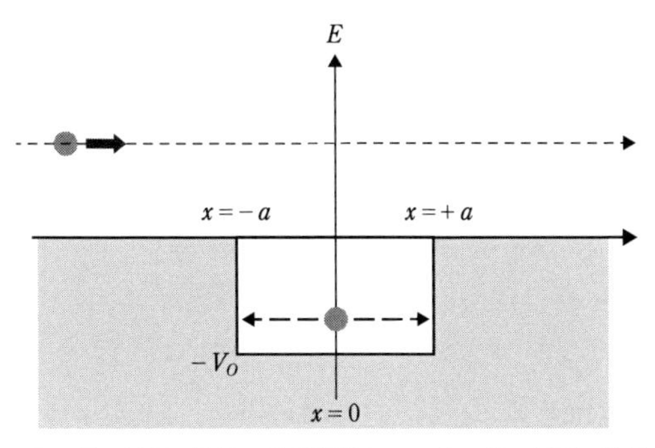

図 11.6 エネルギーが高い粒子の散乱状態と、エネルギーが低い粒子の束縛状態

$$V(x) = -V_o \Theta(a - |x|) \tag{11.32}$$

となる有限井戸型ポテンシャルで散乱問題を考えてみよう。この場合でも古典的粒子ならば反射は起きないが、量子的粒子では反射が起きる。ハミルトニアンの固有値方程式

$$\left(-\frac{\hbar^2}{2m}\frac{\partial^2}{\partial x^2} - V_o \Theta(a - |x|)\right) u_p^{(\pm)}(x) = \frac{p^2}{2m} u_p^{(\pm)}$$

の解は、(11.22) 式の解において $V_o \to -V_o$ として得られる。したがって (11.29) 式で $k = \sqrt{p^2 + 2\,mV_o}$ と $q = ik$ と置けば、反射率は

$$R = \frac{m^2 V_o^2 \sin^2\left(\frac{2ka}{\hbar}\right)}{m^2 V_o^2 \sin^2\left(\frac{2ka}{\hbar}\right) + p^2 k^2} \tag{11.33}$$

と求まる。この (11.33) 式は古典力学ではなかった反射の効果を示している。ただし n を 1 以上の整数としたときに $k = \frac{n\pi\hbar}{2a}$ が成り立つ場合は、$R = 0$ となる。これは $x = \pm a$ の二つの境界からくる反射波の寄与が、$x < -a$ の領域で干渉して打ち消しあうためである。また (11.31) 式で $k = \sqrt{p^2 + 2\,mV_o}$ と $q = ik$ と置けば、透過率は

$$T = \frac{p^2 k^2}{m^2 V_o^2 \sin^2\left(\frac{2ka}{\hbar}\right) + p^2 k^2} \tag{11.34}$$

と求まる。

11.5 離散的束縛状態

量子的な粒子がポテンシャルに束縛されると、そのエネルギー固有値は一般に離散的になる。それは波動関数の振動領域を有限空間に閉じ込めるため、エネルギーの値に直結する振幅の山と谷の数が整数個となる特別な条件が必要だからである。これを (11.32) 式の有限井戸型ポテンシャルの束縛状態を例として見てみよう。このポテンシャルでの束縛状態ではエネルギー固有値 E は負になる。そこでその固有値を $-\frac{\hbar^2\mu^2}{2m}$ と置いて、

$$\left(-\frac{\hbar^2}{2m}\frac{\partial^2}{\partial x^2} - V_o\Theta\left(a-|x|\right)\right)u_\mu^{(\pm)}(x) = -\frac{\hbar^2\mu^2}{2m}u_\mu^{(\pm)}(x) \tag{11.35}$$

というハミルトニアンの固有値方程式を解こう。偶関数の固有関数 $u_\mu^{(+)}(x)$ は $-a \leq x \leq a$ の井戸の中では

$$u_\mu^{(+)}(x) = A^{(+)}\cos\left(kx\right) \tag{11.36}$$

と書かれ、また $|x| \geq a$ の井戸の外側では

$$u_\mu^{(+)}(x) = B^{(+)}\exp\left(-\mu\,|x|\right) \tag{11.37}$$

と書かれる。ここで k は正の実数にとることができ、また (11.35) 式から $\frac{\hbar^2k^2}{2m} - V_o = -\frac{\hbar^2\mu^2}{2m}$ を満たすため、$k = \sqrt{\frac{2\,mV_o}{\hbar^2} - \mu^2}$ と定まる。そして $x = a$ における固有関数の連続性から

$$A^{(+)}\cos\left(ka\right) = B^{(+)}\exp\left(-\mu a\right) \tag{11.38}$$

という関係が得られる。また $x = a$ における固有関数の導関数の連続性からは

$$kA^{(+)}\sin\left(ka\right) = \mu B^{(+)}\exp\left(-\mu a\right) \tag{11.39}$$

が得られる。(11.39) 式の両辺を (11.38) 式のそれぞれの両辺で割れば

$$\sqrt{\frac{2\,mV_o}{\hbar^2} - \mu^2}\tan\left(a\sqrt{\frac{2\,mV_o}{\hbar^2} - \mu^2}\right) = \mu \tag{11.40}$$

という関係式が出る。(11.40) 式は特別な μ の離散値でしか成り立たない。このことは偶関数の固有関数のエネルギー固有値は離散的になることを示している。

奇関数の固有関数でも事情は変わらない。井戸の中の $|x| \leq a$ の領域では

$$u_\mu^{(-)}(x) = A^{(-)}\sin\left(kx\right) \tag{11.41}$$

と書かれ、井戸の外の領域の $|x| \geq a$ では

$$u_\mu^{(-)}(x) = B^{(-)}\left(2\Theta\left(x\right) - 1\right)\exp\left(-\mu\,|x|\right)$$

と書かれる。$x = a$ における固有関数とその導関数の連続性からは

$$\sqrt{\frac{2mV_o}{\hbar^2}-\mu^2}\cot\left(a\sqrt{\frac{2mV_o}{\hbar^2}-\mu^2}\right)=-\mu \tag{11.42}$$

という関係が導かれる。この関係式も特別な離散値の μ しか満たさない。

このポテンシャルで V_o が正である限り、束縛状態は必ず一つは現れる。その束縛状態の最低エネルギー状態がこの系の基底状態であり、対応する固有関数は偶関数である。ポテンシャルが $V_o > \frac{\hbar^2\pi^2}{8ma^2}$ を満たすと、奇関数の第一励起状態が束縛状態として現れる。V_o が大きくなるにつれて束縛状態の数は増えていく（演習問題 (3) 参照)。

11.6 連続準位と離散準位の共存

量子調和振動子では全てのエネルギー固有値は離散的であった。ところが $V(x\to\pm\infty)=0$ となるポテンシャルでは、離散的エネルギー固有値 $-\frac{\mu_n^2}{2m}$ を持つ束縛状態 $u_n(x)$ と、連続的エネルギー固有値 $\frac{p^2}{2m}$ を持つ散乱状態 $u_p(x)$ が共存できる。束縛状態のエネルギー固有値を**離散準位** (discrete level)、粒子の散乱状態のエネルギー固有値を**連続準位** (continuous level) と呼ぶ。(11.32) 式の有限井戸型ポテンシャルでも、その共存が実際起きていることは述べた。このような場合でも、固有関数の正規直交性

$$\int_{-\infty}^{\infty}u_p^*(x)u_{p'}(x)dx=\delta\left(p-p'\right),\ \int_{-\infty}^{\infty}u_p^*(x)u_n(x)dx=0,$$
$$\int_{-\infty}^{\infty}u_n^*(x)u_{n'}(x)dx=\delta_{nn'} \tag{11.43}$$

と

$$\int_{-\infty}^{\infty}u_p(x)u_p^*(x')dp+\sum_n u_n(x)u_n^*(x')=\delta\left(x-x'\right) \tag{11.44}$$

という完全性が成り立っている。有限井戸型ポテンシャルの場合、$V_o=0$ の場合は束縛状態は現れないが、$V_o<0$ となると束縛状態が出現する。そして図 11.7 のように離散固有値の数はポテンシャルが深くなるほど増えていく。

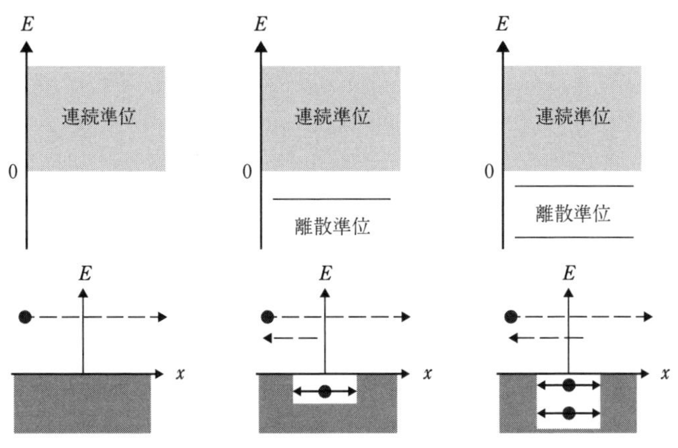

図 11.7 ポテンシャルの深さとともに変化する束縛状態の数

SUMMARY

まとめ

量子的な粒子には古典力学では見られなかった様々な性質がある。例えば、一つの粒子は自分自身と干渉できる。波動関数が非零の値を持つ領域には電場や磁場がなくても、他の領域にある電場、磁場の影響を粒子は受ける。またエネルギーが足りなくて古典的に透過できないポテンシャル障壁でも通り抜けてしまうトンネル効果がある。ポテンシャルの勾配も粒子の反射を起こす。ポテンシャルに束縛された粒子のエネルギー固有値は離散的に分布する。

EXERCISES

演習問題

問 1 (11.5) 式において磁束を零とする場合 ($A = 0$) を考えよう。そして系が

$$\psi(x) = c\left(1 + 2\cos\left(2\pi\frac{x}{L}\right)\right) \tag{11.45}$$

という波動関数で指定される量子状態にあるとしよう。このとき $\int_0^L |\psi(x)|^2\,dx = 1$ という規格化条件から正の実数 c を決定せよ。また運動量演算子は $\mathbf{p} = -i\hbar\frac{\partial}{\partial x}$ で与えられることを使って、$\psi(x)$ の状態での運動量の確率分布を

求めよ。同様に $\mathbf{H} = \frac{\mathbf{P}^2}{2m}$ を使って、$\psi(x)$ の状態でのエネルギーの確率分布を求めよ。

解 $\int_0^L |\psi(x)|^2 dx = c^2 \int_0^L \left(1 + 2\cos\left(2\pi \frac{x}{L}\right)\right)^2 dx = 3Lc^2 = 1$ から係数 c は $\frac{1}{\sqrt{3L}}$ と求まる。(11.6) 式の $u_n(x) = \frac{1}{\sqrt{L}} \exp\left(2\pi n i \frac{x}{L}\right)$ は固有値が $p_n = 2\pi n \frac{\hbar}{L}$ となる $\mathbf{p}$ の規格化された固有関数である。$u_n(x)$ を使うと、$\psi(x)$ は $\frac{1}{\sqrt{3}} u_0(x) + \frac{1}{\sqrt{3}} u_1(x) + \frac{1}{\sqrt{3}} u_{-1}(x)$ と書ける。したがって、$p_0 = 0$ が観測される確率が $\frac{1}{3}$、$p_1 = 2\pi \frac{\hbar}{L}$ が観測される確率が $\frac{1}{3}$、$p_{-1} = -2\pi \frac{\hbar}{L}$ が観測される確率が $\frac{1}{3}$ となる。また運動量が $p_{\pm 1} = \pm 2\pi \frac{\hbar}{L}$ の場合は、そのエネルギーの値は同じ $E_1 = \frac{1}{2m}\left(2\pi \frac{\hbar}{L}\right)^2$ となるため、E_1 が観測される確率は $\frac{1}{3} + \frac{1}{3} = \frac{2}{3}$ となる。また $E_0 = \frac{p_0^2}{2m} = 0$ が観測される確率は、$p_0 = 0$ が観測される確率と同じ $\frac{1}{3}$ である。

問 2 (11.27) 式を導け。

解 波動関数 $\psi(x)$ に対して $\mathbf{P}\psi(x) = \psi(-x)$ という変換を鏡像変換またはパリティ変換と呼ぶ。$V(x) = V_o \Theta(a - |x|)$ というポテンシャルには $V(-x) = V(x)$ という対称性があり、

$$\mathbf{H} = -\frac{\hbar^2}{2m}\frac{\partial^2}{\partial x^2} + V(x) \tag{11.46}$$

というハミルトニアンは、$-\frac{\hbar^2}{2m}\frac{\partial^2}{\partial(-x)^2} + V(-x) = -\frac{\hbar^2}{2m}\frac{\partial^2}{\partial x^2} + V(x)$ というようにパリティ変換で不変になっている。そのためエネルギー固有関数はパリティ変換の固有状態にもできる。$\mathbf{P}^2\psi(x) = \mathbf{P}\psi(-x) = \psi(-(-x)) = \psi(x)$ から、$\mathbf{P}^2 = \mathbf{I}$ が成り立つ。したがって $\mathbf{P}u^{(c)}(x) = cu^{(c)}(x)$ を満たす $\mathbf{P}$ の固有値 c は $\mathbf{P}^2 u(x) = c^2 u(x) = u(x)$ から $c = \pm 1$ と定まる。その固有関数 $u^{(c)}(x)$ は、$c = +1$ の場合は $u^{(+)}(-x) = u^{(+)}(x)$ という偶関数、$c = -1$ の場合は $u^{(-)}(-x) = -u^{(-)}(x)$ という奇関数になる。したがって、$\mathbf{H}$ の固有関数も偶関数と奇関数に分けられる。$p > 0$ としてエネルギー固有値が $E = \frac{p^2}{2m}$ となる固有偶関数を $u_p^{(+)}(x)$ と書き、固有奇関数を $u_p^{(-)}(x)$ と書こう。するとポテンシャルの外の領域では複素係数 $C^{(\pm)}(p)$ を用いて

$$u_p^{(\pm)}(x > a) = \exp\left(-i\frac{px}{\hbar}\right) + C^{(\pm)}(p)\exp\left(i\frac{px}{\hbar}\right), \tag{11.47}$$
$$u_p^{(\pm)}(x < -a) = \pm\exp\left(i\frac{px}{\hbar}\right) \pm C^{(\pm)}(p)\exp\left(-i\frac{px}{\hbar}\right)$$

と一般に書ける。また $q=\sqrt{2m\left(V_o-\frac{p^2}{2m}\right)}$ と置くと、ポテンシャル領域では複素係数 $D^{(\pm)}(p)$ を用いて

$$u_p^{(\pm)}(-a<x<a)=D^{(\pm)}(p)\left(\exp\left(\frac{qx}{\hbar}\right)\pm\exp\left(-\frac{qx}{\hbar}\right)\right) \tag{11.48}$$

と一般に書ける。$x=\pm a$ で固有関数とその導関数が滑らかに繋がる条件を課す必要があるが、パリティ対称性があるために $x=a$ での接続条件を課すだけで、$x=-a$ の条件は自動的に満たされる。(11.47) 式と (11.48) 式から $u_p^{(\pm)}(x)$ が $x=a\pm 0$ で一致する条件は

$$\exp\left(-i\frac{pa}{\hbar}\right)+C^{(\pm)}(p)\exp\left(i\frac{pa}{\hbar}\right)=D^{(\pm)}(p)\left(\exp\left(\frac{qa}{\hbar}\right)\pm\exp\left(-\frac{qa}{\hbar}\right)\right) \tag{11.49}$$

と書かれる。また $\frac{d}{dx}u_p^{(\pm)}(x)$ が $x=a\pm 0$ で一致する条件は

$$\begin{aligned}&-i\frac{p}{\hbar}\left(\exp\left(-i\frac{pa}{\hbar}\right)-C^{(\pm)}(p)\exp\left(i\frac{pa}{\hbar}\right)\right)\\&=\frac{q}{\hbar}D^{(\pm)}(p)\left(\exp\left(\frac{qa}{\hbar}\right)\mp\exp\left(-\frac{qa}{\hbar}\right)\right)\end{aligned} \tag{11.50}$$

となる。(11.50) 式の両辺を $-i\frac{p}{\hbar}$ で割って整理すると

$$\exp\left(-i\frac{pa}{\hbar}\right)-C^{(\pm)}(p)\exp\left(i\frac{pa}{\hbar}\right)=i\frac{q}{p}D^{(\pm)}(p)\left(\exp\left(\frac{qa}{\hbar}\right)\mp\exp\left(-\frac{qa}{\hbar}\right)\right) \tag{11.51}$$

(11.49) 式と (11.51) 式を足して変形すると

$$D^{(\pm)}(p)=\frac{2p\exp\left(-i\frac{pa}{\hbar}\right)}{(p+iq)\exp\left(\frac{qa}{\hbar}\right)\pm(p-iq)\exp\left(-\frac{qa}{\hbar}\right)} \tag{11.52}$$

という結果が求まる。これを (11.49) 式に代入して変形すれば、(11.27) 式である

$$C^{(\pm)}(p)=\frac{(p-iq)\exp\left(\frac{qa}{\hbar}\right)\pm(p+iq)\exp\left(-\frac{qa}{\hbar}\right)}{(p+iq)\exp\left(\frac{qa}{\hbar}\right)\pm(p-iq)\exp\left(-\frac{qa}{\hbar}\right)}\exp\left(-2i\frac{pa}{\hbar}\right)$$

が得られる。

問 3 (11.35) 式の有限井戸ポテンシャル問題において、基底状態は束縛状態であり、その固有関数は偶関数であること、第一励起状態が束縛状態ならばその固有関数は奇関数であること、ポテンシャルが深くなるにつれて束縛状態の

数は大きくなることを確認せよ。

解 まず $x = ka = \sqrt{\frac{2mV_o a^2}{\hbar^2} - \mu^2 a^2}$、$y = \mu a$ と置くと、x, y は非負の実数である。そして

$$x^2 + y^2 = \frac{2mV_o a^2}{\hbar^2} \tag{11.53}$$

が成り立つ。また (11.40) 式は

$$y = x \tan x \tag{11.54}$$

と書かれ、(11.42) 式は

$$y = -x \cot x \tag{11.55}$$

と書かれる。偶関数の束縛状態エネルギー固有値 $E^{(+)}$ は (11.53) 式と (11.54) 式を連立して (x, y) の解を求めれば、$E^{(+)} = -\frac{\hbar^2\mu^2}{2m} = -\frac{\hbar^2 y^2}{2ma^2}$ にその y を代入して計算される。$x \geq 0$ の領域で、$x \tan x$ という関数が正の値をとるのは、n を非負の整数として $x \in \left(n\pi, \left(n + \frac{1}{2}\right)\pi\right)$ の場合である。そして $V_o > 0$ である限り、(11.53) 式と (11.54) 式で表される xy 平面上の二つの曲線は $x_0 \in \left(0, \frac{1}{2}\pi\right)$ と $y_0 \geq 0$ を満たす交点 (x_0, y_0) を持つ。

また x が $\left(\left(n + \frac{1}{2}\right)\pi, (n+1)\pi\right)$ の領域にある場合だけ $-x \cot x$ は正になる。$V_o < \frac{\hbar^2\pi^2}{8ma^2}$ の場合には (11.53) 式から $x < \frac{\pi}{2}$ となるため、奇関数の束縛状態の条件である (11.53) 式と (11.55) 式を連立すると解がない。しかし V_o が $\frac{\hbar^2\pi^2}{8ma^2}$ より大きくなると、(11.53) 式と (11.55) 式は $x_1 \in \left(\frac{1}{2}\pi, \pi\right)$ と $y_1 \geq 0$ を満たす解 (x_1, y_1) を持つ。

また (11.53) 式の解である $y = \sqrt{\frac{2mV_o a^2}{\hbar^2} - x^2}$ は x について単調減少関数であるため、(11.53) 式と (11.54) 式の連立解、および (11.53) 式と (11.55) 式の連立解は、その x の値が大きいほど y の値は小さくなる。したがって y が持つ最大値は y_0 となり、$E_0^{(+)} = -\frac{\hbar^2 y_0^2}{2ma^2}$ が基底状態のエネルギーである。また $V_o > \frac{\hbar^2\pi^2}{8ma^2}$ のときは、$E_1^{(-)} = -\frac{\hbar^2 y_1^2}{2ma^2}$ が第一励起状態のエネルギー固有値に対応する。

REFERENCES

参考文献

[1] Y. Aharonov and D. Bohm, *Physical Review* **115** (3), 485 (1959).

[2] Y. Aharonov and A. Casher, *Physical Review Letters* **53** (4), 319 (1984).

第 12 章

空間回転と角運動量演算子

12.1 はじめに

第 6 章 6.7 節において N 準位系で説明したように、物理量に対応するエルミート行列 $\hat{Q}$ から連続的な実数パラメータ θ を持つユニタリー演算子 $\exp\left(-i\theta\hat{Q}\right)$ が作られる。逆に $\exp\left(-i\theta\hat{Q}\right)$ が与えられれば、対応する $\hat{Q}$ も読み取れる。これは $N\to\infty$ 極限で現れる粒子の量子力学にも当てはまる。例えば空間回転に対応するユニタリー操作から量子的な角運動量のエルミート演算子が定義される。ここではその角運動量演算子の性質を説明しよう。

12.2 二準位スピンの角運動量演算子

12.2.1 スピンの回転

第 2 章 2.6 節の議論を踏まえると、二準位スピン系でも空間回転から角運動量演算子を導くことができる。(2.44) 式の $\hat{U}$ は、z 軸を $\vec{n}=(\sin\theta\cos\phi,\sin\theta\sin\phi,\cos\theta)$ の方向の軸へと空間回転させるユニタリー変換だった。(2.44) 式において $\phi=0, e^{i\delta}=e^{i\delta'}=1$ と置けば、$\hat{U}$ は y 軸を中心にして角度 θ だけ回す操作に対応する。つまり

$$\hat{U}_y(\theta)=\begin{pmatrix}\cos\left(\frac{\theta}{2}\right) & -\sin\left(\frac{\theta}{2}\right)\\ \sin\left(\frac{\theta}{2}\right) & \cos\left(\frac{\theta}{2}\right)\end{pmatrix}=\exp\left(-i\frac{\theta}{2}\hat{\sigma}_y\right) \tag{12.1}$$

となっている※112。量子状態 $|\psi\rangle$ に $\hat{U}_y(\theta)$ を作用させると、σ_y の期待値は

※112‥最後の等式変形は $\exp(ix)=\cos x+i\sin x$ と、$\cos x$ と $\sin x$ のマクローリン展開をして x に行列を代入し、$\hat{\sigma}_y^2=\hat{I}$ を使うことで示される。

$\langle\psi|\hat{U}_y^\dagger(\theta)\,\hat{\sigma}_y\hat{U}_y(\theta)\,|\psi\rangle = \langle\psi|\hat{U}_y^\dagger(\theta)\,\hat{U}_y(\theta)\,\hat{\sigma}_y|\psi\rangle = \langle\psi|\hat{\sigma}_y|\psi\rangle$ と変化せず、また σ_z, σ_x の期待値は

$$\langle\psi|\hat{U}_y^\dagger(\theta)\,\hat{\sigma}_z\hat{U}_y(\theta)\,|\psi\rangle = \langle\psi|\hat{\sigma}_z|\psi\rangle\cos\theta - \langle\psi|\hat{\sigma}_x|\psi\rangle\sin\theta, \tag{12.2}$$

$$\langle\psi|\hat{U}_y^\dagger(\theta)\,\hat{\sigma}_x\hat{U}_y(\theta)\,|\psi\rangle = \langle\psi|\hat{\sigma}_z|\psi\rangle\sin\theta + \langle\psi|\hat{\sigma}_x|\psi\rangle\cos\theta \tag{12.3}$$

と計算される（演習問題 (1)）。これはまさに $(\langle\psi|\hat{\sigma}_x|\psi\rangle, \langle\psi|\hat{\sigma}_y|\psi\rangle, \langle\psi|\hat{\sigma}_z|\psi\rangle)$ というベクトル量に対して y 軸回転をしていることになっている。同様に (2.44) 式において $\theta \to -\theta$ と置き換えて、$\phi = \frac{\pi}{2}, e^{i\delta} = i, e^{i\delta'} = -i$ と置けば、x 軸を中心にして角度 θ だけ回す回転操作は

$$\hat{U}_x(\theta) = \begin{pmatrix} \cos\left(\frac{\theta}{2}\right) & -i\sin\left(\frac{\theta}{2}\right) \\ -i\sin\left(\frac{\theta}{2}\right) & \cos\left(\frac{\theta}{2}\right) \end{pmatrix} = \exp\left(-i\frac{\theta}{2}\hat{\sigma}_x\right) \tag{12.4}$$

となることがわかる。実際 $\langle\psi|\hat{U}_x^\dagger(\theta)\,\hat{\sigma}_x\hat{U}_x(\theta)\,|\psi\rangle = \langle\psi|\hat{U}_x^\dagger(\theta)\,\hat{U}_x(\theta)\,\hat{\sigma}_x|\psi\rangle = \langle\psi|\hat{\sigma}_x|\psi\rangle$ と

$$\langle\psi|\hat{U}_x^\dagger(\theta)\,\hat{\sigma}_y\hat{U}_x(\theta)\,|\psi\rangle = \langle\psi|\hat{\sigma}_y|\psi\rangle\cos\theta - \langle\psi|\hat{\sigma}_z|\psi\rangle\sin\theta, \tag{12.5}$$

$$\langle\psi|\hat{U}_x^\dagger(\theta)\,\hat{\sigma}_z\hat{U}_x(\theta)\,|\psi\rangle = \langle\psi|\hat{\sigma}_y|\psi\rangle\sin\theta + \langle\psi|\hat{\sigma}_z|\psi\rangle\cos\theta \tag{12.6}$$

が示される。(2.44) 式の $\hat{U}$ は z 軸から他の軸へと回す行列なので、z 軸回転そのものは $\hat{U}$ から読み取れない。しかし x 軸、y 軸、z 軸という名前は人為的なものに過ぎず、$x \to y, y \to z, z \to x$ と循環的に名前の変更をしても物理が変わるわけではない。したがって (12.1) 式で $\hat{\sigma}_y \to \hat{\sigma}_z$ と置き換えると、z 軸を中心にして角度 θ だけ回す回転操作に対応する行列は

$$\hat{U}_z(\theta) = \exp\left(-i\frac{\theta}{2}\hat{\sigma}_z\right) = \begin{pmatrix} \exp\left(-i\frac{\theta}{2}\right) & 0 \\ 0 & \exp\left(i\frac{\theta}{2}\right) \end{pmatrix} \tag{12.7}$$

で与えられることがわかる。実際 $\langle\psi|\hat{U}_z^\dagger(\theta)\hat{\sigma}_z\hat{U}_z(\theta)|\psi\rangle = \langle\psi|\hat{U}_z^\dagger(\theta)\hat{U}_z(\theta)\hat{\sigma}_z|\psi\rangle = \langle\psi|\hat{\sigma}_z|\psi\rangle$ と

$$\langle\psi|\hat{U}_z^\dagger(\theta)\,\hat{\sigma}_x\hat{U}_z(\theta)\,|\psi\rangle = \langle\psi|\hat{\sigma}_x|\psi\rangle\cos\theta - \langle\psi|\hat{\sigma}_y|\psi\rangle\sin\theta, \tag{12.8}$$

$$\langle\psi|\hat{U}_z^\dagger(\theta)\,\hat{\sigma}_y\hat{U}_z(\theta)\,|\psi\rangle = \langle\psi|\hat{\sigma}_x|\psi\rangle\sin\theta + \langle\psi|\hat{\sigma}_y|\psi\rangle\cos\theta \tag{12.9}$$

という関係も示される。ここで注意が必要なのは、$\hat{U}_a(\theta)(a = x, y, z)$ の二価

性である。例えばスピン系を z 軸を中心に 360° 回転させて、$\hat{U}_z(\theta)$ において θ を $\theta+2\pi$ と置くと、

$$\hat{U}_z(\theta+2\pi)=\begin{pmatrix} -e^{-i\frac{\theta}{2}} & 0 \\ 0 & -e^{i\frac{\theta}{2}} \end{pmatrix}=-\hat{U}_z(\theta) \tag{12.10}$$

となり、$\hat{U}_z(\theta)$ の符号が反転する。このマイナス符号が量子状態全体の位相因子ならば観測量に影響を与えないので、その場合は (12.10) 式の符号反転には意味がなく、$\hat{U}_z(\theta)$ の再定義でその符号は吸収できてしまう。しかしスピンを持つ一つの粒子の進行経路を二つに分けて、その片方の経路の粒子に磁場をかけることでスピンを回転させて、その後で他方の経路からくる波動関数と干渉させると、(12.10) 式の符号は二つの経路の位相差として物理的効果を与え、その干渉縞にはスピンの回転に対しての 360° 周期ではなく、720° 周期の変化が観測される [1]。

12.2.2 スピン演算子の代数

このスピン系の空間回転の操作からユニタリー行列 $\exp\left(-i\theta\frac{\hat{\sigma}_a}{2}\right)$ を生成するエルミート行列 $\frac{1}{2}\hat{\sigma}_a(a=x,y,z)$ が定義できる。これらはその交換関係において、

$$\left[\frac{\hat{\sigma}_x}{2},\frac{\hat{\sigma}_y}{2}\right]=i\frac{\hat{\sigma}_z}{2},\left[\frac{\hat{\sigma}_y}{2},\frac{\hat{\sigma}_z}{2}\right]=i\frac{\hat{\sigma}_x}{2},\left[\frac{\hat{\sigma}_z}{2},\frac{\hat{\sigma}_x}{2}\right]=i\frac{\hat{\sigma}_y}{2} \tag{12.11}$$

という閉じた代数を成している。一方、三次元実ベクトル空間の回転行列はそれぞれ

$$\hat{R}_x(\theta)=\begin{pmatrix} 1 & 0 & 0 \\ 0 & \cos\theta & -\sin\theta \\ 0 & \sin\theta & \cos\theta \end{pmatrix}=\exp\left(-i\theta\hat{Q}_x\right), \tag{12.12}$$

$$\hat{R}_y(\theta)=\begin{pmatrix} \cos\theta & 0 & \sin\theta \\ 0 & 1 & 0 \\ -\sin\theta & 0 & \cos\theta \end{pmatrix}=\exp\left(-i\theta\hat{Q}_y\right), \tag{12.13}$$

$$\hat{R}_z(\theta) = \begin{pmatrix} \cos\theta & -\sin\theta & 0 \\ \sin\theta & \cos\theta & 0 \\ 0 & 0 & 1 \end{pmatrix} = \exp\left(-i\theta\hat{Q}_z\right) \tag{12.14}$$

と書け、その生成子は

$$\hat{Q}_x = \begin{pmatrix} 0 & 0 & 0 \\ 0 & 0 & -i \\ 0 & i & 0 \end{pmatrix}, \hat{Q}_y = \begin{pmatrix} 0 & 0 & i \\ 0 & 0 & 0 \\ -i & 0 & 0 \end{pmatrix}, \hat{Q}_z = \begin{pmatrix} 0 & -i & 0 \\ i & 0 & 0 \\ 0 & 0 & 0 \end{pmatrix} \tag{12.15}$$

で与えられている。そしてこれらも (12.11) 式と同じ

$$\left[\hat{Q}_x, \hat{Q}_y\right] = i\hat{Q}_z, \left[\hat{Q}_y, \hat{Q}_z\right] = i\hat{Q}_x, \left[\hat{Q}_z, \hat{Q}_x\right] = i\hat{Q}_y \tag{12.16}$$

という代数関係を満たしている。これは偶然ではない。空間回転という操作自体はそもそも (12.12) 式、(12.13) 式、(12.14) 式で定められている。そして量子状態もその実際の空間での回転に応じて変化する。だからその対応が壊れないように、むしろ (12.16) 式と同じ代数関係を状態空間での空間回転の生成子は保つべきだとも言える。(12.11) 式を満たす $\frac{1}{2}\hat{\sigma}_a$ とそれが作用をするベクトル空間のセットを、空間回転群の線形表現と呼ぶ。N 準位スピン系や、軌道角運動量を持つ三次元空間中の粒子系でも、その状態空間の空間回転生成子は (12.16) 式と同じ代数関係を満たしていることがわかる。

なお粒子が球対称なポテンシャル中を運動する場合には、現れる軌道角運動量とスピン角運動量の合計が保存することを考慮して※113、角運動量の単位を持つ換算プランク定数 $\hbar$ をかけた

$$\hat{S}_a = \frac{\hbar}{2}\hat{\sigma}_a \tag{12.17}$$

を定義し、それをスピン角運動量演算子と呼ぶ。この三つの演算子は

$$\left[\hat{S}_x, \hat{S}_y\right] = i\hbar\hat{S}_z, \left[\hat{S}_y, \hat{S}_z\right] = i\hbar\hat{S}_x, \left[\hat{S}_z, \hat{S}_x\right] = i\hbar\hat{S}_y \tag{12.18}$$

※113‥軌道角運動量とスピン角運動量の合計が保存することを確認する実験としては、アインシュタイン＝ドハース効果 (Einstein-de Haas effect) やバーネット効果 (Barnett effect) の実験が知られている。

という代数関係を満たすことが直接確かめられる。同様に (12.16) 式も、$\hat{G}_a = \hbar \hat{Q}_a$ と置いて、

$$\left[\hat{G}_x, \hat{G}_y\right] = i\hbar \hat{G}_z, \left[\hat{G}_y, \hat{G}_z\right] = i\hbar \hat{G}_x, \left[\hat{G}_z, \hat{G}_x\right] = i\hbar \hat{G}_y \tag{12.19}$$

と書く。$\hat{G}_a$ に対しては

$$\hat{G}^2 = \hat{G}_x^2 + \hat{G}_y^2 + \hat{G}_z^2 = 2\hbar^2 = 1(1+1)\hbar^2 \tag{12.20}$$

という関係が成り立っている。これは、後で出てくる (12.33) 式の角運動量の量子数 j が 1 になっている場合に対応する。

12.3 角運動量演算子と固有状態

12.3.1 量子的角運動量の一般論

エルミート演算子である角運動量演算子 $\hat{J}_x, \hat{J}_y, \hat{J}_z$ は、一般に (12.19) 式と同型の代数関係

$$\left[\hat{J}_x, \hat{J}_y\right] = i\hbar \hat{J}_z, \left[\hat{J}_y, \hat{J}_z\right] = i\hbar \hat{J}_x, \left[\hat{J}_z, \hat{J}_x\right] = i\hbar \hat{J}_y \tag{12.21}$$

を満たす。これから $\hat{J}^2 = \hat{J}_x^2 + \hat{J}_y^2 + \hat{J}_z^2$ が $\left[\hat{J}_a, \hat{J}^2\right] = 0$ を満たすことも証明できる。ここではこれらの演算子が作用する状態ベクトル空間を、代数関係から許される $\hat{J}^2$ と $\hat{J}_z$ の固有値と固有ベクトルの可能性を網羅する方法で構成してみよう。

まず同時固有状態ベクトル $|p, q\rangle$ は

$$\hat{J}^2 |p, q\rangle = p\hbar^2 |p, q\rangle, \tag{12.22}$$

$$\hat{J}_z |p, q\rangle = q\hbar |p, q\rangle \tag{12.23}$$

を満たす。ここで p, q は単位を持たない定数である。また $\hat{J}^2 \geq 0$ から $p \geq 0$ を満たす。また $\hat{J}^2 - \hat{J}_z^2 = \hat{J}_x^2 + \hat{J}_y^2 \geq 0$ であるために、$\langle p, q| \left(\hat{J}^2 - \hat{J}_z^2\right) |p, q\rangle = \left(p - q^2\right) \hbar^2 \geq 0$ から $-\sqrt{p} \leq q \leq \sqrt{p}$ という関係も成り立つ。

12.3.2 角運動量の昇降演算子

ここで $\hat{J}_\pm = \hat{J}_x \pm i\hat{J}_y$ という角運動量の昇降演算子を定義すれば、

$$\left[\hat{J}_z, \hat{J}_+\right] = \hbar\hat{J}_+, \left[\hat{J}_z, \hat{J}_-\right] = -\hbar\hat{J}_- \tag{12.24}$$

が成り立つ。これから $\hat{J}_+$ に対して、$\hat{J}_z\left(\hat{J}_+|p,q\rangle\right) = (q+1)\,\hbar\hat{J}_+|p,q\rangle$ が示される。つまり $\hat{J}_+$ は q を 1 ずつ増やしていく演算子である。一方 $\left[\hat{J}_a, \hat{J}^2\right] = 0$ から $\hat{J}^2\left(\hat{J}_+|p,q\rangle\right) = p\hbar^2\left(\hat{J}_+|p,q\rangle\right)$ が示される。つまり $\hat{J}_+$ は p を変化させない。q には $q \le \sqrt{p}$ という上限があるため、$\hat{J}_+$ を繰り返し $|p,q\rangle$ にかけることで際限なく q を大きくすることはできない。そのためある q_o に対して正整数 n が存在して、$\left(\hat{J}_+\right)^{n+1}|p,q_o\rangle = 0$ が要請される。

12.3.3 最大重み状態

q の上限値を

$$q_{\max} = n + q_o \tag{12.25}$$

と書くと、

$$\hat{J}_+|p,q_{\max}\rangle = 0 \tag{12.26}$$

が満たされる。このように $\hat{J}_+$ で消える状態は、$\hat{J}_z$ の固有値が最大となる**最大重み状態** (highest weight state) と呼ばれる。以下では (12.26) 式の条件が $|p,q_{\max}\rangle$ を指定すると逆転的に考えよう。すると $\hat{J}^2|p,q_{\max}\rangle = \hat{J}_-\hat{J}_+|p,q_{\max}\rangle + \left(\hat{J}_z^2 + \hbar\hat{J}_z\right)|p,q_{\max}\rangle = \left(\hat{J}_z^2 + \hbar\hat{J}_z\right)|p,q_{\max}\rangle$ という計算から $p\hbar^2|p,q_{\max}\rangle = q_{\max}\hbar\left(q_{\max}\hbar + \hbar\right)|p,q_{\max}\rangle$ が成り立ち、これから p は

$$p = q_{\max}(q_{\max} + 1) \tag{12.27}$$

と決まってくる。

また同様に $\hat{J}_-$ に対して $\hat{J}_z\left(\hat{J}_-|p,q\rangle\right) = (q-1)\,\hbar\hat{J}_-|p,q\rangle$ が示される。$\hat{J}_-$ も p は変えない。これからある正整数 n' が存在して q の最小値は

$$q_{\min} = -n' + q_o \tag{12.28}$$

と決まる。そして $\hat{J}_-|p,q_{\min}\rangle = 0$ と $\hat{J}^2|p,q_{\min}\rangle = \hat{J}_+\hat{J}_-|p,q_{\min}\rangle +$

$\left(\hat{J}_z^2 - \hbar\hat{J}_z\right)|p, q_{\min}\rangle$ から

$$p = q_{\min}(q_{\min} - 1) \tag{12.29}$$

が要求される。そして (12.27) 式と (12.29) 式を連立すると

$$q_{\max}(q_{\max} + 1) - q_{\min}(q_{\min} - 1) = (q_{\max} + q_{\min})(q_{\max} - q_{\min} + 1) = 0 \tag{12.30}$$

から $q_{\max} + q_{\min} = 0$ が示される。これに (12.25) 式と (12.28) 式を代入して解くと、$q_{\max} = \frac{n'+n}{2}, q_{\min} = -\frac{n'+n}{2}$ が得られる。ここで $j = \frac{n'+n}{2}$ と置けば、j は非負の整数か、または $\frac{3}{2}$ や $\frac{5}{2}$ などの半整数の値をとる。ここで

$$q_{\max} = j, q_{\min} = -j \tag{12.31}$$

を (12.27) 式に代入すれば、

$$p = j(j+1) \tag{12.32}$$

という関係も得られる。

12.3.4　角運動量の量子数

では得られた結果をまとめよう。$j = 0, \frac{1}{2}, 1, \frac{3}{2}, \cdots$ と $m = -j, -j+1, \cdots, j-1, j$ として、$\hat{J}^2$ と $\hat{J}_z$ の固有ベクトルを $|j, m\rangle$ と書くことにすると

$$\hat{J}^2|j, m\rangle = j(j+1)\hbar^2|j, m\rangle, \tag{12.33}$$

$$\hat{J}_z|j, m\rangle = m\hbar|j, m\rangle \tag{12.34}$$

が成り立つ。つまり $j(j+1)\hbar^2$ が $\hat{J}^2$ の固有値であり、$m\hbar$ が $\hat{J}_z$ の固有値である。j は**方位量子数** (azimuthal quantum number)、m は**磁気量子数** (magnetic quantum number) とも呼ばれる。なお $\hat{J}_\pm\hat{J}_\mp = \hat{J}^2 - \hat{J}_z^2 \pm \hbar\hat{J}_z$ という関係式を使えば、固有ベクトルに対して

$$\hat{J}_\pm|j, m\rangle = \sqrt{j(j+1) - m(m \pm 1)}\hbar|j, m \pm 1\rangle \tag{12.35}$$

も示せる。

角運動量ベクトルの z 成分は $J_z = m\hbar$ という特別な値しか許されないため、図 12.1 のように角運動量ベクトルの方向量子化が起きている。この図では J_x

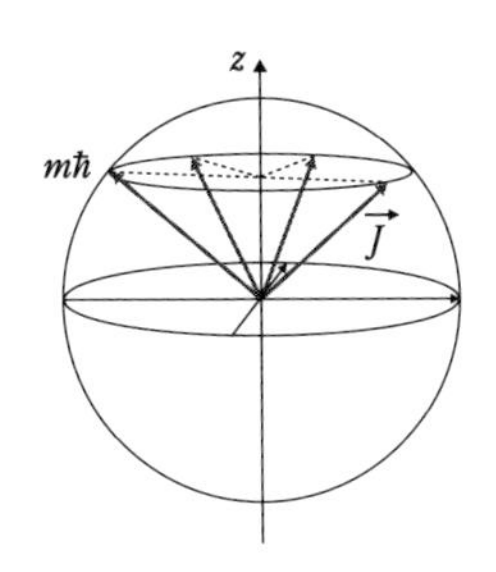

図 12.1 x 成分と y 成分は量子的に揺らいでいるが、z 成分と長さは定まっている角運動量ベクトルのイメージ図

と J_y の値は確定せず、量子的に揺らいでおり、その期待値 $\langle J_x \rangle$ と $\langle J_y \rangle$ は零になっている。

12.4 角運動量の合成

ここでは二つの系の量子的な角運動量ベクトルの合成を考えよう。古典力学では、二つの角運動量 $\vec{J_1}$ と $\vec{J_2}$ の合成はベクトル的に $\vec{J} = \vec{J_1} + \vec{J_2}$ と足すだけでよかったが、量子力学では足された後の $\vec{J}$ も方向量子化の条件を満たす必要があるために、工夫が必要となる。以下ではその $\vec{J}$ の大きさの二乗と z 成分の演算子の固有状態を求めていこう。

12.4.1 既約表現と可約表現

j と m で指定される 12.3.4 節の固有ベクトル $|j, m\rangle$ が張るベクトル空間は、数学では空間回転の**既約表現** (irreducible representation) と呼ばれるものである。任意の空間回転操作は状態空間の一つの状態ベクトルから様々な状態ベクトルを生成するが、それらのベクトルが張るベクトル空間は元の状態空間に一致する。つまり空間回転に関して無駄のない状態空間になっている。例えば N 準位スピン系の状態空間は $j = \frac{N-1}{2}$ の場合に対応しており、空間回転に対して既約表現になっている。

一方、空間回転の既約表現にならない状態空間も存在する。例えば二つのスピンの合成系もその例である。それぞれのスピン角運動量を $\vec{L}$ と $\vec{S}$ と書くと、

全角運動量は $\vec{J}=\vec{L}+\vec{S}$ で表される。そして対応するエルミート演算子に対して、

$$\hat{J}^2|J,M\rangle\rangle = J\,(J+1)\,\hbar^2|J,M\rangle\rangle, \tag{12.36}$$

$$\hat{J}_z|J,M\rangle\rangle = M\hbar|J,M\rangle\rangle \tag{12.37}$$

という固有値方程式を考えよう。すると 12.3.4 節の一般論の結果から J は非負の整数か半整数に限られる。そして J が与えられると M は $-J,-J+1,\cdots,J-1,J$ という値のみが許される。この固有ベクトル $|J,M\rangle\rangle$ は、部分系のそれぞれのスピンの角運動量の固有状態をテンソル積したものの線形和で書かれる。テンソル積で作られるこの合成系の状態空間は、次節で見るように空間回転の既約表現にはなっておらず、**可約表現** (reducible representation) と呼ばれる。また 12.5 節で述べる三次元空間中の粒子の軌道角運動量演算子が作用する状態空間も同様に、空間回転の可約表現である。

12.4.2 角運動量合成における展開係数

では具体的にスピン系の角運動量の合成を考えてみよう。角運動量 $\vec{L}$ の量子数を l,m とし、角運動量 $\vec{S}$ の量子数を s,s_z としよう。すると $|J,M\rangle\rangle$ は

$$|J,M\rangle\rangle = \sum_{m=-l}^{l}\sum_{s_z=-s}^{s} C^{(JM)}_{ms_z}|l,m\rangle|s,s_z\rangle \tag{12.38}$$

と一意に展開できる。ここでその展開係数 $C^{(JM)}_{ms_z}$ は**クレブシュ゠ゴルダン係数** (Clebsch–Gordan coefficients) と呼ばれる。

以下では $C^{(JM)}_{ms_z}$ のいくつかの例を具体的に求めてみよう。まず一般性を失わずに $l\geq s$ と仮定できる。これを満たさないときは、二つの系を入れ替えればよい。各量子数は $-l\leq m\leq l,\ \ -s\leq s_z\leq s$ を満たす。また $|l,m\rangle|s,s_z\rangle$ という状態は

$$\hat{J}_z|l,m\rangle|s,s_z\rangle = j_z\hbar|l,m\rangle|s,s_z\rangle \tag{12.39}$$

となる $\hat{J}_z$ の固有状態であり、$j_z=m+s_z$ となっている。特に j_z の最大値は $\max j_z = l+s$ で与えられる。ということは、$J=l+s$ となる状態 $|J,M\rangle\rangle$ が存在していることが保証されている。例えば

$$\hat{J}_+|J,J\rangle\rangle = \left(\hat{J}_x + i\hat{J}_y\right)|J,J\rangle\rangle = 0 \tag{12.40}$$

となる状態は $|J,J\rangle\rangle = |l+s,l+s\rangle\rangle = |l,l\rangle|s,s\rangle$ と一意に決まり、$M=l+s$ が J と一致する最大重み状態になっている。ここで (12.35) 式の関係式から

$$|J,M-1\rangle\rangle = \frac{\hat{J}_-|J,M\rangle\rangle}{\sqrt{J(J+1)-M(M-1)}\hbar} \tag{12.41}$$

が成り立つ。したがって $|l+s,l+s\rangle\rangle$ に $\hat{J}_- = \hat{J}_x - i\hat{J}_y$ をかければ、J を変えずに M だけを 1 減らした $|l+s,l+s-1\rangle\rangle$ という固有ベクトルが

$$\begin{aligned}
&|l+s,l+s-1\rangle\rangle \\
&= \frac{1}{\sqrt{2(l+s)}\hbar}\left(\hat{L}_-|l,l\rangle|s,s\rangle + |l,l\rangle\hat{S}_-|s,s\rangle\right) \\
&= \sqrt{\frac{l}{l+s}}|l,l-1\rangle|s,s\rangle + \sqrt{\frac{s}{l+s}}|l,l\rangle|s,s-1\rangle
\end{aligned} \tag{12.42}$$

と計算できる。この $|l+s,l+s-1\rangle\rangle$ は $M=l+s-1$ となる固有状態であるが、この固有状態は $|l,l-1\rangle|s,s\rangle$ と $|l,l\rangle|s,s-1\rangle$ が張る二次元部分ベクトル空間に属している。したがって $|l+s,l+s-1\rangle\rangle$ と直交し、かつ $M=l+s-1$ となるもう一つの状態ベクトルが存在する。それは J の値も 1 減らした $J=l+s-1$ を満たす $|l+s-1,l+s-1\rangle\rangle$ という固有ベクトルである。$|l+s-1,l+s-1\rangle\rangle$ は $|l,l-1\rangle|s,s\rangle$ と $|l,l\rangle|s,s-1\rangle$ の線形和で書け、かつ (12.42) 式のベクトルと直交するという条件から

$$|l+s-1,l+s-1\rangle\rangle = \sqrt{\frac{s}{l+s}}|l,l-1\rangle|s,s\rangle - \sqrt{\frac{l}{l+s}}|l,l\rangle|s,s-1\rangle \tag{12.43}$$

と求まる。そしてこれは $\hat{J}_+|l+s-1,l+s-1\rangle\rangle = 0$ を満たす $J=l+s-1$ における最大重み状態である。したがって $J=l+s-1$ を固定しながら、再び $\hat{J}_-$ で M を減らしていくことができる。後はこのような繰り返しで、全ての $|J,M\rangle\rangle$ が求まっていく。なお付録 E では、二つの二準位スピン角運動量の場合と、$l=1, s=\frac{1}{2}$ の場合の例を紹介している。

12.4.3 テンソル積と直和構造

得られた結果をまとめよう。合成された角運動量の量子数 J は $l-s, l-s+$

$1, \cdots, l+s$ の値をとる。そして各 J の値に対して $M = -J, -J+1, \cdots, J-1, J$ で指定される $2J+1$ 個の固有ベクトルが出てくる。元々 $2l+1$ 次元の状態空間 $\mathcal{H}_{2l+1}$ を持つスピンと $2s+1$ 次元の状態空間 $\mathcal{H}_{2s+1}$ を持つスピンの合成系なので、テンソル積で作られた $\mathcal{H}_{2l+1} \otimes \mathcal{H}_{2s+1}$ が合成系の状態空間であった。この次元は $(2l+1)(2s+1)$ だが、これは

$$(2l+1)(2s+1) = \sum_{J=l-s}^{l+s} (2J+1) \tag{12.44}$$

という関係式から各 J の固有ベクトルの数の合計と一致している。各 J の異なる M の値の固有ベクトルが張る $2J+1$ 次元の部分状態空間を $\mathcal{H}_{2J+1}$ と書けば、合成系の状態空間は数学的には $\mathcal{H}_{2J+1}$ の直和になっていると表現される。またこれを

$$\mathcal{H}_{2l+1} \otimes \mathcal{H}_{2s+1} = \mathcal{H}_{2(l-s)+1} \oplus \mathcal{H}_{2(l-s+1)+1} \oplus \cdots \oplus \mathcal{H}_{2(l+s)+1} \tag{12.45}$$

と表記することもある。

12.4.4 二つの二準位スピンの三重項状態と一重項状態

$s = \frac{1}{2}$ という角運動量の量子数を持つ二つの二準位スピンの合成において、(5.26) 式、(5.27) 式、(5.28) 式のベル状態が張る三次元部分状態空間は、$J=1$ となる空間回転の既約表現になっている。その既約表現では $J_z = 1$ となる状態は $|+\rangle_A|+\rangle_B$ であり、$J_z = 0$ は $|\Phi_+\rangle_{AB} = \frac{1}{\sqrt{2}}\left(|+\rangle_A|-\rangle_B + |-\rangle_A|+\rangle_B\right)$、$J_z = -1$ は $|-\rangle_A|-\rangle_B$ である。この表現に属する状態ベクトルは**三重項状態** (triplet states) とも呼ばれる。また (5.25) 式のベル状態 $|\Phi_-\rangle_{AB} = \frac{1}{\sqrt{2}}\left(|+\rangle_A|-\rangle_B - |-\rangle_A|+\rangle_B\right)$ はそれだけで $J=0$ となる空間回転の既約表現になっており、**一重項状態** (singlet state) とも呼ばれる。一重項表現の状態はどの空間回転に対しても位相因子を除いて不変であり、どの空間方向で A と B の角運動量成分を測っても、一方のスピン角運動量の値が $\pm\frac{\hbar}{2}$ と観測されるならば、他方のスピン角運動量の値は $\mp\frac{\hbar}{2}$ という逆符号の結果になる（演習問題 (2))。

12.5 軌道角運動量

12.5.1 軌道角運動量演算子

三次元空間における古典力学の粒子の場合には軌道角運動量が存在したが、同様に量子的な粒子にも軌道角運動量演算子が存在する。それは下記のように定義される。

$$\hat{L}_x = \hat{y}\hat{p}_z - \hat{z}\hat{p}_y, \hat{L}_y = \hat{z}\hat{p}_x - \hat{x}\hat{p}_z, \hat{L}_z = \hat{x}\hat{p}_y - \hat{y}\hat{p}_x \tag{12.46}$$

ここで位置演算子と運動量演算子は

$$[\hat{x}, \hat{p}_x] = [\hat{y}, \hat{p}_y] = [\hat{z}, \hat{p}_z] = i\hbar \tag{12.47}$$

という交換関係を満たし、それ以外の組み合わせの交換関係は消える。(12.46) 式の定義から

$$\left[\hat{L}_x, \hat{L}_y\right] = i\hbar\hat{L}_z, \left[\hat{L}_y, \hat{L}_z\right] = i\hbar\hat{L}_x, \left[\hat{L}_z, \hat{L}_x\right] = i\hbar\hat{L}_y \tag{12.48}$$

が示せる。また角運動量ベクトルの大きさの二乗の演算子は

$$\hat{L}^2 = \hat{L}_x^2 + \hat{L}_y^2 + \hat{L}_z^2 \tag{12.49}$$

で与えられる。(12.46) 式の位置表示は

$$(\mathbf{L}_x, \mathbf{L}_y, \mathbf{L}_z) = -i\hbar\left(y\frac{\partial}{\partial z} - z\frac{\partial}{\partial y}, z\frac{\partial}{\partial x} - x\frac{\partial}{\partial z}, x\frac{\partial}{\partial y} - y\frac{\partial}{\partial x}\right) \tag{12.50}$$

となる。また各演算子は波動関数に対して空間回転の生成子になっていることも確かめられる。例えば $\mathbf{L}_z$ の場合では、

$$\exp\left(-\frac{i}{\hbar}\theta\mathbf{L}_z\right)\psi(x, y, z) = \psi(x\cos\theta + y\sin\theta, y\cos\theta - x\sin\theta, z) \tag{12.51}$$

が示される[※114]。

※114 ‥証明は、まず θ が無限小として、両辺を θ の 1 次まで展開して等式を確認する。有限の θ の場合は、N を大きな正整数として θ/N の N 倍が θ であるとして、先に証明した無限小変換を N 回繰り返すことで示される。または (12.51) 式の右辺の関数が、(12.51) 式の両辺を θ で微分して得られる方程式を満たすことからも確かめられる。

12.5.2 昇降演算子と最大重み状態

以下では 12.3 節の角運動量の一般論と同様に、$\mathbf{L}_{\pm} = \mathbf{L}_x \pm i\mathbf{L}_y$ を定義しよう。そして $\mathbf{L}_+$ で消える $\mathbf{L}_z$ の最大固有値を持つ最大重み状態の固有関数を求めて、後はそれに $\mathbf{L}_-$ をかけていくことで、軌道角運動量の他の固有関数を構成できる。

12.5.3 角度自由度の波動関数

以下では位置の動径座標演算子 $\mathbf{r} = \sqrt{\mathbf{x}^2 + \mathbf{y}^2 + \mathbf{z}^2}$ が $\mathbf{L}_a$ と可換になることも採り入れて、解析していこう。まず $\left[\mathbf{L}^2, \mathbf{L}_z\right] = \left[\mathbf{L}^2, \mathbf{r}\right] = [\mathbf{L}_z, \mathbf{r}] = 0$ から

$$\mathbf{L}^2\Psi(x,y,z) = l\,(l+1)\,\hbar^2\Psi(x,y,z), \tag{12.52}$$

$$\mathbf{L}_z\Psi(x,y,z) = m\hbar\Psi(x,y,z), \tag{12.53}$$

$$\mathbf{r}\Psi(x,y,z) = r_o\Psi(x,y,z) \tag{12.54}$$

を満たす固有関数 $\Psi(x,y,z)$ が存在する。(12.54) 式により $r = \sqrt{x^2 + y^2 + z^2}$ として

$$\Psi(x,y,z) = \delta\,(r - r_o)\,\psi(x,y,z) \tag{12.55}$$

と置くことが可能である。ここで $\mathbf{L}_a\Psi(x,y,z) = \delta\,(r - r_o)\,(\mathbf{L}_a\psi(x,y,z))$ という性質を使おう。$\delta\,(r - r_o)$ の因子があることで、$\Psi(x,y,z)$ の規格化条件では角度方向の積分だけを考慮すればよいが、半径 r_o の球面積は有限なので $\psi(x,y,z)$ には特別な規格化条件を課す必要がなくなるというメリットが、この方法にはある。以下では x, y, z の任意の滑らかな関数 $\psi(x,y,z)$ を考察すればよい。ただし $\psi(x,y,z)$ は位置座標に関して一価関数である必要がある。元々 $|x,y,z\rangle$ は回転に関して一価であったが、その重ね合わせで書ける $|\Psi\rangle$ も回転に関して一価であるため、$\Psi(x,y,z) = \langle x,y,z|\Psi\rangle$ も一価関数となるためである※115。

※115‥$\vec{x}_o = (x_o, y_o, z_o)$ という位置に局在している粒子の状態の波動関数は $\langle x,y,z|x_o,y_o,z_o\rangle = \delta(x - x_o)\delta(y - y_o)\delta(z - z_o)$ で与えられ、その回転した波動関数は、三次元回転行列 $\hat{R}$ を使って、$\vec{x}_o$ を $\vec{x}'_o = \hat{R}\vec{x}_o$ に置き換えたものになる。360° 回転しても $\hat{R} = \hat{I}$ となるだけなので、$\langle x,y,z|x_o,y_o,z_o\rangle$ の符号は反転しない。$\langle x,y,z|x_o,y_o,z_o\rangle$ の重ね合わせで任意の波動関数 $\Psi(x,y,z)$ は書けるため、$\Psi(x,y,z)$ も 360° 回転で符号を反転させない。また一価性は別な理解もできる。(12.52) 式と (12.53) 式から直交座標系では角運動量の大きさと z

12.5.4 同次関数としての固有関数

最大重み状態の $\psi(x,y,z)$ を作るために、$\psi(x,y,z)$ を

$$\psi(x,y,z)=\sum_{n_1=0}^{\infty}\sum_{n_2=0}^{\infty}\sum_{n_3=0}^{\infty}\frac{1}{n_1!n_2!n_3!}\frac{\partial^{n_1+n_2+n_3}\psi}{\partial x^{n_1}\partial y^{n_2}\partial z^{n_3}}(0,0,0)x^{n_1}y^{n_2}z^{n_3} \tag{12.56}$$

のように原点中心でのテーラー展開（つまりマクローリン展開）をしよう。ここで

$$\mathbf{K}=x\frac{\partial}{\partial x}+y\frac{\partial}{\partial y}+z\frac{\partial}{\partial z} \tag{12.57}$$

という演算子を考える。そして $[\mathbf{K},\mathbf{L}_a]=0$ が直接計算で確かめられることにも注意しよう。これは

$$\mathbf{K}x^{n_1}y^{n_2}z^{n_3}=(n_1+n_2+n_3)\,x^{n_1}y^{n_2}z^{n_3} \tag{12.58}$$

を満たすため、$x^{n_1}y^{n_2}z^{n_3}$ に対して固有値 $n_1+n_2+n_3$ を与えてくれる。したがって $x^{n_1}y^{n_2}z^{n_3}$ を $l=n_1+n_2+n_3$ の値で分類できる。(12.56) 式右辺に含まれる項のうち、x,y,z から作られる非負整数 l に対しての l 次同次多項式、

$$\psi^{(l)}(x,y,z)=\sum_{n_1=0}^{\infty}\sum_{n_2=0}^{\infty}\sum_{n_3=0}^{\infty}\frac{\delta_{n_1+n_2+n_3,l}}{n_1!n_2!n_3!}\frac{\partial^{n_1+n_2+n_3}\psi}{\partial x^{n_1}\partial y^{n_2}\partial z^{n_3}}(0,0,0)x^{n_1}y^{n_2}z^{n_3} \tag{12.59}$$

で定義される関数を考える。$\psi^{(l)}(x,y,z)$ を非負の整数値の l の和で足し上げると、任意の $\psi(x,y,z)$ を記述できる。また $\hat{R}^T\hat{R}=\hat{I}$ を満たす空間回転行列 $\hat{R}$ を使った $\vec{x}'=R\vec{x}$ という空間回転において $\psi^{(l)}(x,y,z)$ は同じ l の $\psi'^{(l)}(x,y,z)$ という関数になるので、l を固定した $\psi^{(l)}(x,y,z)$ という関数の集合は空間回転群の表現空間になっている。

次に x,y から $w=x+iy,\ \bar{w}=x-iy$ という複素座標を導入しよう。する

軸成分の固有関数は $\Psi_{lm}(x,y,z)=P_{lm}(z/(x^2+y^2)^{1/2})(x+iy)^m/(x^2+y^2)^{m/2}$ という形に書けることが保証される。この形の関数では、例えば位置座標を x 軸の周りに 360° 回転させても、複素平面のカットなどを横断することなく元の値に戻るため、$\Psi_{lm}(x,y,z)$ もマイナスがかかることなく元に戻る。空間軸の名前は人間が勝手に付けるだけなので、どの空間軸周りの回転でも同じことが要請される。したがって z 軸の周りの 360° 回転でも $\Psi_{lm}(x,y,z)$ が一価関数になることが要求され、その結果 m は半整数にはなれず、整数となることがわかる。

と角運動量演算子の z 成分は

$$\mathbf{L}_z = \hbar\left(w\frac{\partial}{\partial w} - \bar{w}\frac{\partial}{\partial \bar{w}}\right) \tag{12.60}$$

と書ける。$m_+ + m_- + n_3 = l$ を満たす関数 $w^{m_+}\bar{w}^{m_-}z^{n_3}$ は固有値が $(m_+ - m_-)\hbar$ となる $\mathbf{L}_z$ の固有関数になっている。

$$\mathbf{L}_z w^{m_+}\bar{w}^{m_-}z^{n_3} = (m_+ - m_-)\hbar w^{m_+}\bar{w}^{m_-}z^{n_3}. \tag{12.61}$$

また $\mathbf{L}_+$ はこの座標系では

$$\mathbf{L}_+ = \hbar\left(2z\frac{\partial}{\partial \bar{w}} - w\frac{\partial}{\partial z}\right) \tag{12.62}$$

と書ける。この $\mathbf{L}_+$ で消える $\mathbf{L}_z$ の最大固有値を持つ最大重み状態の関数は

$$\mathbf{L}_+ w^{m_+}\bar{w}^{m_-}z^{n_3} = \hbar\left(2m_- w^{m_+}\bar{w}^{m_- -1}z^{n_3+1} - n_3 w^{m_+ +1}\bar{w}^{m_-}z^{n_3-1}\right) = 0 \tag{12.63}$$

から $m_- = 0, n_3 = 0$ の場合に対応する。そして $m_+ + m_- + n_3 = l$ から $m_+ = l$ が得られる。つまり w^l が最大重み状態の関数だとわかった。対応する $\mathbf{L}_z$ の固有値は $m_+ - m_- = l$ である。テーラー展開の項なので、この l は $0, 1, 2, \cdots$ という非負の整数値をとる。

12.5.5 最大重み状態の球座標表示

最大重み状態の関数 $Y_{ll} \propto w^l$ を球座標系 $x = r\sin\theta\cos\phi$, $y = r\sin\theta\sin\phi$, $z = r\cos\theta$ で書けば、

$$Y_{ll}(\theta,\phi) \propto (x+iy)^l = r^l e^{il\phi}\sin^l\theta \tag{12.64}$$

と書ける。ここで (12.55) 式右辺のデルタ関数 $\delta(r - r_o)$ の寄与から、$r \to r_o$ と置けることに注意しておこう。$Y_{ll}(\theta,\phi)$ の規格化条件は単位球面上で

$$\int_0^\pi d\theta\sin\theta\int_0^{2\pi} d\phi\left|Y_{ll}(\theta,\phi)\right|^2 = 1 \tag{12.65}$$

となるように定義する。そして

$$\int_0^\pi d\theta\sin\theta\int_0^{2\pi} d\phi\sin^{2l}\theta = 4\pi\frac{\left(2^l l!\right)^2}{(2l+1)!} \tag{12.66}$$

という積分公式（演習問題 (3)）から、規格化された最大重み状態の関数は

$$Y_{ll}(\theta,\phi)=\frac{1}{2^l l!}\sqrt{\frac{(2l+1)!}{4\pi}}e^{il\phi}\sin^l\theta \tag{12.67}$$

となることが示される。この $\mathbf{L}^2$ の固有値は $l(l+1)\hbar^2$ であり、$\mathbf{L}_z$ の固有値は $l\hbar$ である。

12.5.6 最大重み状態から導かれる固有関数

$Y_{ll}(\theta,\phi)$ に

$$\mathbf{L}_-=\hbar\left(-2z\frac{\partial}{\partial w}+\bar{w}\frac{\partial}{\partial z}\right) \tag{12.68}$$

を繰り返し作用させれば、$\mathbf{L}^2$ の固有値が $l(l+1)\hbar^2$ であり、$\mathbf{L}_z$ の固有値が $m\hbar$ である固有関数は

$$Y_{lm}(\theta,\phi)\propto\left(-2z\frac{\partial}{\partial w}+\bar{w}\frac{\partial}{\partial z}\right)^{l-m}w^l \tag{12.69}$$

と書ける。微分をした後に、$w=e^{i\phi}\sin\theta, \bar{w}=e^{-i\phi}\sin\theta, z=\cos\theta$ を代入すれば球座標系での関数形が定まる。$Y_{lm}(\theta,\phi)$ の比例係数は

$$\int_0^\pi d\theta\sin\theta\int_0^{2\pi}d\phi\left|Y_{lm}(\theta,\phi)\right|^2=1 \tag{12.70}$$

という規格化条件から定められる。また異なる固有値に対応する $Y_{lm}(\theta,\phi)$ は互いに直交するので、(12.70) 式は

$$\int_0^\pi d\theta\sin\theta\int_0^{2\pi}d\phi Y^*_{lm}(\theta,\phi)Y_{l'm'}(\theta,\phi)=\delta_{ll'}\delta_{mm'} \tag{12.71}$$

と拡張できる。

それでは結果をまとめよう。$Y_{lm}(\theta,\phi)$ は**球面調和関数** (spherical harmonics) と呼ばれ、

$$l=0,1,2,\cdots,$$
$$m=-l,-l+1,\cdots,l-1,l$$

に対して

$$\mathbf{L}^2 Y_{lm} = l(l+1)\hbar^2 Y_{lm}, \tag{12.72}$$

$$\mathbf{L}_z Y_{lm} = m\hbar Y_{lm} \tag{12.73}$$

を満たしている。$l = 0, 1, 2$ のときのその具体形は

$$Y_{0,0} = \frac{1}{\sqrt{4\pi}}, \tag{12.74}$$

$$Y_{1,0} = \sqrt{\frac{3}{4\pi}} \cos\theta, Y_{1,\pm 1} = \mp\sqrt{\frac{3}{8\pi}} \sin\theta e^{\pm i\phi}, \tag{12.75}$$

$$Y_{2,0} = \sqrt{\frac{5}{16\pi}} \left(3\cos^2\theta - 1\right), Y_{2,\pm 1} = \mp\sqrt{\frac{15}{8\pi}} \sin\theta\cos\theta e^{\pm i\phi},$$

$$Y_{2,\pm 2} = \sqrt{\frac{15}{32\pi}} \sin^2\theta e^{\pm 2i\phi} \tag{12.76}$$

で与えられる。

12.5.7 球面上のラプラス演算子と球面調和関数

球座標系では、$\mathbf{L}^2$ と $\mathbf{L}_z$ は

$$\mathbf{L}^2 = -\hbar^2 \Delta_{\theta\phi} = -\hbar^2 \left(\frac{1}{\sin\theta} \frac{\partial}{\partial\theta} \sin\theta \frac{\partial}{\partial\theta} + \frac{1}{\sin^2\theta} \frac{\partial^2}{\partial\phi^2} \right), \tag{12.77}$$

$$\mathbf{L}_z = -i\hbar \frac{\partial}{\partial\phi} \tag{12.78}$$

と書ける。ここで $\Delta_{\theta\phi}$ は**球面上のラプラス演算子** (spherical Laplace operator) と呼ばれる。

$$\iiint |\Psi(x,y,z)|^2 \, dxdydz = 1 \tag{12.79}$$

の規格化条件を満たす波動関数は、$Y_{lm}(\theta,\phi)$ を使って

$$\Psi(x,y,z) = \sum_{l=0}^{\infty} \sum_{m=-l}^{l} \varphi_{lm}(r) Y_{lm}(\theta,\phi) \tag{12.80}$$

と展開ができる。$\Psi(x,y,z)$ が張る状態空間は、$l = 0, 1, 2, \cdots$ で指定される空間回転に関して独立な部分空間からできている。このため空間回転に関して可約表現になっている。

12.5.8 角運動量の合成と最大重み状態

12.5.4 節で角運動量の固有関数である球面調和関数を l 次同次多項式から導けた背景には、12.4.3 節の角運動量の合成則がある。$\left(x^1, x^2, x^3\right) = (x, y, z)$ は $\hat{R}^T \hat{R} = \hat{I}$ を満たす空間回転行列 $\hat{R} = \left[R^{ab}\right]$ に対して $x'^a = \sum_{b=1}^3 R^{ab} x^b$ と変換されるベクトル量である。そして (12.20) 式から x^a は $j = 1$ という量子数の角運動量の固有ベクトルが張るベクトル空間の元の実部成分と数学的にはみなせる。また

$$\hat{X} = \left(x^a x^b\right) = \begin{pmatrix} x^2 & xy & xz \\ yx & y^2 & yz \\ zx & zy & z^2 \end{pmatrix} \tag{12.81}$$

という行列は、$j = 1$ に対応するベクトル x^a の二つのコピーで作られた二次の対称テンソル量とみなせる。同様に $x^{a_1} x^{a_2} \cdots x^{a_l}$ は、$j = 1$ に対応する x^a の l 個のコピーのテンソル積で作られた l 次のテンソル量である。$x^{a_1} x^{a_2} \cdots x^{a_l}$ を角運動量の合成の視点から見ると、大きさの量子数 j が 1 である角運動量を l 個用意してテンソル積を作ったことになっている。上の球面調和関数は、$x^{a_1} x^{a_2} \cdots x^{a_l}$ で作られる l 次多項式に必ず含まれるはずの $J = l$ のセクターの最大重み状態の関数を探す戦略で求めている。

SUMMARY

まとめ

量子力学における角運動量は (12.21) 式の代数関係を満たすエルミート行列もしくは演算子で記述される。角運動量ベクトルの大きさの二乗である $\hat{J}^2$ の固有値は、j を非負の整数または半整数として $j(j+1)\hbar^2$ で与えられ、また z 成分の $\hat{J}_z$ の固有値は、$j_z = -j, -j+1, \cdots, j-1, j$ として $j_z \hbar$ で与えられる。角運動量の量子的な合成も可能である。三次元空間中の粒子の軌道角運動量演算子の固有関数は球面調和関数になっている。

EXERCISES

演習問題

問 1 (12.2) 式と (12.3) 式を示せ。

解 $\hat{U}_y(\theta)$ は

$$\hat{U}_y(\theta) = \begin{pmatrix} \cos\left(\frac{\theta}{2}\right) & -\sin\left(\frac{\theta}{2}\right) \\ \sin\left(\frac{\theta}{2}\right) & \cos\left(\frac{\theta}{2}\right) \end{pmatrix} = \cos\left(\frac{\theta}{2}\right)\hat{I} - i\sin\left(\frac{\theta}{2}\right)\hat{\sigma}_y \tag{12.82}$$

と書ける。ここで $\hat{\sigma}_y\hat{\sigma}_z = i\hat{\sigma}_x, \hat{\sigma}_z\hat{\sigma}_y = -i\hat{\sigma}_x, \hat{\sigma}_y\hat{\sigma}_z\hat{\sigma}_y = -\hat{\sigma}_z$ を使うと、

$$\begin{aligned}
&\hat{U}_y^\dagger(\theta)\,\hat{\sigma}_z\hat{U}_y(\theta) \\
&= \left(\cos\left(\frac{\theta}{2}\right)\hat{I} + i\sin\left(\frac{\theta}{2}\right)\hat{\sigma}_y\right)\hat{\sigma}_z\left(\cos\left(\frac{\theta}{2}\right)\hat{I} - i\sin\left(\frac{\theta}{2}\right)\hat{\sigma}_y\right) \\
&= \left(\cos^2\left(\frac{\theta}{2}\right) - \sin^2\left(\frac{\theta}{2}\right)\right)\hat{\sigma}_z - 2\cos\left(\frac{\theta}{2}\right)\sin\left(\frac{\theta}{2}\right)\hat{\sigma}_x \\
&= \hat{\sigma}_z\cos\theta - \hat{\sigma}_x\sin\theta
\end{aligned} \tag{12.83}$$

が得られる。この両辺を状態ベクトルで挟めば (12.2) 式が出る。また $\hat{\sigma}_x\hat{\sigma}_y = i\hat{\sigma}_z, \hat{\sigma}_y\hat{\sigma}_x = -i\hat{\sigma}_z, \hat{\sigma}_y\hat{\sigma}_x\hat{\sigma}_y = -\hat{\sigma}_x$ から

$$\begin{aligned}
&\hat{U}_y^\dagger(\theta)\,\hat{\sigma}_x\hat{U}_y(\theta) \\
&= \left(\cos\left(\frac{\theta}{2}\right)\hat{I} + i\sin\left(\frac{\theta}{2}\right)\hat{\sigma}_y\right)\hat{\sigma}_x\left(\cos\left(\frac{\theta}{2}\right)\hat{I} - i\sin\left(\frac{\theta}{2}\right)\hat{\sigma}_y\right) \\
&= 2\cos\left(\frac{\theta}{2}\right)\sin\left(\frac{\theta}{2}\right)\hat{\sigma}_z + \left(\cos^2\left(\frac{\theta}{2}\right) - \sin^2\left(\frac{\theta}{2}\right)\right)\hat{\sigma}_x \\
&= \hat{\sigma}_z\sin\theta + \hat{\sigma}_x\cos\theta
\end{aligned} \tag{12.84}$$

が示せる。これから (12.3) 式が導かれる。

問 2 (5.25) 式の一重項表現の状態 $|\Phi_-\rangle_{AB} = \frac{1}{\sqrt{2}}\left(|+\rangle_A|-\rangle_B - |-\rangle_A|+\rangle_B\right)$ が空間回転に対して位相因子を除いて不変であり、どの空間方向で A と B のスピン角運動量成分を測っても、一方の値が $\pm\frac{\hbar}{2}$ と観測されるならば、他方の値は $\mp\frac{\hbar}{2}$ となることを示せ。

解 z 軸を $\vec{n} = (\sin\theta\cos\phi, \sin\theta\sin\phi, \cos\theta)$ の方向の空間軸へと回す空間

回転操作に対応するユニタリー行列 $\hat{U}$ は (2.44) 式で与えられ、また (2.40) 式と (2.43) 式で与えられる $|\psi_\pm\rangle = \hat{U}|\pm\rangle$ が $\vec{n}$ 方向のスピン上向き状態と下向き状態になっている。この空間回転を同時に $|\Phi_-\rangle_{AB}$ の状態にあるスピン A と B に施すと

$$\left(\hat{U}\otimes\hat{U}\right)|\Phi_-\rangle_{AB} = \frac{1}{\sqrt{2}}\left(\hat{U}|+\rangle_A\hat{U}|-\rangle_B - \hat{U}|-\rangle_A\hat{U}|+\rangle_B\right)$$
$$= \frac{1}{\sqrt{2}}\left(|\psi_+\rangle_A|\psi_-\rangle_B - |\psi_-\rangle_A|\psi_+\rangle_B\right) \tag{12.85}$$

という状態になる。ところがこの右辺に (2.40) 式と等価である

$$|\psi_+\rangle = e^{i\delta}e^{-i\phi}\cos\left(\frac{\theta}{2}\right)|+\rangle + e^{i\delta}\sin\left(\frac{\theta}{2}\right)|-\rangle \tag{12.86}$$

と、(2.43) 式と等価である

$$|\psi_-\rangle = -e^{i\delta'}\sin\left(\frac{\theta}{2}\right)|+\rangle + e^{i\delta'}e^{i\phi}\cos\left(\frac{\theta}{2}\right)|-\rangle \tag{12.87}$$

という関係式を代入すると、

$$\begin{aligned}
&\frac{1}{\sqrt{2}}\left(|\psi_+\rangle_A|\psi_-\rangle_B - |\psi_-\rangle_A|\psi_+\rangle_B\right)\\
&= \frac{1}{\sqrt{2}}\left(e^{i\delta}e^{-i\phi}\cos\left(\frac{\theta}{2}\right)|+\rangle_A + e^{i\delta}\sin\left(\frac{\theta}{2}\right)|-\rangle_A\right)\\
&\quad\cdot\left(-e^{i\delta'}\sin\left(\frac{\theta}{2}\right)|+\rangle_B + e^{i\delta'}e^{i\phi}\cos\left(\frac{\theta}{2}\right)|-\rangle_B\right)\\
&- \frac{1}{\sqrt{2}}\left(-e^{i\delta'}\sin\left(\frac{\theta}{2}\right)|+\rangle_A + e^{i\delta'}e^{i\phi}\cos\left(\frac{\theta}{2}\right)|-\rangle_A\right)\\
&\quad\cdot\left(e^{i\delta}e^{-i\phi}\cos\left(\frac{\theta}{2}\right)|+\rangle_B + e^{i\delta}\sin\left(\frac{\theta}{2}\right)|-\rangle_B\right)\\
&= \frac{e^{i\left(\delta+\delta'\right)}}{\sqrt{2}}\left(|+\rangle_A|-\rangle_B - |-\rangle_A|+\rangle_B\right)
\end{aligned} \tag{12.88}$$

から

$$\left(\hat{U}\otimes\hat{U}\right)|\Phi_-\rangle_{AB} = e^{i\left(\delta+\delta'\right)}|\Phi_-\rangle_{AB} \tag{12.89}$$

という $|\Phi_-\rangle_{AB}$ の空間回転不変性が示される。これと (12.85) 式から

$$|\Phi_-\rangle_{AB} = \frac{e^{-i\left(\delta+\delta'\right)}}{\sqrt{2}} \left(|\psi_+\rangle_A |\psi_-\rangle_B - |\psi_-\rangle_A |\psi_+\rangle_B\right) \tag{12.90}$$

という関係が得られるため、どの空間方向で A と B のスピン角運動量成分を測っても、一方の値が $\pm\frac{\hbar}{2}$ ならば他方の値は $\mp\frac{\hbar}{2}$ となる。なお (12.89) 式から得られる $\left(\hat{U}\otimes\hat{I}\right)|\Phi_-\rangle_{AB} = e^{i\left(\delta+\delta'\right)}\left(\hat{I}\otimes\hat{U}^{-1}\right)|\Phi_-\rangle_{AB}$ という関係は、A の操作を B の操作で置き換えられることを示しており、量子計算理論や量子暗号理論で役に立つ。

問 3 (12.66) 式の積分公式を示せ。

解 自明な ϕ 積分を行うと、

$$I_l = \int_0^{\pi} d\theta \sin\theta \int_0^{2\pi} d\phi \sin^{2l}\theta = 2\pi \int_0^{\pi} d\theta \sin\theta \sin^{2l}\theta \tag{12.91}$$

となる。ここで $u = \cos\theta$ と変数変換を行えば

$$I_l = 2\pi \int_{-1}^{1} (1+u)^l (1-u)^l du \tag{12.92}$$

となる。さらに $t = (1+u)/2$ と置けば、ベータ関数 $B(l+1, l+1) = \int_0^1 t^l (1-t)^l dt$ を使って

$$I_l = 4\pi 2^{2l} B(l+1, l+1) = 4\pi \frac{\left(2^l l!\right)^2}{(2l+1)!} \tag{12.93}$$

となり、

$$\int_0^{\pi} d\theta \sin\theta \int_0^{2\pi} d\phi \sin^{2l}\theta = 4\pi \frac{\left(2^l l!\right)^2}{(2l+1)!} \tag{12.94}$$

が示される。

REFERENCES

参考文献

[1] H. Rauch and S. A. Werner, *Neutron Interferometry: Lessons in Experimental Quantum Mechanics, Wave-Particle Duality, and Entanglement*, Oxford University Press (2015).

第13章

三次元球対称ポテンシャル問題

13.1　はじめに

ここでは三次元空間を運動する量子的な粒子を説明する。特に動径座標 r だけに依存するポテンシャル $V(r)$ の中を運動する場合を考える。$V(r) = -\frac{e^2}{r}$ という形の場合は、電荷 $-e$ を持った電子と電荷 $+e$ を持った陽子から成る水素原子を近似するクーロン引力の問題となる。

13.2　三次元調和振動子

三つの一次元調和振動子の状態空間をテンソル積すると、三次元調和振動子の状態空間が作れる。各調和振動子の昇降演算子を $\left(\hat{a}_1^\dagger, \hat{a}_1\right)$, $\left(\hat{a}_2^\dagger, \hat{a}_2\right)$, $\left(\hat{a}_3^\dagger, \hat{a}_3\right)$ とし、

$$\hat{a}_1 = \sqrt{\frac{m\omega}{2\hbar}}\hat{x} + \frac{i}{\sqrt{2\hbar m\omega}}\hat{p}_x,\ \hat{a}_2 = \sqrt{\frac{m\omega}{2\hbar}}\hat{y} + \frac{i}{\sqrt{2\hbar m\omega}}\hat{p}_y,$$
$$\hat{a}_3 = \sqrt{\frac{m\omega}{2\hbar}}\hat{z} + \frac{i}{\sqrt{2\hbar m\omega}}\hat{p}_z \tag{13.1}$$

と置いて、三次元の位置演算子 $(\hat{x}, \hat{y}, \hat{z})$ と運動量演算子 $(\hat{p}_x, \hat{p}_y, \hat{p}_z)$ を導入しよう。各演算子の間の交換関係は

$$[\hat{x}, \hat{p}_x] = [\hat{y}, \hat{p}_y] = [\hat{z}, \hat{p}_z] = i\hbar \tag{13.2}$$

以外のものは零になっている。この粒子のハミルトニアンを

$$\hat{H} = \hbar\omega\left(\hat{a}_1^\dagger\hat{a}_1 + \hat{a}_2^\dagger\hat{a}_2 + \hat{a}_3^\dagger\hat{a}_3 + \frac{3}{2}\right)$$

$$= \frac{1}{2m}\left(\hat{p}_x^2 + \hat{p}_y^2 + \hat{p}_z^2\right) + \frac{m\omega^2}{2}\left(\hat{x}^2 + \hat{y}^2 + \hat{z}^2\right) \tag{13.3}$$

と定義しよう。この場合のハミルトニアンの固有値方程式の位置表示は

$$\left[-\frac{\hbar^2}{2m}\left(\frac{\partial^2}{\partial x^2}+\frac{\partial^2}{\partial y^2}+\frac{\partial^2}{\partial z^2}\right)+\frac{m\omega^2}{2}\left(x^2+y^2+z^2\right)\right]u_E\left(x,y,z\right)=Eu_E\left(x,y,z\right) \tag{13.4}$$

で与えられる。この方程式は一次元調和振動子の固有値方程式

$$\left[-\frac{\hbar^2}{2m}\frac{\partial^2}{\partial x^2} + \frac{m\omega^2}{2}x^2\right]u_n(x) = \hbar\omega\left(n + \frac{1}{2}\right)u_n(x) \tag{13.5}$$

の解を用いれば解ける。n_x, n_y, n_z のそれぞれを非負の整数とすると、固有値は $E = \hbar\omega\left(n_x + n_y + n_z + \frac{3}{2}\right)$ で与えられ、対応する固有関数は $u_E\left(x, y, z\right) = u_{n_x}\left(x\right)u_{n_y}\left(y\right)u_{n_z}\left(z\right)$ となる。

一方 $r = \sqrt{x^2 + y^2 + z^2}$ と置けば、(13.4) 式の問題は、$\frac{m\omega^2}{2}r^2$ という球対称なポテンシャルの中を運動する粒子としても捉えられる。

13.3　球対称ポテンシャルのハミルトニアン固有値問題

以下では三次元調和振動子やクーロンポテンシャルの問題を含む、一般的な球対称ポテンシャル $V\left(r\right)$ を考えよう。その固有値方程式は

$$\left[-\frac{\hbar^2}{2m}\left(\frac{\partial^2}{\partial x^2} + \frac{\partial^2}{\partial y^2} + \frac{\partial^2}{\partial z^2}\right) + V\left(r\right)\right]u_E\left(x, y, z\right) = Eu_E\left(x, y, z\right) \tag{13.6}$$

となる。ここでは (13.6) 式を球座標系に書き直そう。労力の問題としては、運動エネルギー項に含まれるラプラス演算子 $\frac{\partial^2}{\partial x^2} + \frac{\partial^2}{\partial y^2} + \frac{\partial^2}{\partial z^2}$ の書き換えに手間がかかる。その計算の労力は、他の座標系への書き換えの労力と同じなので、せっかくだから最も一般的な座標系 $\left(u^1, u^2, u^3\right)$ で使えるラプラス演算子の公式を書いておこう。得られる公式の汎用性は高い。したがってここでは球座標系を一旦離れ、$x = x^1\left(u^1, u^2, u^3\right), y = x^2\left(u^1, u^2, u^3\right), z = x^3\left(u^1, u^2, u^3\right)$ という一般座標変換を考えよう（計算の詳細は付録 F を参照すること)。答えは

$$\frac{\partial^2}{\partial x^2} + \frac{\partial^2}{\partial y^2} + \frac{\partial^2}{\partial z^2} = \sum_{\mu\nu}\frac{1}{\sqrt{g}}\frac{\partial}{\partial u^\mu}\left(\sqrt{g}g^{\mu\nu}\frac{\partial}{\partial u^\nu}\right) \tag{13.7}$$

で与えられる。ここで $g_{\mu\nu}$ は

$$g_{\mu\nu}(u^1, u^2, u^3) = \sum_a \frac{\partial x^a}{\partial u^\mu} \frac{\partial x^a}{\partial u^\nu} \tag{13.8}$$

で定義される三次元計量行列 $(g_{\mu\nu})$ の成分であり、無限小だけ離れた二地点 $\left(x^1, x^2, x^3\right)$ と $\left(x^1 + dx^1, x^2 + dx^2, x^3 + dx^3\right)$ の距離の二乗が

$$ds^2 = \sum_a (dx^a)^2 = \sum_{\mu\nu} g_{\mu\nu}(u^1, u^2, u^3) du^\mu du^\nu \tag{13.9}$$

で与えられる。$(g_{\mu\nu})$ の逆行列の成分 $g^{\mu\nu}$ は

$$g^{\mu\nu} = \sum_a \frac{\partial u^\mu}{\partial x^a} \frac{\partial u^\nu}{\partial x^a} \tag{13.10}$$

と計算される。g は計量テンソルの行列式 $\det(g_{\mu\nu})$ で定義される。

(13.7) 式を球座標系 $x = r\sin\theta\cos\phi, y = r\sin\theta\sin\phi, z = r\cos\theta$ の場合に適用しよう。各線素は

$$dx = \sin\theta\cos\phi dr + r\cos\theta\cos\phi d\theta - r\sin\theta\sin\phi d\phi, \tag{13.11}$$

$$dy = \sin\theta\sin\phi dr + r\cos\theta\sin\phi d\theta + r\sin\theta\cos\phi d\phi, \tag{13.12}$$

$$dz = \cos\theta dr - r\sin\theta d\theta \tag{13.13}$$

と計算されるため、$ds^2 = dx^2 + dy^2 + dz^2 = dr^2 + r^2 d\theta^2 + r^2\sin^2\theta d\phi^2$ を得る。これから計量行列は

$$(g_{\mu\nu}) = \begin{pmatrix} g_{rr} & g_{r\theta} & g_{r\phi} \\ g_{\theta r} & g_{\theta\theta} & g_{\theta\phi} \\ g_{\phi r} & g_{\phi\theta} & g_{\phi\phi} \end{pmatrix} = \begin{pmatrix} 1 & 0 & 0 \\ 0 & r^2 & 0 \\ 0 & 0 & r^2\sin^2\theta \end{pmatrix} \tag{13.14}$$

と計算される。これから行列式の平方根は $\sqrt{g} = r^2\sin\theta$ で与えられ、また $(g_{\mu\nu})$ の逆行列は

$$(g^{\mu\nu}) = \begin{pmatrix} g^{rr} & g^{r\theta} & g^{r\phi} \\ g^{\theta r} & g^{\theta\theta} & g^{\theta\phi} \\ g^{\phi r} & g^{\phi\theta} & g^{\phi\phi} \end{pmatrix} = \begin{pmatrix} 1 & 0 & 0 \\ 0 & \frac{1}{r^2} & 0 \\ 0 & 0 & \frac{1}{r^2\sin^2\theta} \end{pmatrix} \tag{13.15}$$

となる。これらを (13.7) 式に代入すれば

$$\frac{\partial^2}{\partial x^2}+\frac{\partial^2}{\partial y^2}+\frac{\partial^2}{\partial z^2}=\frac{1}{r^2}\frac{\partial}{\partial r}r^2\frac{\partial}{\partial r}+\frac{1}{r^2}\Delta_{\theta\phi} \tag{13.16}$$

という結果になる。ここで $\Delta_{\theta\phi}$ は (12.77) 式の軌道角運動量の大きさの二乗の演算子に現れた球面上のラプラス演算子であり、$\Delta_{\theta\phi}=\frac{1}{\sin\theta}\frac{\partial}{\partial\theta}\sin\theta\frac{\partial}{\partial\theta}+\frac{1}{\sin^2\theta}\frac{\partial^2}{\partial\phi^2}$ となっている※116。そして $\Delta_{\theta\phi}Y_{lm}(\theta,\phi)=-l(l+1)Y_{lm}(\theta,\phi)$ を満たす $\Delta_{\theta\phi}$ の固有関数 $Y_{lm}(\theta,\phi)$ は (12.69) 式の球面調和関数である。

(13.6) 式の固有関数を球座標で $u_E(r,\theta,\phi)=\frac{1}{r}v_l(r)Y_{lm}(\theta,\phi)$ と書けば、

$$\left[-\frac{\hbar^2}{2m}\left(\frac{1}{r^2}\frac{\partial}{\partial r}r^2\frac{\partial}{\partial r}-\frac{l(l+1)}{r^2}\right)+V(r)\right]\frac{v_l(r)}{r}=E\frac{v_l(r)}{r} \tag{13.17}$$

という動径固有関数 $v(r)$ を決める方程式を得る。両辺に r をかけて、$\tilde{V}(r)=V(r)+\frac{l(l+1)\hbar^2}{2mr^2}$ という有効ポテンシャルを使えば、(13.17) 式は

$$\left[-\frac{\hbar^2}{2m}\frac{\partial^2}{\partial r^2}+\tilde{V}(r)\right]v_l(r)=Ev_l(r) \tag{13.18}$$

という一次元のハミルトニアンの固有値方程式に簡略化されてしまう。なお動径座標だった r は非負の値しかとらない。また三次元固有関数 $u_E(r,\theta,\phi)$ が原点で発散しないために、$v_l(0)=0$ が要求される。この境界条件の下で (13.18) 式の一次元問題を、解析的な手法か計算機による数値的手法で解ければ、三次元球対称ポテンシャル問題も一緒に解けてしまう。束縛状態の三次元での規格化条件は $\int\int\int|u_E(x,y,z)|^2\,dxdydz=1$ で与えられるが、(12.70) 式を使うと、これは $\int_0^\infty|v_l(r)|^2\,dr=1$ と書き換えられる（演習問題 (1)）。

なお $\tilde{V}(r)$ に含まれている $\frac{l(l+1)\hbar^2}{2mr^2}$ は古典力学でもあった遠心力を導くポテンシャルになっている。

13.4 角運動量保存則

角運動量演算子は空間回転の生成子であった。このため空間回転対称性を持つハミルトニアンでは、角運動量は時間に依存しなくなる。これを**角運動量保**

※116‥付録 F 参照。

存則 (angular momentum conservation) と呼ぶ。

空間回転対称性がある場合、スピンを持った粒子ではその軌道角運動量とスピン角運動量の合計が保存する。これを以下で見てみよう。

二準位スピンを持った粒子の量子状態 $|\Psi\rangle$ は、空間自由度の部分状態空間とスピン自由度の部分状態空間のテンソル積で作られる状態空間の元である。したがって位置演算子 $\mathbf{x}, \mathbf{y}, \mathbf{z}$ の同時固有状態 $|x, y, z\rangle$ と、例えば $\hat{\sigma}_z$ の固有状態 $|\pm\rangle$ を用いて※117、$\Psi_\pm(x, y, z) = (\langle x, y, z| \otimes \langle\pm|)|\Psi\rangle$ という二成分の波動関数で記述される。通常それを縦に並べて表示し、シュレディンガー方程式は

$$i\hbar\frac{\partial}{\partial t}\begin{pmatrix} \Psi_+(t, x, y, z) \\ \Psi_-(t, x, y, z) \end{pmatrix} = \mathbf{H}\begin{pmatrix} \Psi_+(t, x, y, z) \\ \Psi_-(t, x, y, z) \end{pmatrix} \tag{13.19}$$

という形に書かれる。ここではハミルトニアン $\mathbf{H}$ は

$$\mathbf{H} = \begin{pmatrix} \mathbf{H}_{++} & \mathbf{H}_{+-} \\ \mathbf{H}_{-+} & \mathbf{H}_{--} \end{pmatrix} \tag{13.20}$$

という二次元行列構造を持っており、その各成分 $\mathbf{H}_{ss'}$ は $\mathbf{x}, \mathbf{y}, \mathbf{z}, \mathbf{p}_x, \mathbf{p}_y, \mathbf{p}_z$ を用いて書かれている。

例えば、球対称ポテンシャル中の粒子のハミルトニアン

$$\mathbf{H}_o = \frac{1}{2m}\left(\mathbf{p}_x^2 + \mathbf{p}_y^2 + \mathbf{p}_z^2\right) + V\left(\sqrt{\mathbf{x}^2 + \mathbf{y}^2 + \mathbf{z}^2}\right) \tag{13.21}$$

に (12.50) 式の軌道角運動量演算子 $\left(\mathbf{L}_x, \mathbf{L}_y, \mathbf{L}_z\right)$ と、スピン角運動量行列 $\frac{\hbar}{2}\vec{\sigma} = \frac{\hbar}{2}(\hat{\sigma}_x, \hat{\sigma}_y, \hat{\sigma}_z)$ の内積の形をしている相互作用項を加えた

$$\begin{aligned} \mathbf{H} &= \mathbf{H}_o\hat{I} + \frac{\hbar}{2}g_L\left(\mathbf{L}_x\hat{\sigma}_x + \mathbf{L}_y\hat{\sigma}_y + \mathbf{L}_z\hat{\sigma}_z\right) \\ &= \begin{pmatrix} \mathbf{H}_o + \frac{\hbar}{2}g_L\mathbf{L}_z & \frac{\hbar}{2}g_L\left(\mathbf{L}_x - i\mathbf{L}_y\right) \\ \frac{\hbar}{2}g_L\left(\mathbf{L}_x + i\mathbf{L}_y\right) & \mathbf{H}_o - \frac{\hbar}{2}g_L\mathbf{L}_z \end{pmatrix} \end{aligned} \tag{13.22}$$

というハミルトニアンを考えよう。すると $a = x, y, z$ として

$$\left[\mathbf{H}, \mathbf{L}_a + \frac{\hbar}{2}\hat{\sigma}_a\right] = 0 \tag{13.23}$$

※117 ‥他のスピン成分の行列の固有状態でも、もちろん構わない。

が直接計算で示せる（演習問題 (2)）。したがって $\mathbf{L}_a+\frac{\hbar}{2}\hat{\sigma}_a$ のハイゼンベルグ演算子は時間に依存しない。

また $\mathbf{H}'=\mathbf{H}-\mu B_z\left(\sqrt{\mathbf{x}^2+\mathbf{y}^2},t\right)\hat{\sigma}_z$ のように z 軸方向の磁場の効果を加えると、B_z は x 軸方向と y 軸方向の回転対称性を壊してしまうが、z 軸方向の回転対称性だけは生き残る。そのため

$$\left[\mathbf{H}',\mathbf{L}_z+\frac{\hbar}{2}\hat{\sigma}_z\right]=0 \tag{13.24}$$

が成り立ち、合計した角運動量の z 成分は保存する。二準位系のスピン角運動量を定義するときに、$\frac{\hbar}{2}$ という係数をパウリ行列 $\hat{\sigma}_a$ にかけたが、軌道角運動量と合わせると保存するスピン角運動量にしたければ、この係数にする必要がある。

鉄などの強磁性体を使って、この $\mathbf{L}_z+\frac{\hbar}{2}\hat{\sigma}_z$ の保存則は実験で確認されている。例えば電流が流れているソレノイドの中に強磁性体を入れると、電流が作る磁場の方向に磁化される。この磁化は強磁性体を作る原子のスピンが揃って例えば z 軸上向き状態になっていることで生まれている。そこでソレノイドの電流を反転させると、磁化の向きも反転し、スピンも z 軸下向きになる。ソレノイドの磁場は、z 軸回転に対しての対称性を保ったまま、その向きを反転できるので、この過程で $\mathbf{L}_z+\frac{\hbar}{2}\hat{\sigma}_z$ は保存する。そのため最初止まっていた強磁性体は、磁場反転後に軌道角運動量を獲得して、回転しだす。これは**アインシュタイン゠ドハース効果** (Einstein–de Haas effect) と呼ばれ、アルバート・アインシュタインと実験家のワンダー・ドハース (Wander de Haas) によってなされた実験で確認された。また逆に強磁性体を z 軸の周りに回転させると、保存則からその軌道角運動量がスピン角運動量に転化して、磁化を生じる現象も、サミュエル・バーネット (Samuel Barnett) によって発見され、**バーネット効果** (Barnett effect) と呼ばれている。

13.5 クーロンポテンシャルの基底状態

クーロン引力が働く粒子の場合、(13.18) 式は

$$\left[-\frac{\hbar^2}{2m}\frac{\partial^2}{\partial r^2}-\frac{e^2}{r}+\frac{l(l+1)\hbar^2}{2mr^2}\right]v_l(r)=Ev_l(r) \tag{13.25}$$

と書ける。ここで $v_l(0)=0$ という境界条件が要求される。この方程式から量子的な束縛状態のエネルギーは $n=1,2,3,\cdots$ として $E_n=-\frac{e^2}{2a_B}\frac{1}{n^2}$ と求まる(演習問題 (3))。$a_B=\frac{\hbar^2}{e^2m}$ は**ボーア半径** (Bohr radius) と呼ばれる長さの単位を持った定数である。この名は、量子的な原子モデルを提案したニールス・ボーア (Niels Bohr, 1885–1962) に由来する。特に最低エネルギーは $E_1=-\frac{e^2}{2a_B}$ という有限値に留まり、その固有関数は $u_{E_1}(r,\theta,\phi)=\sqrt{\frac{4}{a_B^3}}\exp\left(-\frac{r}{a_B}\right)$ で与えられる。古典力学の粒子のように $r\to 0$ と落ち込んで不安定にならないのは、不確定性関係のためである。簡単のために $l=m=0$ として動径の r 方向だけに量子揺らぎ Δr があるとしよう。不確定性関係から最低でも $\Delta p=O\left(\frac{\hbar}{\Delta r}\right)$ 程度の運動量の量子揺らぎが現れる。そこで $\Delta p=\frac{\hbar}{\Delta r}$ とおいて近似的な基底状態のエネルギーの大きさを見積もってみよう。Δr の関数として $E(\Delta r)=\frac{\Delta p^2}{2m}-\frac{e^2}{\Delta r}=\frac{1}{2m}\left(\frac{\hbar}{\Delta r}\right)^2-\frac{e^2}{\Delta r}$ と近似し、Δr を変化させたときの最小値を求めると、それは $\Delta r=a_B$ のときに達成され、$E_{\min}=-\frac{e^2}{2a_B}$ が再現される。なおここの不確定性関係での E_1 の評価法では $E_{\min}=-O\left(\frac{e^2}{a_B}\right)$ となるところまでは信用できるが、その具体的な係数の導出ができるほどの精密な解析ではないことに留意して欲しい。仮に粒子が $r=0$ に落ち込むと、Δr も小さくなって、不確定性関係から運動量の量子揺らぎ Δp が大きくなり、粒子が外へとはじかれるため、安定した最低エネルギー状態が現れる。

SUMMARY

まとめ

三次元球対称ポテンシャル問題は、球面調和関数を用いて一次元のポテンシャル問題へと簡略化できる。クーロンポテンシャル $V(r)=-\frac{e^2}{r}$ の束縛状態の最低エネルギーは不確定性関係のおかげで有限になる。

EXERCISES

演習問題

問 1 $\int\int\int |u_E(x,y,z)|^2 \, dxdydz = 1$ を満たす球対称ポテンシャルの束縛状態のエネルギー固有関数 u_E に対して $u_E = \frac{1}{r}v_l(r)Y_{lm}(\theta,\phi)$ としたとき、$\int_0^\infty |v_l(r)|^2 \, dr = 1$ を示せ。

解

$$\begin{aligned}
&\int\int\int dxdydz \, |u_E(x,y,z)|^2 \\
&= \int_0^\infty dr r^2 \int_0^\pi d\theta \sin\theta \int_0^{2\pi} d\phi \left| \frac{1}{r} v_l(r) Y_{lm}(\theta,\phi) \right|^2 \\
&= \int_0^\infty dr \, |v_l(r)|^2 \times \int_0^\pi d\theta \sin\theta \int_0^{2\pi} d\phi \, |Y_{lm}(\theta,\phi)|^2 \\
&= \int_0^\infty |v_l(r)|^2 \, dr.
\end{aligned} \tag{13.26}$$

問 2 (13.22) 式のハミルトニアンに対して (13.23) 式を示せ。

解 ハミルトニアンは

$$\begin{aligned}
\mathbf{H} = &\frac{1}{2m}\left(\mathbf{p}_x^2 + \mathbf{p}_y^2 + \mathbf{p}_z^2\right)\hat{I} + V\left(\sqrt{\mathbf{x}^2 + \mathbf{y}^2 + \mathbf{z}^2}\right)\hat{I} \\
&+ \frac{\hbar}{2} g_L \left(\mathbf{L}_x \hat{\sigma}_x + \mathbf{L}_y \hat{\sigma}_y + \mathbf{L}_z \hat{\sigma}_z\right)
\end{aligned} \tag{13.27}$$

である。ここで $a = x, y, z$ として

$$\left[\mathbf{p}_x^2 + \mathbf{p}_y^2 + \mathbf{p}_z^2, \mathbf{L}_a\right] = \left[\mathbf{x}^2 + \mathbf{y}^2 + \mathbf{z}^2, \mathbf{L}_a\right] = 0 \tag{13.28}$$

が成り立つ。例えば $\left[\mathbf{p}_x^2 + \mathbf{p}_y^2 + \mathbf{p}_z^2, \mathbf{L}_x\right] = 0$ は

$$\begin{aligned}
&\left[\mathbf{p}_x^2 + \mathbf{p}_y^2 + \mathbf{p}_z^2, \mathbf{L}_x\right] \\
&= \left[\mathbf{p}_x^2 + \mathbf{p}_y^2 + \mathbf{p}_z^2, \mathbf{y}\mathbf{p}_z - \mathbf{z}\mathbf{p}_y\right] \\
&= \left[\mathbf{p}_y^2, \mathbf{y}\mathbf{p}_z\right] + \left[\mathbf{p}_z^2, -\mathbf{z}\mathbf{p}_y\right] \\
&= \mathbf{y}\left[\mathbf{p}_y^2, \mathbf{p}_z\right] + \left[\mathbf{p}_y^2, \mathbf{y}\right]\mathbf{p}_z - \mathbf{z}\left[\mathbf{p}_z^2, \mathbf{p}_y\right] - \left[\mathbf{p}_z^2, \mathbf{z}\right]\mathbf{p}_y \\
&= \left[\mathbf{p}_y\mathbf{p}_y, \mathbf{y}\right]\mathbf{p}_z - \left[\mathbf{p}_z\mathbf{p}_z, \mathbf{z}\right]\mathbf{p}_y \\
&= \mathbf{p}_y\left[\mathbf{p}_y, \mathbf{y}\right]\mathbf{p}_z + \left[\mathbf{p}_y, \mathbf{y}\right]\mathbf{p}_y\mathbf{p}_z - \mathbf{p}_z\left[\mathbf{p}_z, \mathbf{z}\right]\mathbf{p}_y - \left[\mathbf{p}_z, \mathbf{z}\right]\mathbf{p}_z\mathbf{p}_y
\end{aligned}$$

$$= -2i\hbar \mathbf{p}_y \mathbf{p}_z + 2i\hbar \mathbf{p}_z \mathbf{p}_y = -2i\hbar (\mathbf{p}_y \mathbf{p}_z - \mathbf{p}_y \mathbf{p}_z) = 0 \tag{13.29}$$

と計算で確かめられる。他も同様である。これはベクトルの長さの二乗である $\mathbf{p}_x^2 + \mathbf{p}_y^2 + \mathbf{p}_z^2$ と $\mathbf{x}^2 + \mathbf{y}^2 + \mathbf{z}^2$ が回転において不変であることを意味している。このことから

$$\left[\frac{1}{2m} \left(\mathbf{p}_x^2 + \mathbf{p}_y^2 + \mathbf{p}_z^2 \right) + V \left(\sqrt{\mathbf{x}^2 + \mathbf{y}^2 + \mathbf{z}^2} \right), \mathbf{L}_a \right] = 0 \tag{13.30}$$

も自動的に成り立つ。また空間自由度の演算子とスピン自由度の演算子は可換であるため

$$\left[\frac{1}{2m} \left(\mathbf{p}_x^2 + \mathbf{p}_y^2 + \mathbf{p}_z^2 \right) + V \left(\sqrt{\mathbf{x}^2 + \mathbf{y}^2 + \mathbf{z}^2} \right), \frac{\hbar}{2} \hat{\sigma}_a \right] = 0 \tag{13.31}$$

も満たされる。$\hat{J}_a = \mathbf{L}_a + \frac{\hbar}{2}\hat{\sigma}_a$ とすると、角運動量ベクトル $\left(\hat{J}_x, \hat{J}_y, \hat{J}_z \right)$ の長さの二乗 $\hat{J}_x^2 + \hat{J}_y^2 + \hat{J}_z^2$ でも同様なので

$$\left[\hat{J}_x^2 + \hat{J}_y^2 + \hat{J}_z^2, \hat{J}_a \right] = 0 \tag{13.32}$$

が言える。具体的に書けば

$$\left[\left(\mathbf{L}_x + \frac{\hbar}{2}\hat{\sigma}_x \right)^2 + \left(\mathbf{L}_y + \frac{\hbar}{2}\hat{\sigma}_y \right)^2 + \left(\mathbf{L}_z + \frac{\hbar}{2}\hat{\sigma}_z \right)^2, \mathbf{L}_a + \frac{\hbar}{2}\hat{\sigma}_a \right] = 0 \tag{13.33}$$

となるが

$$\left[\mathbf{L}_x^2 + \mathbf{L}_y^2 + \mathbf{L}_z^2, \mathbf{L}_a + \frac{\hbar}{2}\hat{\sigma}_a \right] = \left[\mathbf{L}_x^2 + \mathbf{L}_y^2 + \mathbf{L}_z^2, \mathbf{L}_a \right] = 0 \tag{13.34}$$

と

$$\begin{aligned} &\left[\left(\frac{\hbar}{2}\hat{\sigma}_x \right)^2 + \left(\frac{\hbar}{2}\hat{\sigma}_y \right)^2 + \left(\frac{\hbar}{2}\hat{\sigma}_z \right)^2, \mathbf{L}_a + \frac{\hbar}{2}\hat{\sigma}_a \right] \\ &\quad = \left[\left(\frac{\hbar}{2}\hat{\sigma}_x \right)^2 + \left(\frac{\hbar}{2}\hat{\sigma}_y \right)^2 + \left(\frac{\hbar}{2}\hat{\sigma}_z \right)^2, \frac{\hbar}{2}\hat{\sigma}_a \right] = 0 \end{aligned} \tag{13.35}$$

から

$$\left[\mathbf{L}_x \hat{\sigma}_x + \mathbf{L}_y \hat{\sigma}_y + \mathbf{L}_z \hat{\sigma}_z, \mathbf{L}_a + \frac{\hbar}{2}\hat{\sigma}_a \right] = 0 \tag{13.36}$$

が示される。したがって $\left[\mathbf{H}, \mathbf{L}_a + \frac{\hbar}{2}\hat{\sigma}_a\right] = 0$ が確かめられる。

問 3 (13.25) 式の $E < 0$ となる束縛状態を解いて、固有値は $E_n = -\frac{e^2}{2a_B}\frac{1}{n^2}$ $(n = 1, 2, 3, \cdots)$ となることを示せ。

解 クーロン引力による束縛状態の標準的な解法は既に Web 上で簡単に見つけられるので、ここでは略す。下記のサイトでは、これまで研究者たちが見つけてきた 8 個の異なる解法が紹介されているので一読をお勧めする。

「adhara's blog」, https://adhara.hatenadiary.jp/entry/2016/04/29/170000

第14章

量子情報物理学

14.1 はじめに

これまで説明してきたように、量子力学は確率理論に基づいており、そこで扱われる物理量の確率分布には様々な情報が書き込まれている。この意味で量子力学に基づいた情報理論を学ぶことが、翻って量子力学そのものの理解を深めてくれる。この章では、量子情報のいくつかのテーマを学ぶことにする。

14.2 複製禁止定理

純粋状態は**完全状態** (perfect state) と呼ばれることがある。それは純粋状態 $|\psi\rangle$ にある S 系は外部の量子系 A と相関を持たないという性質からきている。そしてその外部系 A は、宇宙の果ての未だ知られていないどんな物理系でも構わないのである。S との合成系の状態は A の密度演算子 $\hat{\rho}$ を使った $|\psi\rangle\langle\psi| \otimes \hat{\rho}$ という形の直積状態に成らざるを得ない。したがって A 系をあれこれ測定しても S 系の $|\psi\rangle$ に書き込まれた情報の一部すら決して読み取れないことが、量子力学の原理レベルで保証される。つまり純粋状態は情報保管庫として完全なのである。

純粋状態に含まれる情報は特別な場合を除いて複製を作れないことが知られている。それは保管庫である純粋状態自体の複製が一般的には禁止されているからである。$|\psi\rangle$ の状態にある S 系と $|\psi\rangle$ のコピーを作りたい量子系 C を用意して、S と C の間で任意の相互作用をさせても、$|\psi\rangle_S|\psi\rangle_C$ と状態を作ることが、一部の例外を除いてできない。これは**複製禁止定理** (no cloning theorem) と呼ばれる。完全な情報保管庫としての純粋状態を複製することが

できるかを調べたいので、S と C の合成系のユニタリー操作を考えれば十分である[※118]。その操作に対応するユニタリー行列を $\hat{U}_{SC}$ と書こう。ここで S 系の二つの純粋状態として $|\psi_1\rangle$ と $|\psi_2\rangle$ を考える。そして C 系の初期状態を $|0\rangle$ という純粋状態にとろう。二つの状態に対して複製ができるとは、

$$\hat{U}_{SC}|\psi_1\rangle_S|0\rangle_C = |\psi_1\rangle_S|\psi_1\rangle_C, \hat{U}_{SC}|\psi_2\rangle_S|0\rangle_C = |\psi_2\rangle_S|\psi_2\rangle_C \tag{14.1}$$

が同時に成り立つことである[※119]。この二つの状態ベクトルの内積をそれぞれの右辺から計算すると

$$\left(\langle\psi_1|_S\langle\psi_1|_C\right)\left(|\psi_2\rangle_S|\psi_2\rangle_C\right) = \langle\psi_1|\psi_2\rangle^2 \tag{14.2}$$

を得る。一方、$\hat{U}_{SC}^\dagger\hat{U}_{SC} = \hat{I}_{SC}$ を使うと、それぞれの左辺を使って

$$\langle\psi_1|_S\langle 0|_C\hat{U}_{SC}^\dagger\hat{U}_{SC}|\psi_2\rangle_S|0\rangle_C = \langle\psi_1|\psi_2\rangle\langle 0|0\rangle = \langle\psi_1|\psi_2\rangle \tag{14.3}$$

という関係も出てくる。これから $\langle\psi_1|\psi_2\rangle^2 = \langle\psi_1|\psi_2\rangle$ が要請されるため、二つの状態ベクトルが直交する $\langle\psi_1|\psi_2\rangle = 0$ の場合か、二つの量子状態が一致する $\langle\psi_1|\psi_2\rangle = 1$ の場合しか許されない。$\langle\psi_1|\psi_2\rangle$ が 0 でも 1 でもない一般の重ね合わせ状態の場合には、複製を作る $\hat{U}_{SC}$ は存在しない。$\langle\psi_1|\psi_2\rangle = 0$ を満たす場合は、区別できる 0 と 1 の古典ビットの場合と同じである。ファイルのコピーのように、ビット値で記述できる古典情報はいくらでも複製を作ることができるのが特徴であった。それと対照的に、重ね合わせでできている純粋状態に含まれる情報には、そのコピーを許さない強いアイデンティティがある。この純粋状態の性質は、盗聴検知が可能な**量子暗号** (quantum cryptography) にも使われている。

14.3 量子テレポーテーション

離れたところにいるアリスとボブが持つ量子系が量子もつれを有しているな

※118‥TPCP 写像で書かれる一般的な物理操作を含めた証明や、混合状態の複製については、『量子情報と時空の物理［第 2 版］』（堀田昌寛著、サイエンス社）でも触れている。

※119‥もちろん $\hat{U}_{SC}|\psi_2\rangle_S|0\rangle_C = \exp(i\phi)|\psi_2\rangle_S|\psi_2\rangle_C$ としてもよいが、ここでは本質的ではない位相因子である $\exp(i\phi)$ を 1 にとってある。

らば、たとえ未知の純粋状態でも、アリスはその中身を知ることなく、LOCCだけでボブにその状態を転送することが可能である。これを実現するプロトコルが**量子テレポーテーション** (quantum teleportation) である。以下では二準位スピン系を例にして、$\hat{\sigma}_z|\pm\rangle = \pm|\pm\rangle$ を満たす基底ベクトルを用いて議論する。ここでは、二つの二準位スピン系の状態空間の直交基底を成す、以下の四つのベル状態を使う。

$$|\Psi_\pm\rangle = \frac{1}{\sqrt{2}}\left(|+\rangle|+\rangle \pm |-\rangle|-\rangle\right), \tag{14.4}$$

$$|\Phi_\pm\rangle = \frac{1}{\sqrt{2}}\left(|+\rangle|-\rangle \pm |-\rangle|+\rangle\right). \tag{14.5}$$

アリスは $|\psi\rangle = \alpha|+\rangle + \beta|-\rangle$ という状態にある A という二準位スピン系を持っている。そしてアリスは $|\psi\rangle$ の α, β を知っている必要はない。同時にアリスはボブが持つ二準位スピン系 B ともつれている二準位スピン系 A' も持っている。A' と B は $|\Psi_+\rangle_{A'B}$ のベル状態にあるとしよう。A, A', B の三つの合成系は

$$\begin{aligned}
&|\psi\rangle_A|\Psi_+\rangle_{A'B} \\
&= \frac{1}{\sqrt{2}}\alpha|+\rangle_A|+\rangle_{A'}|+\rangle_B + \frac{1}{\sqrt{2}}\beta|-\rangle_A|+\rangle_{A'}|+\rangle_B \\
&+ \frac{1}{\sqrt{2}}\alpha|+\rangle_A|-\rangle_{A'}|-\rangle_B + \frac{1}{\sqrt{2}}\beta|-\rangle_A|-\rangle_{A'}|-\rangle_B
\end{aligned} \tag{14.6}$$

という初期状態にある。ここで A, A' から成る部分系の状態を $|\Psi_\pm\rangle, |\Phi_\pm\rangle$ で展開し直すと

$$\begin{aligned}
|\psi\rangle_A|\Psi_+\rangle_{A'B} &= \frac{1}{2}|\Psi_+\rangle_{AA'}|\psi\rangle_B + \frac{1}{2}|\Psi_-\rangle_{AA'}\hat{\sigma}_z|\psi\rangle_B + \frac{1}{2}|\Phi_+\rangle_{AA'}\hat{\sigma}_x|\psi\rangle_B \\
&+ \frac{1}{2}|\Phi_-\rangle_{AA'}\hat{\sigma}_x\hat{\sigma}_z|\psi\rangle_B
\end{aligned} \tag{14.7}$$

という結果が得られる。この初期状態で、A と A' が $|\Psi_\pm\rangle, |\Phi_\pm\rangle$ のどの状態にあるかの測定をしよう。四つのベル状態それぞれが観測される確率は等しく、どれも $\frac{1}{4}$ である。このため測定結果の確率分布から $|\psi\rangle$ の情報を抽出することは不可能である。$|\Psi_+\rangle$ が観測されれば、遠くにいるボブの B 系は既に $|\psi\rangle$ になっている。確認のためにアリスはボブにメッセージ m として「Ψ_+ だっ

た」と携帯電話などを用いた古典通信で連絡する。$|\Psi_-\rangle$ が観測されれば、B 系は $\hat{\sigma}_z|\psi\rangle$ になっている。そこでアリスはボブに「Ψ_- だった」と古典通信で伝え、ボブに $\hat{U}_{\Psi_-} = \hat{\sigma}_z^{-1} = \hat{\sigma}_z$ という操作を B 系に施すことを命じる。すると B 系の状態はまた $|\psi\rangle$ になる。同様に $|\Phi_+\rangle$ や $|\Phi_-\rangle$ が観測されれば、アリスはその結果を「Φ_+ だった 」や「Φ_- だった」としてボブに伝え、ボブは $\hat{U}_{\Phi_+} = \hat{\sigma}_x^{-1} = \hat{\sigma}_x$ や $\hat{U}_{\Phi_-} = \hat{\sigma}_z^{-1}\hat{\sigma}_x^{-1} = \hat{\sigma}_z\hat{\sigma}_x$ の物理操作を B 系に施し、図 14.1 のように状態 $|\psi\rangle$ を得る。ここで情報を送る通信路は古典的なもので十分である。例えば光子の偏極状態に量子情報を書き込んで、その光子そのものをボブに届ける量子的な通信路は必要ではない。

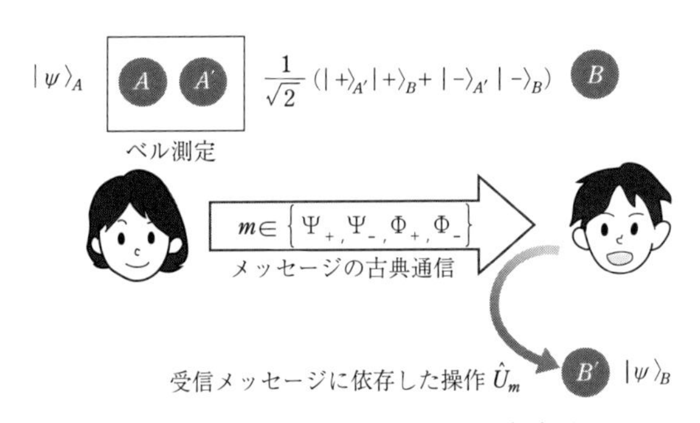

図 14.1 量子テレポーテーションの概念図

量子テレポーテーションの実験も既になされており [1][2]、また複数の量子コンピュータを繋ぐ並列計算ネットワークの量子情報通信に利用する等の、多様な工学的応用を視野に入れた研究も進んでいる。

14.4 量子計算

量子力学では、どんな量子系でも、任意のユニタリー行列 $\hat{U}$ が原理的には実現可能な物理操作に対応することを前提にしている。この前提は、量子力学自体の検証として、実験で確認されるべきことである。ただし近年の**量子計算** (quantum computation) の理論の進展により、この前提の検証はより簡単な実験でできるようになった。少数種類のユニタリー操作さえ実現可能であれば、その操作の繰り返しで任意のユニタリー操作が任意の精度で実現できることが保証される。このため任意のユニタリー操作の実験をする前に、その少数の操作だけでも量子力学の原理の検証が可能となる。量子計算を実行する量子コンピュータは、少なくとも一部の問題では、従来の古典コンピュータでは達成できない速度で複雑な計算を実行できると期待されている。

14.4.1 回路型量子計算

世界で現在開発が行われている**量子コンピュータ** (quantum computer) とは、D 個の量子ビット系を並べて、量子的な線形重ね合わせを利用しながら、多様な計算を実行できる量子デバイスである。古典的な計算では情報を 0 と 1 のビット列に置き換えて処理したが、量子計算では量子ビットの合成系がなす量子もつれ状態に情報を記憶させて、その計算処理を 2^D 次元ユニタリー行列 $\hat{U}\left(2^D\right)$ で行う。**量子論理ゲート** (quantum logic gate) もしくは単に**量子ゲート**と呼ばれる少数の基礎的なユニタリー行列だけが物理操作として実現できれば、それを組み合わせて繰り返し使うことで、任意の $\hat{U}\left(2^D\right)$ の実装が望む精度で実現可能となる。このような量子ゲートを用いた量子コンピュータは、回路型と呼ばれる。最近では量子コンピュータと従来の古典コンピュータを併用するハイブリッドな計算の研究も進んでいる。ここでは量子計算の理論の詳細解説は専門書に譲り、その一部の概要だけを述べよう。

$D \gg 1$ の場合、D 個の量子ビットの状態空間に作用する $\hat{U}\left(2^D\right)$ は非常に大きな行列となる。しかしそれでも基礎的な一体系量子ゲートと一つの二体系量子ゲートを適当な順番で組み合わせて施せば、理論上 $\hat{U}\left(2^D\right)$ は任意の精度で再現できる。このことはロバート・ソロヴェイ (Robert Solovay) とアレクセイ・キタエフ (Alexei Kitaev) によって示され、**ソロヴェイ = キタエフ定理** (Solovay–Kitaev theorem) として知られている。詳細は参考文献 [3] などを参照して欲しい。量子計算の説明では、量子ビット系の $\hat{\sigma}_z$ の固有状態 $|+\rangle$ を $|0\rangle$ と表記し、$|-\rangle$ を $|1\rangle$ と表記しよう。つまり以降では $|0\rangle$ と $|1\rangle$ は $\hat{\sigma}_z|0\rangle = |0\rangle,\ \hat{\sigma}_z|1\rangle = -|1\rangle$ を満たす単位ベクトルとする。

ソロヴェイ = キタエフ定理をもう少し具体的に述べると、

$$\hat{U}_H = \frac{1}{\sqrt{2}} \begin{pmatrix} 1 & 1 \\ 1 & -1 \end{pmatrix} = \frac{1}{\sqrt{2}} (|0\rangle + |1\rangle) \langle 0| + \frac{1}{\sqrt{2}} (|0\rangle - |1\rangle) \langle 1| \quad (14.8)$$

の**アダマールゲート** (Hadamard gate)、

$$\hat{U}_S = \begin{pmatrix} 1 & 0 \\ 0 & i \end{pmatrix} = |0\rangle\langle 0| + i|1\rangle\langle 1| \quad (14.9)$$

の**位相ゲート** (phase gate)、

$$\hat{U}_T = \begin{pmatrix} \exp\left(-\frac{\pi}{8}i\right) & 0 \\ 0 & \exp\left(\frac{\pi}{8}i\right) \end{pmatrix} = \exp\left(-\frac{\pi}{8}i\right) |0\rangle\langle 0| + \exp\left(\frac{\pi}{8}i\right) |1\rangle\langle 1| \quad (14.10)$$

の $\pi/8$ **ゲート** ($\pi/8$ gate) の三つの量子ゲートと、二つの量子ビットに作用する

$$\hat{U}_{CNOT} = \begin{pmatrix} 1 & 0 & 0 & 0 \\ 0 & 1 & 0 & 0 \\ 0 & 0 & 0 & 1 \\ 0 & 0 & 1 & 0 \end{pmatrix} = |0\rangle\langle 0| \otimes \hat{I} + |1\rangle\langle 1| \otimes \hat{\sigma}_x \quad (14.11)$$

という**制御 NOT ゲート** (controlled NOT gate) を有限回繰り返しかけると、任意の精度で $\hat{U}\left(2^D\right)$ が近似されるというものである。制御 NOT 演算子は **CNOT ゲート**とも呼ばれる。制御 NOT 演算子は操作命令の情報が書かれている**制御量子ビット** (controlled quantum bit) と、その命令された操作が実行される**目標量子ビット** (target quantum bit) の二つの量子ビットに作用する。制御量子ビットが $|0\rangle$ の状態のときは目標量子ビットには何も操作をせず、制御量子ビットが $|1\rangle$ の状態のときは目標量子ビットには

$$\hat{U}_{NOT} = \begin{pmatrix} 0 & 1 \\ 1 & 0 \end{pmatrix} = \hat{\sigma}_x = |0\rangle\langle 1| + |1\rangle\langle 0| \quad (14.12)$$

というユニタリー行列をかける **NOT ゲート** (NOT gate) になっている。$\hat{U}_{NOT}$ は $0 \to 1, 1 \to 0$ とビット値を反転（フリップ）する操作であるため、**フリップゲート** (flip gate) とも呼ばれる。

回路型の量子計算は**量子回路** (quantum circuit) で図示するのが直観的で理

解しやすい。各量子ビットを左から右へと時間が流れる直線で描き、各時刻で行われる量子ゲートは図 14.2 のような記号で、量子ビットの直線の上に描き足す。

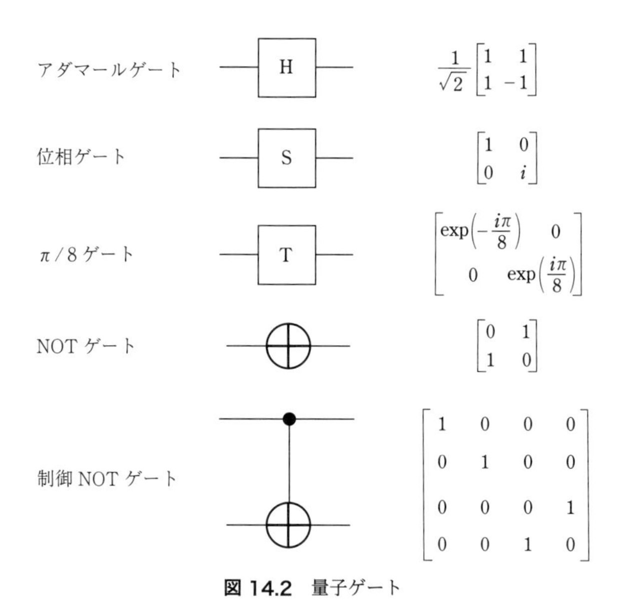

図 14.2 量子ゲート

例として 14.3 節の量子テレポーテーションで使うベル測定部分を、量子ゲートを用いて σ_z の測定に変換することで、量子テレポーテーションを実行する簡単な量子回路を紹介しよう。この場合 A、A'、B という量子ビットがあるため、上から A、A'、B の順番で三本の横線を引く。左端には各量子ビットの初期状態を書く。量子ゲートを通過し終えたら A、A' は σ_z を測定される。この測定機のメータが付いた記号を A、A' の横線の右側に描き、その測定結果を B に送る矢印を描き足す。その結果に依存した量子ゲートを B は通過する。このように描いた量子回路図全体が図 14.3 である。

時間が経過すると、最初に A を制御量子ビットとし、A' を目標量子ビットとする制御 NOT ゲートを通過する。次に A はアダマールゲートを通過する。その後、A と A' とで σ_z が測定される。その測定結果を $b_1 = 0, 1$ と $b_2 = 0, 1$ として、$(-1)^{b_1}$ と $(-1)^{b_2}$ と書こう。

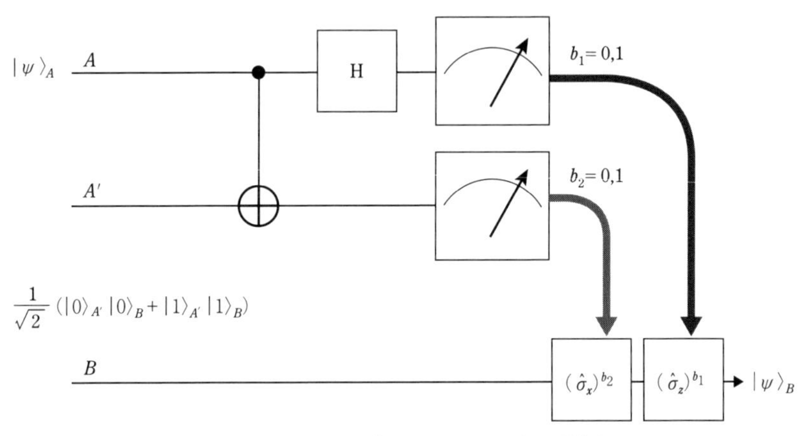

図 14.3 量子テレポーテーションの量子回路図

転送される A の状態は $|\psi\rangle$ であり、$A'B$ はベル状態 $|\Psi_+\rangle$ であるため、三体系の初期状態は今の表記では

$$|\Psi\rangle_{AA'B} = \frac{1}{\sqrt{2}}|\psi\rangle_A \left(|0\rangle_{A'}|0\rangle_B + |1\rangle_{A'}|1\rangle_B\right) \tag{14.13}$$

で与えられる。また A と A' の σ_z 測定の射影演算子は

$$\hat{P}(b_1, b_2) = \frac{\hat{I} + (-1)^{b_1}\,\hat{\sigma}_z}{2} \otimes \frac{\hat{I} + (-1)^{b_2}\,\hat{\sigma}_z}{2} \otimes \hat{I} \tag{14.14}$$

で定義される。これらを用いて測定後の三体系の状態を計算すると、各測定結果に応じて

$$\hat{P}(0,0)\left(\hat{U}_H \otimes \hat{I} \otimes \hat{I}\right)\left(\hat{U}_{CNOT} \otimes \hat{I}\right)|\Psi\rangle_{AA'B} = \frac{1}{2}|0\rangle_A|0\rangle_{A'}|\psi\rangle_B, \tag{14.15}$$

$$\hat{P}(0,1)\left(\hat{U}_H \otimes \hat{I} \otimes \hat{I}\right)\left(\hat{U}_{CNOT} \otimes \hat{I}\right)|\Psi\rangle_{AA'B} = \frac{1}{2}|0\rangle_A|1\rangle_{A'}\left(\hat{\sigma}_x|\psi\rangle_B\right), \tag{14.16}$$

$$\hat{P}(1,0)\left(\hat{U}_H \otimes \hat{I} \otimes \hat{I}\right)\left(\hat{U}_{CNOT} \otimes \hat{I}\right)|\Psi\rangle_{AA'B} = \frac{1}{2}|1\rangle_A|0\rangle_{A'}\left(\hat{\sigma}_z|\psi\rangle_B\right), \tag{14.17}$$

$$\hat{P}(1,1)\left(\hat{U}_H \otimes \hat{I} \otimes \hat{I}\right)\left(\hat{U}_{CNOT} \otimes \hat{I}\right)|\Psi\rangle_{AA'B} = \frac{1}{2}|1\rangle_A|1\rangle_{A'}\left(\hat{\sigma}_x\hat{\sigma}_z|\psi\rangle_B\right) \tag{14.18}$$

となる。測定結果の (b_1, b_2) に応じて $(\hat{\sigma}_z)^{b_1}(\hat{\sigma}_x)^{b_2}$ というゲートを量子ビット B に通過させると、

$$\left(\hat{I}\otimes\hat{I}\otimes(\hat{\sigma}_z)^0(\hat{\sigma}_x)^0\right)\hat{P}(0,0)\left(\hat{U}_H\otimes\hat{I}\otimes\hat{I}\right)\left(\hat{U}_{CNOT}\otimes\hat{I}\right)|\Psi\rangle_{AA'B}$$
$$=\frac{1}{2}|0\rangle_A|0\rangle_{A'}|\psi\rangle_B, \tag{14.19}$$
$$\left(\hat{I}\otimes\hat{I}\otimes(\hat{\sigma}_z)^0(\hat{\sigma}_x)^1\right)\hat{P}(0,1)\left(\hat{U}_H\otimes\hat{I}\otimes\hat{I}\right)\left(\hat{U}_{CNOT}\otimes\hat{I}\right)|\Psi\rangle_{AA'B}$$
$$=\frac{1}{2}|0\rangle_A|1\rangle_{A'}|\psi\rangle_B, \tag{14.20}$$
$$\left(\hat{I}\otimes\hat{I}\otimes(\hat{\sigma}_z)^1(\hat{\sigma}_x)^0\right)\hat{P}(1,0)\left(\hat{U}_H\otimes\hat{I}\otimes\hat{I}\right)\left(\hat{U}_{CNOT}\otimes\hat{I}\right)|\Psi\rangle_{AA'B}$$
$$=\frac{1}{2}|1\rangle_A|0\rangle_{A'}|\psi\rangle_B, \tag{14.21}$$
$$\left(\hat{I}\otimes\hat{I}\otimes(\hat{\sigma}_z)^1(\hat{\sigma}_x)^1\right)\hat{P}(1,1)\left(\hat{U}_H\otimes\hat{I}\otimes\hat{I}\right)\left(\hat{U}_{CNOT}\otimes\hat{I}\right)|\Psi\rangle_{AA'B}$$
$$=\frac{1}{2}|1\rangle_A|1\rangle_{A'}|\psi\rangle_B \tag{14.22}$$

という最終結果が得られる。どの測定結果の場合でも、B の状態は元の A の状態だった $|\psi\rangle$ になっていて、確かにこの量子回路は量子テレポーテーションを記述していることがわかる。

量子計算では設計通りのユニタリー操作の高精度実装が達成される必要があるが、普通は外部の環境との相互作用のために、それは完全にはできない。そのため D 個の量子ビットの初期状態を純粋状態にとっていても、途中の外部環境系との相互作用によって混合状態へと劣化してしまう現象が起きる。これを**デコヒーレンス** (decoherence) と呼ぶ。このデコヒーレンスは量子コンピュータと外部系の間の量子もつれ生成のために発生し、状態重ね合わせによるコンピュータ内の干渉効果を弱くして、計算エラーを引き起こす。量子計算をきちんと機能させるためには、デコヒーレンス等が原因で起こるエラーを修正する必要があり、そのエラー訂正機能の実装も現在世界中で研究されている。

また一般の量子系でも量子ゲートの考え方は使える。その系の任意のユニタリー行列は、(3.11) 式のように状態空間の特定の基底で定義される二準位ユニタリー行列 $\hat{U}^{(k,k')}$ の掛け算で書けるからである。そして各 $\hat{U}^{(k,k')}$ は二準位スピン系での空間回転に対応する特定の二つのユニタリー行列を量子回路とし

て組み合わせていく掛け算で、いくらでも正確に近似できる※120。これらの限定されたユニタリー操作の実装実験は量子力学の検証になる。

14.4.2 測定型量子計算

量子計算は上で説明した回路型量子計算以外にも、**測定型量子計算** (measurement-based quantum computation) もある。これはあるクラスの量子もつれを持っている多数の量子ビット系、またはそれと同等な量子系を利用する。そのいくつかの部分系を測定し、その測定結果に応じて次に測定する部分系を決定し、そして測定する物理量も選ぶことを繰り返すだけで、希望する量子計算ができる方法である（詳しくは参考文献 [4] を参照）。ただしその一端は、上の量子テレポーテーションの例でも既に確認できる。(14.16) 式、(14.17) 式、(14.18) 式のように、A と A' の測定結果に応じて $\hat{\sigma}_x, \hat{\sigma}_z, \hat{\sigma}_x\hat{\sigma}_z$ という量子ゲートを通過した量子状態が、確かに B に現れている。これと同様の機構で、複雑でより大きな $\hat{U}\left(2^D\right)$ を構築できる方法になっている。

SUMMARY

まとめ

一般の純粋状態のコピーを作る機械は、複製禁止定理によって原理的に禁止されている。また量子もつれを用いると、LOCC だけで量子状態を量子テレポーテーションで転送できる。量子計算の量子ゲートを実験で作れれば、任意のユニタリー行列はその量子ゲートを様々な組み合わせで任意の精度で実現できる。このため量子ゲートの実装とそのエラー訂正の実験は、量子力学のユニタリー操作実現可能性の原理の検証に繋がる。また量子コンピュータ開発では回路型以外にも、測定型計算などの様々な方式が研究されている。

※120‥三次元空間回転のオイラー角を使うとわかる。詳細は参考文献 [3] などを参照。

REFERENCES

参考文献

[1] D. Bouwmeester, J.-W. Pan, K. Mattle, M. Eibl, H. Weinfurter, and A. Zeilinger, *Nature* **390**, 575 (1997).

[2] A. Furusawa, J. L. Sørensen, S. L. Braunstein, C. A. Fuchs, H. J. Kimble, and E. S. Polzik, *Science* **282**, 706 (1998).

[3] M. Nielsen and I. Chuang, *Quantum Computation and Quantum Information* (Cambridge University Press, 2010).

[4] 小柴健史，藤井啓祐，森前智行，『観測に基づく量子計算』（コロナ社，2017）．

第 15 章

なぜ自然は「量子力学」を選んだのだろうか

量子力学は、隠れた変数の理論よりも強い相関を持つ。興味深いことに、量子力学以外にも、隠れた変数の理論よりも強い相関を持つ数学的な理論は無数にあることが知られている。その多数の可能性の中から、なぜ自然界は量子力学という特別な物理法則を採用したのかという問題は、現代物理学の最先端研究の重要なテーマの一つになっている。確定した答えは得られていないため、若い世代に是非解決をしてもらいたいと願っている。この最後の章では、この問題を扱うのに有用だと考えられる定式化を紹介しておこう。

15.1 確率分布を用いた CHSH 不等式とチレルソン不等式

まず (1.7) 式の CHSH 不等式や (1.8) 式のチレルソン不等式を、

$$
\begin{aligned}
S = \ & \Pr\left(\sigma_{yA} = +1, \sigma_{y'B} = +1\right) + \Pr\left(\sigma_{yA} = -1, \sigma_{y'B} = -1\right) \\
& + \Pr\left(\sigma_{yA} = +1, \sigma_{z'B} = -1\right) + \Pr\left(\sigma_{yA} = -1, \sigma_{z'B} = +1\right) \\
& + \Pr\left(\sigma_{zA} = +1, \sigma_{y'B} = +1\right) + \Pr\left(\sigma_{zA} = -1, \sigma_{y'B} = -1\right) \\
& + \Pr\left(\sigma_{zA} = +1, \sigma_{z'B} = +1\right) + \Pr\left(\sigma_{zA} = -1, \sigma_{z'B} = -1\right)
\end{aligned}
\tag{15.1}
$$

という確率成分の和を用いた表現で書き換えることを考える。ここで右辺に現れる第三項と第四項だけ、スピン A とスピン B の値の符号が逆になっていることに注意して欲しい。また

$$
\begin{aligned}
\langle \sigma_{yA}\sigma_{y'B} \rangle = \ & \Pr\left(\sigma_{yA} = +1, \sigma_{y'B} = +1\right) + \Pr\left(\sigma_{yA} = -1, \sigma_{y'B} = -1\right) \\
& - \Pr\left(\sigma_{yA} = +1, \sigma_{y'B} = -1\right) - \Pr\left(\sigma_{yA} = -1, \sigma_{y'B} = +1\right),
\end{aligned}
\tag{15.2}
$$

$$-\langle\sigma_{yA}\sigma_{z'B}\rangle = \Pr(\sigma_{yA}=+1,\sigma_{z'B}=-1)+\Pr(\sigma_{yA}=-1,\sigma_{z'B}=+1) \\ -\Pr(\sigma_{yA}=+1,\sigma_{z'B}=+1)-\Pr(\sigma_{yA}=-1,\sigma_{z'B}=-1), \tag{15.3}$$

$$\langle\sigma_{zA}\sigma_{y'B}\rangle = \Pr(\sigma_{zA}=+1,\sigma_{y'B}=+1)+\Pr(\sigma_{zA}=-1,\sigma_{y'B}=-1) \\ -\Pr(\sigma_{zA}=+1,\sigma_{y'B}=-1)-\Pr(\sigma_{zA}=-1,\sigma_{y'B}=+1), \tag{15.4}$$

$$\langle\sigma_{zA}\sigma_{z'B}\rangle = \Pr(\sigma_{zA}=+1,\sigma_{z'B}=+1)+\Pr(\sigma_{zA}=-1,\sigma_{z'B}=-1) \\ -\Pr(\sigma_{zA}=+1,\sigma_{z'B}=-1)-\Pr(\sigma_{zA}=-1,\sigma_{z'B}=+1) \tag{15.5}$$

という関係があるが、これらは確率分布の規格化条件である

$$\sum_{\sigma_{yA},\sigma_{y'B}\in\{+1,-1\}}\Pr(\sigma_{yA},\sigma_{y'B}) = \sum_{\sigma_{yA},\sigma_{z'B}\in\{+1,-1\}}\Pr(\sigma_{yA},\sigma_{z'B}) \\ = \sum_{\sigma_{zA},\sigma_{y'B}\in\{+1,-1\}}\Pr(\sigma_{zA},\sigma_{y'B}) = \sum_{\sigma_{zA},\sigma_{z'B}\in\{+1,-1\}}\Pr(\sigma_{zA},\sigma_{z'B}) = 1 \tag{15.6}$$

を使えば

$$\langle\sigma_{yA}\sigma_{y'B}\rangle = 2\Pr(\sigma_{yA}=+1,\sigma_{y'B}=+1)+2\Pr(\sigma_{yA}=-1,\sigma_{y'B}=-1)-1, \tag{15.7}$$

$$-\langle\sigma_{yA}\sigma_{z'B}\rangle = 2\Pr(\sigma_{yA}=+1,\sigma_{z'B}=-1)+2\Pr(\sigma_{yA}=-1,\sigma_{z'B}=+1)-1, \tag{15.8}$$

$$\langle\sigma_{zA}\sigma_{y'B}\rangle = 2\Pr(\sigma_{zA}=+1,\sigma_{y'B}=+1)+2\Pr(\sigma_{zA}=-1,\sigma_{y'B}=-1)-1, \tag{15.9}$$

$$\langle\sigma_{zA}\sigma_{z'B}\rangle = 2\Pr(\sigma_{zA}=+1,\sigma_{z'B}=+1)+2\Pr(\sigma_{zA}=-1,\sigma_{z'B}=-1)-1 \tag{15.10}$$

と書き直せる。これらの和をとれば、(1.5) 式の D を使って

$$\langle D\rangle = \langle\sigma_{yA}\sigma_{y'B}\rangle - \langle\sigma_{yA}\sigma_{z'B}\rangle + \langle\sigma_{zA}\sigma_{y'B}\rangle + \langle\sigma_{zA}\sigma_{z'B}\rangle = 2S-4 \tag{15.11}$$

が示せるが、これは

$$S = 2 + \frac{1}{2} \langle D \rangle \tag{15.12}$$

を意味する。この (15.12) 式から、(1.7) 式の局所的な隠れた変数の理論における CHSH 不等式は

$$1 \leq S \leq 3 \tag{15.13}$$

と表現できる。一方、チレルソン不等式は、(15.12) 式から S を使って

$$2 - \sqrt{2} \leq S \leq 2 + \sqrt{2} \tag{15.14}$$

と表現できる。そしてこの $2 + \sqrt{2}$ という上限値は、ベル状態で達成されている。

ここでの定式化は量子力学を超えた理論の考察にも便利であり、以降でもこれを用いる。

15.2 ポペスク＝ローリッヒ箱の理論

ここでは量子力学では再現できない一般的な確率分布も含む議論を行う。そして、等価原理から一般相対性理論が導けたように、量子力学を理論的に導くための指導原理の一つになり得る情報因果律という考え方を紹介しよう。

15.2.1 ビット値をとる変数の導入

各スピンの物理量の観測値 σ_{yA}、σ_{zA}、$\sigma_{y'B}$、$\sigma_{z'B}$ は ± 1 の値をとるが、これを 0 と 1 のビット値をとる以下の四つの新しい変数に置き換えると、見通しの良い一般論が展開できる。

$$m_{0A} = \frac{1 + \sigma_{yA}}{2}, \tag{15.15}$$

$$m_{1A} = \frac{1 + \sigma_{zA}}{2}, \tag{15.16}$$

$$m_{0B} = \frac{1 + \sigma_{y'B}}{2}, \tag{15.17}$$

$$m_{1B} = \frac{1 - \sigma_{z'B}}{2}. \tag{15.18}$$

ここで最後の m_{1B} に現れる $\sigma_{z'B}$ の符号だけは他の三つとは異なり、マイナスになっていることに注意しよう。以下では測定するスピン A の物理量を $b_A \in \{0,1\}$ というビット値で区別し、$m_{b_A A}$ と書こう。同様にスピン B で測定をする物理量を $b_B \in \{0,1\}$ というビット値で区別し、$m_{b_B B}$ と書こう。また $\oplus$ をビット値の間の mod 2 の和としよう。つまり $0 \oplus 0 = 0$、$1 \oplus 0 = 1$、$0 \oplus 1 = 1$、$1 \oplus 1 = 0$ という演算とする。$b_A, b_B \in \{0,1\}$ に対して $m_{b_A A} \oplus m_{b_B B} = b_A b_B$ を満たす確率を $\Pr(m_{b_A A} \oplus m_{b_B B} = b_A b_B)$ と書こう。具体的には

$$\Pr(m_{0A} \oplus m_{0B} = 0) = \Pr(\sigma_{yA} = +1, \sigma_{y'B} = +1) + \Pr(\sigma_{yA} = -1, \sigma_{y'B} = -1), \tag{15.19}$$

$$\Pr(m_{0A} \oplus m_{1B} = 0) = \Pr(\sigma_{yA} = +1, \sigma_{z'B} = -1) + \Pr(\sigma_{yA} = -1, \sigma_{z'B} = +1), \tag{15.20}$$

$$\Pr(m_{1A} \oplus m_{0B} = 0) = \Pr(\sigma_{zA} = +1, \sigma_{y'B} = +1) + \Pr(\sigma_{zA} = -1, \sigma_{y'B} = -1), \tag{15.21}$$

$$\Pr(m_{1A} \oplus m_{1B} = 1) = \Pr(\sigma_{zA} = +1, \sigma_{z'B} = +1) + \Pr(\sigma_{zA} = -1, \sigma_{z'B} = -1) \tag{15.22}$$

と書き下せる。このことから S は

$$S = \sum_{b_A, b_B \in \{0,1\}} \Pr(m_{b_A A} \oplus m_{b_B B} = b_A b_B) \tag{15.23}$$

と簡単に整理することができる。S は $\Pr(m_{b_A A} \oplus m_{b_B B} = b_A b_B)$ の四つの確率成分の和であるが、各確率成分は常に 1 以下なので、(15.23) 式から S は 4 以下の値をとる。

$$S \leq 4. \tag{15.24}$$

15.2.2 箱（ボックス）の理論

強い相関を示す $2 + \sqrt{2} < S \leq 4$ の領域を実現する確率分布は量子力学を超えることになるが、そのような確率分布は数学的に無数に存在する。これを見るために、以下では一般的なスピンの確率分布を考えてみる。まずスピン A に対しては $b_A = 0, 1$ のどちらかの軸方向のスピンを測定すると決めて、

スピン B に対しては $b_B = 0, 1$ のどちらかの軸方向のスピンを測定すると決めよう。そして (15.15) 式 ∼(15.18) 式の $m_{b_A A}$ と $m_{b_B B}$ に対して確率分布 $p\left(m_{b_A A}, m_{b_B B}|b_A, b_B\right)$ を考えよう。ここで $m_{b_A A}$ と $m_{b_B B}$ は 0 か 1 かの値をとる。また $p\left(m_{b_A A}, m_{b_B B}|b_A, b_B\right)$ は

$$\sum_{m_{b_A A}, m_{b_B B} \in \{0,1\}} p\left(m_{b_A A}, m_{b_B B}|b_A, b_B\right) = 1 \tag{15.25}$$

という規格化条件を満たしている。また元のスピンの物理量の確率分布を使うと

$$p\left(m_{0A}, m_{0B}|0, 0\right) = \Pr\left(\sigma_{yA} = (-1)^{m_{0A}+1}, \sigma_{y'B} = (-1)^{m_{0B}+1}\right), \tag{15.26}$$

$$p\left(m_{1A}, m_{0B}|1, 0\right) = \Pr\left(\sigma_{zA} = (-1)^{m_{1A}+1}, \sigma_{y'B} = (-1)^{m_{0B}+1}\right), \tag{15.27}$$

$$p\left(m_{0A}, m_{1B}|0, 1\right) = \Pr\left(\sigma_{yA} = (-1)^{m_{0A}+1}, \sigma_{z'B} = (-1)^{m_{1B}}\right), \tag{15.28}$$

$$p\left(m_{1A}, m_{1B}|1, 1\right) = \Pr\left(\sigma_{zA} = (-1)^{m_{1A}+1}, \sigma_{z'B} = (-1)^{m_{1B}}\right) \tag{15.29}$$

と書かれる。例えば (15.26) 式の $p\left(m_{0A}, m_{0B}|0, 0\right)$ の場合は $b_A = 0$ なので、(15.15) 式から $\sigma_{yA} = 2m_{0A} - 1$ の測定になっている。また m_{0A} は 0 と 1 の値しかとらないことから $\sigma_{yA} = (-1)^{m_{0A}+1}$ が成り立つ。また同様に $b_B = 0$ なので、(15.17) 式より $\sigma_{y'B} = 2m_{0B} - 1$ の測定となっていることから、$\sigma_{y'B} = (-1)^{m_{0B}+1}$ も成り立つ。これらのことから (15.26) 式が導かれる。なお (15.28) 式と (15.29) 式での $\sigma_{z'B}$ の値を計算する場合には、少し注意が必要である。(15.18) 式では $\sigma_{z'B}$ にかかる符号が反転しているために、$\sigma_{z'B} = -2m_{1B} + 1$ となる。したがってこの場合には $\sigma_{z'B} = (-1)^{m_{1B}}$ となっている。

以降では確率分布の引数を、0 または 1 の値をとる確率変数 c_A, c_B で、$m_{b_A A} \to c_A, m_{b_B B} \to c_B$ と書き換え、確率分布を $p\left(c_A, c_B|b_A, b_B\right)$ と表記する。それぞれの確率分布 $p\left(c_A, c_B|b_A, b_B\right)$ は、(b_A, b_B) を入力して (c_A, c_B) を確率的に出力する「箱」または「ボックス (box)」と呼ばれる。この箱を使えば、(15.23) 式から、S は一般に

$$S = \sum_{b_A, b_B \in \{0,1\}} \sum_{c_A, c_B \in \{0,1\}} p\left(c_A, c_B|b_A, b_B\right) \delta_{c_A \oplus c_B, b_A b_B} \tag{15.30}$$

と簡単に表現できる。ここで $\delta_{x,y}$ はクロネッカーのデルタであり、添え字が一致したときは1になり、添え字が異なるときは0になる ($\delta_{x,x} = 1$、$\delta_{x,y\neq x} = 0$)。

15.2.3 無信号条件

一般に $p(c_A, c_B|b_A, b_B)$ という箱を与える背後の未知の理論を想定したとき、その理論に相対性理論の意味での因果律を課すことが可能である。ただその因果律には様々な強弱のレベルがある。弱い条件としては、**無信号条件** (no-signaling condition) が知られている。

スピン A とスピン B は空間的に離れている。そしてこの二つのスピン粒子に関する事象が互いに因果関係を持てない時空領域を考えよう。このとき無信号条件を課すとは、片方の測定は他方の測定へ物理的な影響を全く与えないという意味である。$p(c_A, c_B|b_A, b_B)$ を用いて表現すると、A の測定確率が B の測定に影響を受けない条件は、$b_B \neq b'_B$ のときに

$$\sum_{c_B \in \{0,1\}} p(c_A, c_B|b_A, b_B) = \sum_{c_B \in \{0,1\}} p(c_A, c_B|b_A, b'_B) \tag{15.31}$$

と書かれる。これからスピン A の確率分布 $p_A(c_A|b_A) = \sum_{c_B \in \{0,1\}} p(c_A, c_B|b_A, b_B)$ は b_B に依存しない。つまり測定するスピン B の物理量の選択に依存しないことが保証される。同様に $b_A \neq b'_A$ の場合の B の測定確率に関しては

$$\sum_{c_A \in \{0,1\}} p(c_A, c_B|b_A, b_B) = \sum_{c_A \in \{0,1\}} p(c_A, c_B|b'_A, b_B) \tag{15.32}$$

となる。

15.2.4 ポペスク＝ローリッヒ箱

(15.14) 式のチレルソン限界を破り、かつ (15.31) 式と (15.32) 式の無信号条件を満たす箱で、原理的な S の上限値である $S = 4$ を与える例として、**ポペスク＝ローリッヒ箱**（PR 箱、Popescu–Rohrlich box）が知られている [1]。その確率分布は

$$p(c_A, c_B|b_A, b_B) = \frac{1}{2}\delta_{c_A \oplus c_B, b_A b_B} \tag{15.33}$$

で与えられる。この PR 箱を元のスピン物理量に対する確率分布で書けば、

$$
\begin{pmatrix}
\Pr(\sigma_{yA}=+1,\sigma_{y'B}=+1) & \Pr(\sigma_{yA}=+1,\sigma_{y'B}=-1) & \Pr(\sigma_{yA}=-1,\sigma_{y'B}=+1) & \Pr(\sigma_{yA}=-1,\sigma_{y'B}=-1) \\
\Pr(\sigma_{yA}=+1,\sigma_{z'B}=+1) & \Pr(\sigma_{yA}=+1,\sigma_{z'B}=-1) & \Pr(\sigma_{yA}=-1,\sigma_{z'B}=+1) & \Pr(\sigma_{yA}=-1,\sigma_{z'B}=-1) \\
\Pr(\sigma_{zA}=+1,\sigma_{y'B}=+1) & \Pr(\sigma_{zA}=+1,\sigma_{y'B}=-1) & \Pr(\sigma_{zA}=-1,\sigma_{y'B}=+1) & \Pr(\sigma_{zA}=-1,\sigma_{y'B}=-1) \\
\Pr(\sigma_{zA}=+1,\sigma_{z'B}=+1) & \Pr(\sigma_{zA}=+1,\sigma_{z'B}=-1) & \Pr(\sigma_{zA}=-1,\sigma_{z'B}=+1) & \Pr(\sigma_{zA}=-1,\sigma_{z'B}=-1)
\end{pmatrix}
$$

$$
= \begin{pmatrix}
\frac{1}{2} & 0 & 0 & \frac{1}{2} \\
0 & \frac{1}{2} & \frac{1}{2} & 0 \\
\frac{1}{2} & 0 & 0 & \frac{1}{2} \\
\frac{1}{2} & 0 & 0 & \frac{1}{2}
\end{pmatrix} \tag{15.34}
$$

となる。この PR 箱の存在は、無信号条件だけでは量子力学が導かれないことを意味している点でも重要である。

ここで第 5 章 5.4 節の相関二乗和に触れておこう。PR 箱では $\langle \sigma_{yA}\sigma_{y'B}\rangle = 1$, $\langle \sigma_{yA}\sigma_{z'B}\rangle = -1$, $\langle \sigma_{zA}\sigma_{y'B}\rangle = 1$, $\langle \sigma_{zA}\sigma_{z'B}\rangle = 1$ が成り立つ。空間回転におけるベクトルの変換性を σ_{bB} に課すと、

$$
\begin{aligned}
&\sum_{a=x,y,z}\sum_{b=x,y,z} \langle \sigma_{aA}\sigma_{bB}\rangle^2 \\
&\quad = \sum_{a=x,y,z}\sum_{b=x,y,z} \langle \sigma_{aA}\sigma_{bB}\rangle \langle \sigma_{bB}\sigma_{aA}\rangle \\
&\quad = \sum_{a=x,y,z}\sum_{b'=x',y',z'} \langle \sigma_{aA}\sigma_{b'B}\rangle \langle \sigma_{b'B}\sigma_{aA}\rangle \\
&\quad = \sum_{a=x,y,z}\sum_{b'=x',y',z'} \langle \sigma_{aA}\sigma_{b'B}\rangle^2 \geq \langle \sigma_{yA}\sigma_{y'B}\rangle^2 + \langle \sigma_{yA}\sigma_{z'B}\rangle^2 \\
&\qquad\qquad + \langle \sigma_{zA}\sigma_{y'B}\rangle^2 + \langle \sigma_{zA}\sigma_{z'B}\rangle^2 = 4
\end{aligned} \tag{15.35}
$$

と計算され、$\sum_{a=x,y,z}\sum_{b=x,y,z} \langle \sigma_{aA}\sigma_{bB}\rangle^2 \geq 4$ が示される。これは量子力学での $\sum_{a=x,y,z}\sum_{b=x,y,z} \langle \sigma_{aA}\sigma_{bB}\rangle^2$ の上限である 3 よりも大きくなっている。

15.3 情報因果律

無信号条件を満たしながらチレルソン限界を超える箱では、**情報因果律**

(information causality) というタイプの相対論的な因果律を破ることが知られている [2]。飽くまで無信号条件を課す前提では、これは情報因果律を満たす箱はチレルソン限界を常に満たすという意味でもある。一方、量子力学を用いて作られる箱は、常にチレルソン限界を満たしていることも知られている。このため情報因果律は、量子力学を理論的に導くための指導原理の一つである可能性がある。重要な概念であるため、以下では情報因果律を少し具体的に紹介をしておこう。

図 15.1 と図 15.2 のように、強い相関をしているスピン A とスピン B を、空間的に離れたアリスとボブが共有しているとしよう。$a_0, a_1 \in \{0,1\}$ の値をとる 2 ビットの情報 (a_0, a_1) を、アリスはランダムに生成し、ボブにはそれ

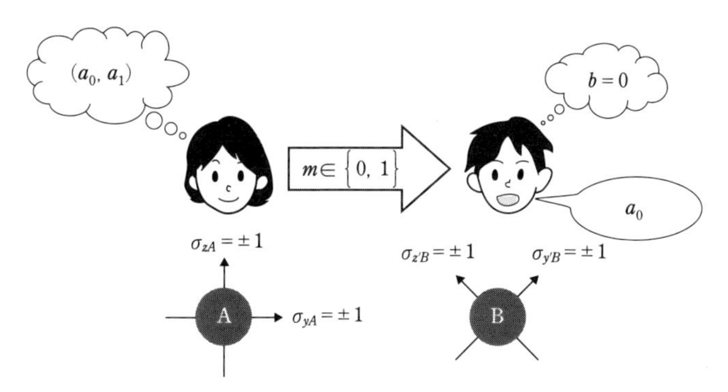

図 15.1 共有したスピンを使ってボブがアリス a_0 の値を当てる場合

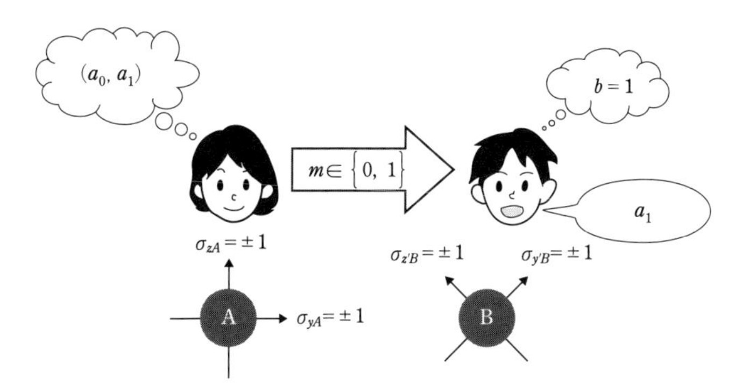

図 15.2 共有したスピンを使ってボブがアリス a_1 を当てる場合

を隠しておく。また二人が最初から共有しているスピン A とスピン B の間の相関はアリスの (a_0, a_1) には依存せず、したがってその情報を全く含んでいない。アリスがスピン A の σ_{yA} または σ_{zA} を測定して得られる結果と、自分で作った (a_0, a_1) を用いて、アリスは 1 ビットのメッセージ $m \in \{0,1\}$ を作って、ボブに送る。一方ボブはランダムな 1 ビット変数 $b \in \{0,1\}$ を生成する。そしてスピン B の測定結果と m の情報も使って、ボブは $b=0$ のときには a_0 の値を言い当て、$b=1$ のときには a_1 の値を言い当てるゲームをする。

面白いことに PR 箱を二人が使うと、無信号条件が成り立つにもかかわらず、ボブの成功確率は 1 になり、a_0 でも a_1 でも正確にボブは言い当ててしまう。繰り返すが、ボブにとって、2 ビットの (a_0, a_1) に依存する情報は、アリスから送られた 1 ビットのメッセージ m しかない。この一回のゲーム中には a_0, a_1 のうちの一つしかボブは答えないのだが、それでも情報としては 1 ビット分多くボブに伝わったとも解釈できるだろう。この PR 箱の不思議な性質は、「情報因果律」を破っていると表現される。

一般に情報因果律とは、M を任意の自然数としてアリスがボブに M ビットのメッセージを送るとき、そのメッセージからボブが知ることのできるアリスのデータに関する情報量は M ビットを超えないことである。情報因果律は、二準位系以外の任意の量子系にも拡張でき、アリスが持つデータの真値とボブが作るその推定値の間の相互情報量というものに対する普遍的な不等式も導かれる。詳しくは参考文献 [2] の元論文を参照して欲しい。なお量子力学では、一般に無信号条件と情報因果律は破れていないことが知られている [2]。この意味で、量子力学は強い相対論的因果律を満たす局所的な理論と言える。

15.4 ポペスク = ローリッヒ箱の強さ

それではボブが PR 箱を用いてゲームに必ず勝てる方法を、以下で具体的に説明してみよう。アリスは (a_0, a_1) の二つの成分を mod 2 で足して、1 ビット値 $a \in \{0,1\}$ を求める。

$$a = a_0 \oplus a_1. \tag{15.36}$$

またアリスは $a=0$ のときには σ_{yA} を測定し、$a=1$ のときには σ_{zA} を測定する。(15.15) 式の m_{0A} と (15.16) 式の m_{1A} を用いて、a の値毎にボブに送る 1 ビットのメッセージ m を

$$m = a_0 \oplus m_{aA} \tag{15.37}$$

という方法でアリスは作る。ボブは、自分がランダムに選択した $b \in \{0,1\}$ の値が $b=0$ のときはスピン B の $\sigma_{y'B}$ を測り、$b=1$ のときは $\sigma_{z'B}$ を測る。そのボブはアリスから m を受け取った後に、(15.17) 式の m_{0B} と (15.18) 式の m_{1B} を使って

$$a'_b = m \oplus m_{bB} = a_0 \oplus m_{aA} \oplus m_{bB} \tag{15.38}$$

という 1 ビットの値を計算する。そして $b=0$ のときは、それを a_0 の推定値 a'_0 とし、$b=1$ のときは、それを a_1 の推定値 a'_1 とする。ここで (15.33) 式の PR 箱の性質を考えると、スピンの測定結果はいつでも

$$m_{aA} \oplus m_{bB} = ab \tag{15.39}$$

という条件を満たすため、(15.36) 式と合わせると

$$a'_b = a_0 \oplus (a_0 \oplus a_1)\, b \tag{15.40}$$

というボブが作る推定値の公式が得られる。$b=0$ のとき、ボブは a_0 を言い当てなければいけないが、(15.40) 式に $b=0$ を代入すると、確かに $a'_0 = a_0$ となっている。一方 $b=1$ のときは、ボブは a_1 を言い当てなければいけない。(15.40) 式に $b=1$ を代入すると、$a_0=0$ でも $a_0=1$ でも $a_0 \oplus a_0 = 0$ が成り立つため、確かに $a'_1 = a_1$ となっている。以上のことから、PR 箱は無信号条件という因果律を満たすにもかかわらず、高次の因果律である情報因果律を破っていることが示された。この例から相対論的な因果律には様々な強弱が確かにあることが理解できる※121。

※121 ‥ もしボブが $\sigma_{y'B}$（もしくは $\sigma_{z'B}$）を測定して、その後で $\sigma_{z'B}$（もしくは $\sigma_{y'B}$）を測定しても、ボブがアリスの a_0, a_1 の両方を一回で正確に言い当てられるとは限らない。例えばスピン B の最初の測定が PR 箱が持っていた相関を壊してしまい、同じスピン B の次の測定に影響する可能性があるためである。だから一般に PR 箱を用いても、ボブは飽くまで一つの物理量の測定を使って、a_0 か a_1 かの一つを当てられることだけが、保証されているに過ぎない。

SUMMARY

まとめ

量子力学は沢山ある情報や確率の数学理論の一つに過ぎない。なぜ自然がその中から量子力学という体系を選んで自分に実装したのかは現在わかっていない。しかし情報因果律という概念が、もしかしたら量子力学を導出する重要な原理となる可能性がある。

REFERENCES

参考文献

[1] S. Popescu and D. Rohrlich, *Foundations of Physics* **24**, 379 (1994).
[2] M. Pawłowski, T. Paterek, D. Kaszlikowski, V. Scarani, A. Winter, and M. Żukowski, *Nature* **461**, 1101 (2009).

APPENDIX
付　　　　録

A　量子力学におけるチレルソン不等式の導出

$|+\rangle$ と $|-\rangle$ を、付録 B.2 のパウリ行列の z 成分である $\hat{\sigma}_z$ の固有値が $+1$ と -1 に対応する固有状態とする。物理量 D に対応する $\hat{D}$ は、A のパウリ行列と

$$\hat{\sigma}_{y'} = \frac{1}{\sqrt{2}}\left(\hat{\sigma}_z + \hat{\sigma}_y\right), \tag{A.1}$$

$$\hat{\sigma}_{z'} = \frac{1}{\sqrt{2}}\left(\hat{\sigma}_z - \hat{\sigma}_y\right) \tag{A.2}$$

を用いて

$$\hat{D} = \hat{\sigma}_y \otimes \hat{\sigma}_{y'} - \hat{\sigma}_y \otimes \hat{\sigma}_{z'} + \hat{\sigma}_z \otimes \hat{\sigma}_{y'} + \hat{\sigma}_z \otimes \hat{\sigma}_{z'} \tag{A.3}$$

で定義される。そしてパウリ行列の簡単な計算から

$$\hat{D} = \sqrt{2}\hat{\sigma}_y \otimes \hat{\sigma}_y + \sqrt{2}\hat{\sigma}_z \otimes \hat{\sigma}_z \tag{A.4}$$

という関係式を得る。この式と、さらに任意の量子状態 $\hat{\rho}$ に対して $\left|\mathrm{Tr}\left[\hat{\rho}\left(\hat{\sigma}_y \otimes \hat{\sigma}_y\right)\right]\right| \leq 1$ と $\left|\mathrm{Tr}\left[\hat{\rho}\left(\hat{\sigma}_z \otimes \hat{\sigma}_z\right)\right]\right| \leq 1$ が成り立つ事実を使うと、チレルソンの不等式

$$-2\sqrt{2} \leq \mathrm{Tr}\left[\hat{\rho}\hat{D}\right] \leq 2\sqrt{2} \tag{A.5}$$

が証明される。なお

$$|\Psi_-\rangle = \frac{1}{\sqrt{2}}\left(|+\rangle_A|+\rangle_B - |-\rangle_A|-\rangle_B\right) \tag{A.6}$$

という量子もつれ状態は、$\langle\Psi_-|\hat{D}|\Psi_-\rangle = 2\sqrt{2}$ という不等式の上限に一致する結果を与える。同様に

$$|\Phi_-\rangle = \frac{1}{\sqrt{2}}\left(|+\rangle_A|-\rangle_B - |-\rangle_A|+\rangle_B\right) \tag{A.7}$$

という量子もつれ状態は、$\langle\Phi_-|\hat{D}|\Phi_-\rangle = -2\sqrt{2}$ という下限を与える。

B.1 有限次元線形代数

まず $N_1 \times N_2$ 複素行列である $\hat{M} = [M_{jk}]$ を考えよう。ここで M_{jk} は j 行 k 列に位置する行列成分であり、その値は実数だけでなく複素数までとれる。この行は $j = 1, 2, \cdots, N_1$ で指定され、列は $k = 1, 2, \cdots, N_2$ で指定されている。なお複素数 c と単位行列 $\hat{I}$ を用いて $c\hat{I}$ と書ける行列を、混乱がない限り c と略記する。全ての行列成分が零である零行列も $0\hat{I}$ と書けるので、0 と略記する。$\hat{M}$ の転置行列は $N_2 \times N_1$ 複素行列となり、j 行 k 列の成分を k 行 j 列に置き直した $\hat{M}^T = [M_{kj}]$ で定義される。また $\hat{M}$ の**エルミート共役行列** (Hermitian conjugate) は、さらに $\hat{M}^T$ の複素共役をとって

$$\hat{M}^\dagger = \left(\hat{M}^T\right)^* = \left[M_{kj}^*\right] \tag{B.1}$$

で定義される。特に $N_1 = N, N_2 = 1$ の場合である $N \times 1$ 複素行列は

$$|\psi\rangle = \begin{pmatrix} \psi_1 \\ \psi_2 \\ \vdots \\ \psi_N \end{pmatrix} \tag{B.2}$$

のような N 次元の縦ベクトルであり、これには**ケットベクトル** (ket vector) という名前が付いている。同様に $N_1 = 1, N_2 = N$ の場合である $1 \times N$ 複素行列は

$$\langle\psi| = \begin{pmatrix} \psi_1^* & \psi_2^* & \cdots & \psi_N^* \end{pmatrix} \tag{B.3}$$

のような横ベクトルになっている。これには**ブラベクトル** (bra vector) という名前が付いている。

B.1.1 内積

二つの $|\varphi\rangle$ と $|\psi\rangle$ のベクトルの**内積** (inner product) は

$$\langle\varphi|\psi\rangle = \langle\varphi||\psi\rangle = \begin{pmatrix} \varphi_1^* & \varphi_2^* & \cdots & \varphi_N^* \end{pmatrix} \begin{pmatrix} \psi_1 \\ \psi_2 \\ \vdots \\ \psi_N \end{pmatrix} = \sum_{n=1}^{N} \varphi_n^* \psi_n \quad \text{(B.4)}$$

で定義されており、以下の性質を満たしている。

1. 非負性：
$$\langle\psi|\psi\rangle \geq 0. \quad \text{(B.5)}$$
2. 零ノルムは零ベクトルであることと同値：
$$\langle\psi|\psi\rangle = 0 \Longleftrightarrow |\psi\rangle = 0. \quad \text{(B.6)}$$
3. 複素共役：
$$\langle\varphi|\psi\rangle^* = \langle\psi|\varphi\rangle. \quad \text{(B.7)}$$
4. 線形性：
$$\langle\varphi|\left(a_1|\psi_1\rangle + a_2|\psi_2\rangle\right) = a_1\langle\varphi|\psi_1\rangle + a_2\langle\varphi|\psi_2\rangle. \quad \text{(B.8)}$$
5. 直交性：　零ベクトルではない二つの $|\varphi\rangle$ と $|\psi\rangle$ が $\langle\varphi|\psi\rangle = 0$ を満たすとき、互いに直交。

B.1.2 行列の積

$N_1 \times N_2$ 行列 $\hat{A}$ と $N_2 \times N_3$ 行列 $\hat{B}$ の積 $\hat{A}\hat{B}$ は、その j 行 k 列成分が

$$\left(\hat{A}\hat{B}\right)_{jk} = \sum_{l=1}^{N_2} A_{jl} B_{lk} \quad \text{(B.9)}$$

で定義される $N_1 \times N_3$ 行列である。例えば $N_1 = N, N_2 = 1, N_3 = N$ の場合は縦ベクトル $|\psi\rangle$ と横ベクトル $\langle\varphi|$ の積になっていて、下記のような $N \times N$ 行列になっている。

$$|\psi\rangle\langle\varphi| = \begin{pmatrix} \psi_1 \\ \psi_2 \\ \vdots \\ \psi_N \end{pmatrix} \begin{pmatrix} \varphi_1^* & \varphi_2^* & \cdots & \varphi_N^* \end{pmatrix}$$

$$= \begin{pmatrix} \psi_1\varphi_1^* & \psi_1\varphi_2^* & \cdots & \psi_1\varphi_N^* \\ \psi_2\varphi_1^* & \psi_2\varphi_2^* & \cdots & \psi_2\varphi_N^* \\ \vdots & \vdots & \ddots & \vdots \\ \psi_N\varphi_1^* & \psi_N\varphi_2^* & \cdots & \psi_N\varphi_N^* \end{pmatrix}. \tag{B.10}$$

$N_1 = 1, N_2 = N, N_3 = 1$ の場合には、横ベクトル $\langle\varphi|$ と縦ベクトル $|\psi\rangle$ の積になっていて、1 行 1 列の行列、即ち複素数となり、そして行列の積はちょうど内積 $\langle\varphi||\psi\rangle = \langle\varphi|\psi\rangle$ に一致する。

一般には正方行列 $\hat{A}$ と $\hat{B}$ の積は交換せず、$\hat{A}\hat{B} \neq \hat{B}\hat{A}$ となる。$\hat{A}\hat{B} = \hat{B}\hat{A}$ となる特別な場合では、$\hat{A}$ と $\hat{B}$ は**可換**であると言われ、交換関係は $\left[\hat{A}, \hat{B}\right] = \hat{A}\hat{B} - \hat{B}\hat{A} = 0$ となる。

B.1.3 エルミート共役と内積

$N_1 \times N_2$ 行列 $\hat{M}$ は、N_2 次元ベクトル $|\psi^{(N_2)}\rangle$ に作用すると、N_1 次元のベクトル $|\hat{M}\psi^{(N_1)}\rangle$ を作る。

$$|\hat{M}\psi^{(N_1)}\rangle = \hat{M}|\psi^{(N_2)}\rangle. \tag{B.11}$$

$\hat{M}^\dagger$ は $N_2 \times N_1$ 行列であり、N_1 次元ベクトル $|\psi^{(N_1)}\rangle$ に作用すると、N_2 次元のベクトル $|\hat{M}^\dagger\psi^{(N_2)}\rangle$ を作る。

$$|\hat{M}^\dagger\varphi^{(N_2)}\rangle = \hat{M}^\dagger|\varphi^{(N_1)}\rangle. \tag{B.12}$$

そして内積において

$$\langle\varphi^{(N_1)}|\hat{M}\psi^{(N_1)}\rangle = \langle\varphi^{(N_1)}|\hat{M}|\psi^{(N_2)}\rangle = \langle\hat{M}^\dagger\varphi^{(N_2)}|\psi^{(N_2)}\rangle \tag{B.13}$$

という関係が定義から直接確かめられる。

B.1.4 基底ベクトル

N 次元ベクトル空間に、下記の**正規直交基底** (orthonormal basis) を考えよう。

$$|e_1\rangle = \begin{pmatrix} 1 \\ 0 \\ 0 \\ \vdots \\ 0 \end{pmatrix}, |e_2\rangle = \begin{pmatrix} 0 \\ 1 \\ 0 \\ \vdots \\ 0 \end{pmatrix}, \cdots, |e_N\rangle = \begin{pmatrix} 0 \\ \vdots \\ 0 \\ 0 \\ 1 \end{pmatrix} \tag{B.14}$$

この N 本の単位ベクトルは互いに直交をしており、$\langle e_n|e_{n'}\rangle = \delta_{nn'}$ を満たしている。これらは基底ベクトルと呼ばれる。任意の N 次元ベクトル $|\psi\rangle$ は基底ベクトルを用いて、

$$|\psi\rangle = \sum_{n=1}^{N} \psi_n|e_n\rangle \tag{B.15}$$

と展開でき、その複素係数 ψ_n は

$$\psi_n = \langle e_n|\psi\rangle \tag{B.16}$$

で一意に決定されている。(B.16) 式を (B.15) 式に代入すると

$$|\psi\rangle = \sum_{n=1}^{N} |e_n\rangle\langle e_n|\psi\rangle = \left(\sum_{n=1}^{N} |e_n\rangle\langle e_n|\right)|\psi\rangle \tag{B.17}$$

という関係が任意の $|\psi\rangle$ に対して成り立つ。したがって $\hat{I}$ を N 次元単位行列として

$$\sum_{n=1}^{N} |e_n\rangle\langle e_n| = \hat{I} \tag{B.18}$$

という関係が成り立つ。この性質は基底ベクトルの完全性と呼ばれる。

B.1.5 ユニタリー行列

正規直交基底はこれ以外にも沢山存在する。$\langle f_n|f_{n'}\rangle = \delta_{nn'}$ を満たす任意の N 本のベクトル $|f_n\rangle$ $(n = 1, 2, \cdots, N)$ も基底ベクトルである。j 行 k 列成分 U_{jk} が $\langle e_j|f_k\rangle$ で与えられる行列 $\hat{U}$ に対して、そのエルミート共役行列

$\hat{U}^\dagger$ は

$$\hat{U}^\dagger = \left[U_{kj}^*\right] = [\langle e_k|f_j\rangle^*] = [\langle f_j|e_k\rangle] \tag{B.19}$$

となっている。これを使うと

$$\begin{aligned}\left(\hat{U}^\dagger\hat{U}\right)_{jk} &= \sum_{n=1}^{N}\langle f_j|e_n\rangle\langle e_n|f_k\rangle = \sum_{n=1}^{N}\langle f_j||e_n\rangle\langle e_n||f_k\rangle \\ &= \langle f_j|\left(\sum_{n=1}^{N}|e_n\rangle\langle e_n|\right)|f_k\rangle = \langle f_j|f_k\rangle = \delta_{jk}\end{aligned} \tag{B.20}$$

という計算ができるため、$\hat{U}^\dagger\hat{U} = \hat{I}$ を満たす。この条件を満たす行列は**ユニタリー行列** (unitary matrix) と呼ばれ、複素ベクトルの長さを変えない変換を生成する。つまり実直交行列の複素数的な拡張になっている。その逆行列 $\hat{U}^{-1}$ はエルミート共役行列 $\hat{U}^\dagger$ に一致している。また $|f_k\rangle = \hat{U}|e_k\rangle$ という関係も成り立っている。基底ベクトル $|f_n\rangle$ は

$$\sum_{n=1}^{N}|f_n\rangle\langle f_n| = \sum_{n=1}^{N}\hat{U}|e_n\rangle\langle e_n|\hat{U}^\dagger = \hat{U}\left(\sum_{n=1}^{N}|e_n\rangle\langle e_n|\right)\hat{U}^\dagger = \hat{U}\hat{I}\hat{U}^\dagger = \hat{U}\hat{U}^\dagger = \hat{I} \tag{B.21}$$

という計算から、

$$\sum_{n=1}^{N}|f_n\rangle\langle f_n| = \hat{I} \tag{B.22}$$

という完全性が確かに成り立っていることも再確認できる。

B.1.6 行列式

N 次元正方行列（$N \times N$ 行列）$\hat{A}$ に対しては、**行列式** (determinant) を定義できる。$(1, 2, 3, \cdots, N)$ という順列に対する置換操作を ω と書こう。例えば $(1, 2, 3, \cdots, N) \to (2, 1, 3, \cdots, N)$ はその一例である。そして $j = 1, 2, \cdots, N$ に対して対応する値を $\omega(j) \in \{1, 2, 3, \cdots, N\}$ と書こう。そのとき $\det\hat{A}$ は、$\hat{A}$ の j 行 k 列成分 a_{jk} を使って、

$$\det\hat{A} = \sum_{\omega}\operatorname{sgn}\omega\prod_{j=1}^{N}a_{j\omega(j)} \tag{B.23}$$

と定義される。ここで ω の和は全ての置換に対してとられており、$\mathrm{sgn}\,\omega$ は ω が偶置換ならば $+1$ であり、奇置換ならば -1 である。偶置換とは、ω を二つの順列要素の入れ替えの繰り返しで書いたときに、偶数回の入れ替えで済むものである。奇置換とは、奇数回の二つの順列要素の入れ替えで書ける場合である。特に二次元正方行列の場合は

$$\det\hat{A} = \det\begin{pmatrix} a_{11} & a_{12} \\ a_{21} & a_{22} \end{pmatrix} = a_{11}a_{22} - a_{12}a_{21} \tag{B.24}$$

と計算される。

$\hat{A}$ の行列式に対しては、c を複素数として $\det\left(c\hat{A}\right) = c^N \det\hat{A}$ が成り立つ。また $\det\left(\hat{A}^T\right) = \det\hat{A}$、$\det\left(\hat{A}^*\right) = \left(\det\hat{A}\right)^*$、$\det\left(\hat{A}^{-1}\right) = 1/\det\hat{A}$ などの関係も成り立つ。N 次元正方行列 $\hat{A}$ と $\hat{B}$ の積 $\hat{A}\hat{B}$ に対しては、$\det\left(\hat{A}\hat{B}\right) = \det\hat{A}\det\hat{B}$ が成り立つ。

B.1.7 逆行列

N 次元正方行列 $\hat{A}$ の**逆行列** (inverse matrix) $\hat{A}^{-1}$ とは、$\hat{A}^{-1}\hat{A} = \hat{A}\hat{A}^{-1} = \hat{I}$ を満たす N 次元正方行列のことである。$\hat{A}^{-1}$ は $\det\hat{A} \neq 0$ のときに一意的に存在し、$\hat{A}$ の**余因子行列** (adjugate matrix) $\tilde{A}$ を使って $A^{-1} = \tilde{A}/\det\hat{A}$ と計算できる。$\tilde{A}$ の j 行 k 列成分 $\left(\tilde{A}\right)_{jk}$ は、$\hat{A}$ の k 行と j 列を $\hat{A}$ から取り除いて作る $N-1$ 次元正方行列 $\hat{A}(kj)$ を使って、$\left(\tilde{A}\right)_{jk} = (-1)^{j+k}\det\hat{A}(kj)$ で定義される。$\hat{A}$ が逆行列を持たないならば、$\det\hat{A} = 0$ が成り立つ。特に二次元正方行列の場合は

$$\begin{aligned}\begin{pmatrix} a_{11} & a_{12} \\ a_{21} & a_{22} \end{pmatrix}^{-1} &= \frac{1}{\det\hat{A}}\begin{pmatrix} a_{22} & -a_{12} \\ -a_{21} & a_{11} \end{pmatrix} \\ &= \frac{1}{a_{11}a_{22} - a_{12}a_{21}}\begin{pmatrix} a_{22} & -a_{12} \\ -a_{21} & a_{11} \end{pmatrix}\end{aligned} \tag{B.25}$$

と計算される。

B.1.8 エルミート行列

N 次元正方行列 $\hat{A}$ が $\hat{A}^\dagger = \hat{A}$ を満たすときに $\hat{A}$ は**エルミート行列** (Hermitian matrix) と呼ばれ、実対称行列の複素数的な拡張になっている。$\hat{A}$ の固有値方程式は、$n = 1, 2, \cdots, N$ として

$$\hat{A}|n\rangle = a_n|n\rangle \tag{B.26}$$

で与えられる。$|n\rangle$ は零ではない N 本のベクトルであり、**固有ベクトル** (eigenvector) と呼ばれる。$|n\rangle$ に対応する a_n は**固有値** (eigenvalue) と呼ばれる。また $|n\rangle$ を c 倍してその長さを変えても (B.26) 式の解となるため、この c を調整してから $c|n\rangle \to |n\rangle$ と定義し直すことで、いつでも $\langle n|n\rangle = 1$ を満たさせることができる。

$\left(\hat{A} - a_n\hat{I}\right)|n\rangle = 0$ という方程式が零ベクトルではない $|n\rangle$ を持つためには、$\hat{A} - a_n\hat{I}$ という行列が逆行列を持たない必要があるため、

$$\det\left(\hat{A} - a_n\hat{I}\right) = 0 \tag{B.27}$$

が成り立つ。エルミート行列 $\hat{A}$ の固有値 a_n は、(B.27) 式を解くことで定まる。(B.27) 式は a_n に対する N 次方程式になるので、最大 N 個の独立な固有値が求まる。得られた a_n をそれぞれ (B.26) 式に代入することで、一次独立な固有ベクトル $|n\rangle$ も解くことができる。なお $N = 2$ のときの $\hat{A}$ の固有値 $a_\pm$ は、(B.54) 式のトレースも使って、

$$a_\pm = \frac{1}{2}\left(\mathrm{Tr}\left[\hat{A}\right] \pm \sqrt{\left(\mathrm{Tr}\left[\hat{A}\right]\right)^2 - 4\det\hat{A}}\right) \tag{B.28}$$

と計算される。

また単位固有ベクトル $|n\rangle$ がわかっているときには、(B.26) 式の両辺に $\langle n|$ をかけることで、$\langle n|n\rangle = 1$ から固有値は $a_n = \langle n|\hat{A}|n\rangle = \langle n|\hat{A}n\rangle$ とも計算できる。固有値の複素共役は $\hat{A}^\dagger = \hat{A}$ から $a_n^* = \langle n|\hat{A}n\rangle^* = \langle\hat{A}n|n\rangle = \langle n|\hat{A}^\dagger|n\rangle = \langle n|\hat{A}|n\rangle = a_n$ となるために、エルミート行列の固有値 a_n は実数であることが保証されている。(B.26) 式の両辺でエルミート共役をとると、$\hat{A}^\dagger = \hat{A}$ と固有値の実数性から

$$\langle n'|\hat{A} = a_{n'}\langle n'| \tag{B.29}$$

という関係も得られる。この両辺の横ベクトルと $|n\rangle$ との内積を計算すると

$\langle n'|\hat{A}|n\rangle = a_{n'}\langle n'|n\rangle$ となるが、一方 (B.26) 式からは $\langle n'|\hat{A}|n\rangle = a_n\langle n'|n\rangle$ という関係が出る。この二本の式から

$$\left(a_n - a_{n'}\right)\langle n'|n\rangle = 0 \tag{B.30}$$

が示せる。したがって $a_n \neq a_{n'}$ の場合は $\langle n'|n\rangle = 0$ となり、固有値が異なる固有ベクトル $|n\rangle$ と $|n'\rangle$ は直交していることがわかる。

全ての固有値 a_n が互いに一致しないときには、エルミート行列 $\hat{A}$ は**非縮退的** (nondegenerate) であると言う。この場合は、N 次元ベクトル空間で $\langle n'|n\rangle = \delta_{nn'}$ を N 本の固有ベクトルで満たせるために、$|n\rangle$ は正規直交基底のベクトルになっていることが自動的に出てくる。そしてその完全性の関係式である

$$\hat{I} = \sum_{n=1}^{N} |n\rangle\langle n| \tag{B.31}$$

も示される。これを使うとエルミート行列 $\hat{A}$ は

$$\hat{A} = \hat{A}\hat{I} = \hat{A}\sum_{n=1}^{N} |n\rangle\langle n| = \sum_{n=1}^{N} \hat{A}|n\rangle\langle n| = \sum_{n=1}^{N} a_n|n\rangle\langle n| \tag{B.32}$$

と書くことができる。ここで $\hat{P}_n = |n\rangle\langle n|$ とすると $\hat{A}$ の**スペクトル分解** (spectral decomposition)

$$\hat{A} = \sum_{n=1}^{N} a_n\hat{P}_n \tag{B.33}$$

が得られる。$\hat{P}_n$ はエルミート行列になっていて、かつ $\hat{P}_n\hat{P}_{n'} = \hat{P}_n\delta_{nn'}$ を満たす射影演算子である。

いくつかの固有値 a_n が互いに一致する場合には、エルミート行列 $\hat{A}$ は**縮退的** (degenerate) であると言う。この場合でも、無限小量 ϵ と適当なエルミート行列 $\hat{B}$ を用いれば、

$$\hat{A}\left(\epsilon\right) = \hat{A} + \epsilon\hat{B} \tag{B.34}$$

という縮退を持たないエルミート行列 $\hat{A}\left(\epsilon\right)$ が作れる。この場合の固有値方程式を計算しておいて、後で $\epsilon \to 0$ の極限をとれば、縮退のある $\hat{A}$ のスペクトル分解は

$$\hat{A} = {\sum_n}' a_n \sum_{s_n} \hat{P}_{n,s_n} \tag{B.35}$$

という形で成り立つことが示される。ここでの n の和 $\sum_n{}'$ は、異なる固有値だけでとっている。$\hat{P}_{n,s_n}$ は

$$\hat{P}_{n,s_n} \hat{P}_{m,r_m} = \hat{P}_{n,s_n} \delta_{nm} \delta_{s_n r_m} \tag{B.36}$$

を満たす射影演算子である。ここでは添え字 s_n で、同じ固有値 a_n をとる複数の互いに直交する単位固有ベクトル $|n, s_n\rangle$ を区別しており、射影演算子は $\hat{P}_{n,s_n} = |n, s_n\rangle\langle n, s_n|$ で与えられる。なお n が N 個の値をとる和を持つ (B.33) 式において、a_n と $a_{n'}$ が同じ値をとるような縮退が $\hat{A}$ にある場合でも、$n \neq n'$ ならば $\hat{P}_n \hat{P}_{n'} = 0$ となるようにいつでも固有状態を選ぶことができる。したがって縮退がある場合でも、(B.33) 式自体は使って構わない。

B.1.9 非負なエルミート演算子

ある正方行列 $\hat{A}$ が、任意のベクトル $|\psi\rangle$ に対して $\langle\psi|\hat{A}|\psi\rangle$ が実数であるとき、$\hat{A}$ はエルミート行列であることが証明できる。まず $\hat{A}$ とそのエルミート共役行列 $\hat{A}^\dagger$ に対して

$$\mathrm{Re}\,\hat{A} = \frac{1}{2}\left(\hat{A} + \hat{A}^\dagger\right), \ \ \mathrm{Im}\,\hat{A} = \frac{1}{2i}\left(\hat{A} - \hat{A}^\dagger\right) \tag{B.37}$$

という実部行列 $\mathrm{Re}\,\hat{A}$ と虚部行列 $\mathrm{Im}\,\hat{A}$ を定義しよう。するとどちらもこの定義からエルミート行列であることが確かめられる。そして $\hat{A} = \mathrm{Re}\,\hat{A} + i\,\mathrm{Im}\,\hat{A}$ と書けることと $\langle\psi|\hat{A}|\psi\rangle$ が実数であることから、$\langle\psi|\,\mathrm{Im}\,\hat{A}|\psi\rangle = 0$ がわかる。またエルミート行列 $\mathrm{Im}\,\hat{A}$ のスペクトル分解 $\mathrm{Im}\,\hat{A} = \sum_n \alpha_n |n\rangle\langle n|$ を使うと、

$$\langle\psi|\,\mathrm{Im}\,\hat{A}|\psi\rangle = \sum_n \alpha_n \left|\langle n|\psi\rangle\right|^2 = 0 \tag{B.38}$$

が示されるが、これが任意のベクトル $|\psi\rangle$ に対して成り立つためには、全ての固有値 α_n が零である必要があるため、$\mathrm{Im}\,\hat{A} = 0$ が証明される。したがって $\hat{A} = \mathrm{Re}\,\hat{A}$ から、$\langle\psi|\hat{A}|\psi\rangle$ が実数である $\hat{A}$ はエルミート行列である。

またエルミート行列 $\hat{A}$ が、任意のベクトル $|\psi\rangle$ に対して $\langle\psi|\hat{A}|\psi\rangle \geq 0$ であるとき、$\hat{A}$ の固有値 a_n は全て非負である。それは a_n に対応する単位固有ベクト

ル $|a_n\rangle$ を $|\psi\rangle$ に代入すれば、$\langle\psi|\hat{A}|\psi\rangle = \langle a_n|\hat{A}|a_n\rangle = a_n \geq 0$ となるからである。数学では、ある正方行列 $\hat{A}$ が、任意のベクトル $|\psi\rangle$ に対して $\langle\psi|\hat{A}|\psi\rangle \geq 0$ のとき、$\hat{A} \geq 0$ と表記する。つまり $\hat{A} \geq 0$ は、$\hat{A}$ の固有値全てが非負であるエルミート行列であることを意味している。なおエルミート行列 $\hat{A}$ が任意の $|\psi\rangle$ に対して $\langle\psi|\hat{A}|\psi\rangle = 0$ ならば $\hat{A} = 0$ である。

B.1.10 エルミート行列の関数

エルミート行列 $\hat{A}$ に対する (B.33) 式のスペクトル分解を使うと、$\hat{A}^2$ というエルミート行列も

$$\hat{A}^2 = \left(\sum_n a_n \hat{P}_n\right)\left(\sum_{n'} a_{n'} \hat{P}_{n'}\right) = \sum_{nn'} a_n a_{n'} \hat{P}_n \hat{P}_{n'} = \sum_{nn'} a_n a_{n'} \hat{P}_n \delta_{nn'}$$
$$= \sum_n (a_n)^2 \hat{P}_n \tag{B.39}$$

というスペクトル分解を持つことがわかる[※122]。この射影演算子 $\hat{P}_n$ は $\hat{A}$ と共通であり、固有値が $(a_n)^2$ に置き換わっただけである。さらにこの計算を m 回繰り返すと

$$\hat{A}^m = \sum_n (a_n)^m \hat{P}_n \tag{B.40}$$

も証明できる。また

$$f(x) = \sum_{m=0}^{\infty} \frac{1}{m!} f^{(m)}(0) x^m \tag{B.41}$$

というマクローリン展開で定義されている関数 $f(x)$ を使って定義される $f\left(\hat{A}\right)$ という行列のスペクトル分解も

$$f\left(\hat{A}\right) = \sum_n f(a_n) \hat{P}_n \tag{B.42}$$

で与えられる。またより一般的な関数 $f(x)$ でも (B.42) 式を $f\left(\hat{A}\right)$ の定義にすれば問題はない。例えば θ を実数として、$f(x) = \exp(i\theta x)$ と置いて定義される

※122‥ここでは $\hat{A}$ が非縮退の例で紹介しているが、縮退のある場合でも同様にできる。

$$\hat{U}(\theta) = \exp\left(i\theta\hat{A}\right) \tag{B.43}$$

という行列はユニタリー行列であることも証明できる。スペクトル分解は

$$\hat{U}(\theta) = \sum_n e^{i\theta a_n}\hat{P}_n \tag{B.44}$$

となるため、$\hat{U}(\theta)$ のエルミート共役行列は

$$\hat{U}(\theta)^\dagger = \sum_n e^{-i\theta a_n}\hat{P}_n \tag{B.45}$$

と書ける。これから

$$\begin{aligned}\hat{U}(\theta)^\dagger\hat{U}(\theta) &= \left(\sum_n e^{-i\theta a_n}\hat{P}_n\right)\left(\sum_{n'} e^{i\theta a_{n'}}\hat{P}_{n'}\right)\\ &= \sum_n\sum_{n'} e^{i\theta(a_{n'}-a_n)}\hat{P}_n\hat{P}_{n'}\\ &= \sum_n\sum_{n'} e^{i\theta(a_{n'}-a_n)}\hat{P}_n\delta_{nn'} = \sum_n \hat{P}_n = \hat{I}\end{aligned} \tag{B.46}$$

となって、$\hat{U}(\theta)^\dagger\hat{U}(\theta) = \hat{I}$ が示されるからである。

B.1.11 エルミート行列の対角化

エルミート行列 $\hat{A}$ の N 本の単位固有ベクトル $|n\rangle$ を横に並べることで

$$\hat{U} = \begin{pmatrix} |1\rangle & |2\rangle & \cdots & |N\rangle \end{pmatrix} \tag{B.47}$$

という $N \times N$ 行列が作れる。対応するエルミート共役行列は

$$\hat{U}^\dagger = \begin{pmatrix} \langle 1| \\ \langle 2| \\ \vdots \\ \langle N| \end{pmatrix} \tag{B.48}$$

で与えられるため、

$$\hat{U}^\dagger \hat{U} = \begin{pmatrix} \langle 1|1\rangle & \langle 1|2\rangle & \cdots & \langle 1|N\rangle \\ \langle 2|1\rangle & \langle 2|2\rangle & \ddots & \vdots \\ \vdots & \ddots & \ddots & \langle N-1|N\rangle \\ \langle N|1\rangle & \cdots & \langle N|N-1\rangle & \langle N|N\rangle \end{pmatrix}$$

$$= \begin{pmatrix} 1 & 0 & \cdots & 0 \\ 0 & 1 & \ddots & \vdots \\ \vdots & \ddots & \ddots & 0 \\ 0 & \cdots & 0 & 1 \end{pmatrix} = \hat{I} \tag{B.49}$$

が成り立つ。したがって $\hat{U}$ はユニタリー行列であることが証明される。ここで (B.48) 式から $\hat{U}^\dagger|n\rangle = |e_n\rangle$ が得られる。これにより、

$$\hat{A} = \sum_{n=1}^{N} a_n|n\rangle\langle n|$$

という $\hat{A}$ のスペクトル分解を考えて、その左側から $\hat{U}^\dagger$ をかけ、右側から $\hat{U}$ をかければ、

$$\hat{U}^\dagger \hat{A} \hat{U} = \sum_{n=1}^{N} a_n|e_n\rangle\langle e_n| = \begin{pmatrix} a_1 & 0 & \cdots & 0 \\ 0 & a_2 & \ddots & \vdots \\ \vdots & \ddots & \ddots & 0 \\ 0 & \cdots & 0 & a_N \end{pmatrix} \tag{B.50}$$

となることが証明される。これを $\hat{A}$ の**対角化** (diagonalization) と呼ぶ。その対角成分は $\hat{A}$ の固有値になっている。

B.1.12 可換なエルミート行列の同時対角化

$\left[\hat{A}, \hat{B}\right] = 0$ となる二つのエルミート行列 $\hat{A}, \hat{B}$ の固有ベクトルは共通にとれる。これを**同時固有ベクトル** (simultaneous eigenstate) と呼ぶ。証明は以下のように行う。まず $|n\rangle$ を $\hat{A}$ の固有ベクトルとする。$\hat{A}|n\rangle = a_n|n\rangle$ の両辺に $\hat{B}$ を作用させると、$\hat{B}\hat{A}|n\rangle = \hat{A}\left(\hat{B}|n\rangle\right) = a_n\left(\hat{B}|n\rangle\right)$ という関係を得る。簡単のために $\hat{A}$ は非縮退的であるとすると、$|n\rangle$ と $\hat{B}|n\rangle$ は同じ固有値

a_n を持つために比例関係にある。その比例係数を b_n と書くと、$\hat{B}$ の固有値方程式 $\hat{B}|n\rangle = b_n|n\rangle$ が得られる。$\hat{B}$ がエルミート行列であるため、固有値でもある b_n は実数値をとることが保証されている。$\hat{A}$ が縮退的な場合でも、その縮退を解くように各固有値 a_n を $a_n + \epsilon_n$ と少しずらして $\hat{A}(\epsilon_n)$ というエルミート行列を用意して、$\left[\hat{A}(\epsilon_n), \hat{B}(\epsilon_n)\right] = 0$ を満たす $\hat{B}(\epsilon_n)$ に対して $\hat{B}(\epsilon_n)|n\rangle = b_n(\epsilon_n)|n\rangle$ を得てから、最後に $\epsilon_n \to 0$ 極限をとればよい。

B.1.13 行列の特異値分解

任意の $N \times N$ 行列 $\hat{C}$ に対して、$\hat{C}\hat{C}^\dagger$ はエルミート行列となっている。また任意ベクトル $|\psi\rangle$ に対して、$\langle\psi|\hat{C}\hat{C}^\dagger|\psi\rangle = \langle\hat{C}^\dagger\psi|\hat{C}^\dagger\psi\rangle \geq 0$ が成り立っている。このため $\hat{C}\hat{C}^\dagger$ の固有値は非負であることがわかる。したがってエルミート行列 $\hat{R} = \sqrt{\hat{C}\hat{C}^\dagger}$ を (B.42) 式で定義できる。つまり $\hat{R}$ の固有ベクトルは $\hat{C}\hat{C}^\dagger$ の固有ベクトルと共通にとられ、また対応する固有値は $\hat{C}\hat{C}^\dagger$ の固有値の非負の平方根で定義される。また $\hat{C}\hat{C}^\dagger$ に零固有値がない場合には $\hat{R}^{-1}$ が存在する。このため $\hat{U} = \hat{R}^{-1}\hat{C}$ という行列が定義でき、$\hat{U}\hat{U}^\dagger = \hat{R}^{-1}\hat{C}\hat{C}^\dagger\hat{R}^{-1} = \hat{R}^{-1}\hat{R}^2\hat{R}^{-1} = \hat{I}$ が示せる。つまり $\hat{U}$ はユニタリー行列である。これから $\hat{C}$ の極分解表示 $\hat{C} = \hat{R}\hat{U}$ が得られる。次元 N が有限であるときは、$\hat{C}\hat{C}^\dagger$ が零固有値を持っていても、その近傍に零固有値を持たない行列 $\hat{C}'\hat{C}'^\dagger$ が存在することと、ベクトル空間の連続性から、ユニタリー行列 $\hat{U}$ が存在して $\hat{C} = \hat{R}\hat{U}$ は成り立つ。この極分解表示は 1×1 行列としての複素数 c の極表示である $c = \sqrt{cc^*}e^{i\theta} = |c|\,e^{i\theta}$ という関係の正方行列への一般化である。同様に $\hat{R}' = \sqrt{\hat{C}^\dagger\hat{C}}$ を定義すれば、同様にユニタリー行列 $\hat{U}'$ が存在して $\hat{C} = \hat{U}'\hat{R}'$ と書ける。エルミート行列 $\hat{R}$ を

$$\hat{R} = \hat{V} \begin{pmatrix} r_1 & 0 & \cdots & 0 \\ 0 & r_2 & \ddots & \vdots \\ \vdots & \ddots & \ddots & 0 \\ 0 & \cdots & 0 & r_N \end{pmatrix} \hat{V}^\dagger \tag{B.51}$$

と対角化をするユニタリー行列 $\hat{V}$ を考えれば、$\hat{W} = \hat{V}^\dagger\hat{U}$ というユニタリー行列を用いて、

$$\hat{C} = \hat{V} \begin{pmatrix} r_1 & 0 & \cdots & 0 \\ 0 & r_2 & \ddots & \vdots \\ \vdots & \ddots & \ddots & 0 \\ 0 & \cdots & 0 & r_N \end{pmatrix} \hat{W} \tag{B.52}$$

という正方行列 $\hat{C}$ の**特異値分解** (singular value decomposition) が得られる。特異値分解は $N < M$ を満たす $N \times M$ 非正方行列 $\hat{C}$ でも成り立ち、$N \times N$ ユニタリー行列 $\hat{V}$ と $M \times M$ ユニタリー行列 $\hat{W}$ を用いて

$$\hat{C} = \hat{V} \begin{pmatrix} r_1 & 0 & \cdots & 0 & 0 & \cdots & 0 \\ 0 & r_2 & \ddots & \vdots & \vdots & \cdots & \vdots \\ \vdots & \ddots & \ddots & 0 & 0 & \cdots & 0 \\ 0 & \cdots & 0 & r_N & 0 & \cdots & 0 \end{pmatrix} \hat{W} \tag{B.53}$$

と書ける。この証明は以下のようにできる。ここで $N \times N$ エルミート行列 $\hat{R} = \sqrt{\hat{C}\hat{C}^\dagger}$ の固有値 r_n は非負の実数である。N 次元複素ベクトル空間 V_N を考え、その正規直交基底 $\{|v_n\rangle \,|n = 1, \cdots, N\}$ に対して $\hat{C}^\dagger|v_n\rangle$ という M 次元ベクトル空間 V_M のベクトルを定義する。V_M 中に $\left\{\hat{C}^\dagger|v_n\rangle\right\}$ が張る N 次元部分ベクトル空間 $\tilde{V}_N$ を考える。その正規直交基底を $\{|v'_n\rangle \,|n = 1, \cdots, N\}$ としよう。$\tilde{V}_N$ の $M - N$ 次元直交補空間の基底ベクトルを $|v'_m\rangle \quad (m = N + 1, \cdots, M)$ とすると、$m > N$ に対して $\langle v_n|\hat{C}|v'_m\rangle = 0$ となっている。$m = 1, \cdots, N$ に対して $c'_{nm} = \langle v_n|\hat{C}|v'_m\rangle$ を定義し、正方行列 $\hat{C}' = [c'_{nm}]$ の (B.52) 式の特異値分解を適用すれば、(B.53) 式が得られる。

B.1.14 トレース

$N \times N$ 行列 $\hat{C}$ に対して、**トレース** (trace) は対角成分 C_{jj} の和で定義される。

$$\mathrm{Tr}\left[\hat{C}\right] = \sum_{j=1}^{N} C_{jj}. \tag{B.54}$$

$N_1 \times N_2$ 行列 $\hat{A}$ と $N_2 \times N_1$ 行列 $\hat{B}$ の積 $\hat{A}\hat{B}$ のトレースは、順番を変えた $\hat{B}\hat{A}$ のトレースに一致する。

$$\mathrm{Tr}\left[\hat{A}\hat{B}\right] = \mathrm{Tr}\left[\hat{B}\hat{A}\right]. \tag{B.55}$$

このことは下記のように示される。

$$\mathrm{Tr}\left[\hat{A}\hat{B}\right] = \sum_{j=1}^{N_1}\left(\sum_{k=1}^{N_2} A_{jk}B_{kj}\right) = \sum_{k=1}^{N_2}\left(\sum_{j=1}^{N_1} B_{kj}A_{jk}\right) = \mathrm{Tr}\left[\hat{B}\hat{A}\right]. \tag{B.56}$$

(B.55) 式を用いれば、

$$\mathrm{Tr}\left[|\psi\rangle\langle\varphi|\hat{A}\right] = \mathrm{Tr}\left[\hat{A}|\psi\rangle\langle\varphi|\right] = \mathrm{Tr}\left[\langle\varphi|\hat{A}|\psi\rangle\right] = \langle\varphi|\hat{A}|\psi\rangle \tag{B.57}$$

も証明できる。最後の等式は、複素数 $\langle\varphi|\hat{A}|\psi\rangle$ が一次元行列と等価であることを使っている。

行列式とトレースには密接な関係があることが知られている。例えば逆行列を持つ N 次元正方行列 $\hat{A}$ の行列式の変分は

$$\delta \det \hat{A} = \det \hat{A}\, \mathrm{Tr}\left[\hat{A}^{-1}\delta\hat{A}\right] \tag{B.58}$$

という関係を満たす。これは

$$\delta \ln \det \hat{A} = \mathrm{Tr}\left[\hat{A}^{-1}\delta\hat{A}\right] \tag{B.59}$$

とも書ける。このため $\hat{A}$ が x の関数ならば、

$$\frac{\partial \ln \det \hat{A}}{\partial x} = \mathrm{Tr}\left[\hat{A}^{-1}\frac{\partial \hat{A}}{\partial x}\right] \tag{B.60}$$

という公式も成り立つ。(B.58) 式は $\det \hat{A}$ の余因子展開を繰り返し使うことで示せる。最初に $\hat{A} = [a_{ij}]$ の 1 行目の成分に関する余因子分解を書く。

$$\det \hat{A} = \sum_{j=1}^{N} a_{1j}C_{1j} \tag{B.61}$$

$\hat{A}$ の (i,j) 番目の余因子行列式 C_{ij} は、$\hat{A}$ から i 行目と j 列目を除いて作る $N-1$ 次元正方行列の行列式に $(-1)^{i+j}$ をかけて定義されている。ここで余因子 C_{1j} は a_{1j} $(j = 1, 2, \cdots, N)$ にもう依存していないことが重要である。このため $\det \hat{A}$ の変分に現れる和の中の a_{1j} の変分寄与だけを考えると、

$$\delta_{(1j)} \det \hat{A} = C_{1j} \delta a_{1j} \tag{B.62}$$

で与えられる。同様に i 行目の余因子展開を考えれば、a_{ij} の変分の寄与は

$$\delta_{(ij)} \det \hat{A} = C_{ij} \delta a_{ij} \tag{B.63}$$

で与えられ、$\det \hat{A}$ の任意の変分はその全ての和として

$$\delta \det \hat{A} = \sum_{i=1}^{N} \sum_{j=1}^{N} C_{ij} \delta a_{ij} \tag{B.64}$$

と書ける。N 次元正方行列 $[C_{ji}]$ は $\left(\det \hat{A}\right) \hat{A}^{-1}$ で与えられることから (B.58) 式が得られる。

B.1.15 シュミット分解

N_A 次元の複素ベクトル空間 V_A と N_B 次元の複素ベクトル空間 V_B のテンソル積をとって、$N_A N_B$ 次元の複素ベクトル空間 V_{AB} を考えよう。$N_A \leq N_B$ としたとき、V_{AB} の任意のベクトル $|\Psi\rangle$ に対して、$n = 1, \cdots, N_A$ に対する確率分布 p_n と、V_A の正規直交基底 $\{|n\rangle\}$ と、V_B の互いに直交する N_A 本の単位ベクトル $|u_n\rangle$ が存在して

$$|\Psi\rangle = \sum_{n=1}^{N_A} \sqrt{p_n} |n\rangle |u_n\rangle \tag{B.65}$$

と必ず書ける。これを $|\Psi\rangle$ の**シュミット分解** (Schmidt decomposition) と呼ぶ。

証明は以下の通り。まず A の縮約状態を考え、そのスペクトル分解を書く。

$$\hat{\rho}_A = \operatorname*{Tr}_B \left[|\Psi\rangle\langle\Psi| \right] = \sum_{n=1}^{N_A} p_n |n\rangle\langle n|. \tag{B.66}$$

ここで固有値 p_n は $p_1 \geq p_2 \geq \cdots \geq p_{N_A}$ という順番を満たしているとする。同様に B の縮約状態のスペクトル分解を書く。

$$\hat{\rho}_B = \operatorname*{Tr}_A \left[|\Psi\rangle\langle\Psi| \right] = \sum_{m=1}^{N_B} q_m |u_m\rangle\langle u_m|. \tag{B.67}$$

ここで固有値 q_m は $q_1 \geq q_2 \geq \cdots \geq q_{N_B}$ という順番を満たしているとする。$\hat{\rho}_A$ と $\hat{\rho}_B$ の単位固有ベクトルのテンソル積は V_{AB} の正規直交基底を成す。$|\Psi\rangle$ をそれで

$$|\Psi\rangle = \sum_{n=1}^{N_A}\sum_{m=1}^{N_B} c_{mn}|n\rangle|u_m\rangle \tag{B.68}$$

のように展開しよう。その係数 c_{mn} を m 行 n 列に入れた $N_B \times N_A$ 行列 $\hat{C}$ を定義する。(B.66) 式から

$$\hat{C}^\dagger \hat{C} = \begin{pmatrix} p_1 & 0 & \cdots & 0 \\ 0 & p_2 & \ddots & \vdots \\ \vdots & \ddots & \ddots & 0 \\ 0 & \cdots & 0 & p_{N_A} \end{pmatrix} \tag{B.69}$$

が成り立つ。ここで $r_1 \geq r_2 \geq \cdots \geq r_{N_A}$ を満たす $N_A \times N_B$ 行列である $\hat{C}^\dagger$ の特異値分解

$$\hat{C}^\dagger = \hat{V} \begin{pmatrix} r_1 & 0 & \cdots & 0 & 0 & \cdots & 0 \\ 0 & r_2 & \ddots & \vdots & \vdots & \cdots & \vdots \\ \vdots & \ddots & \ddots & 0 & 0 & \cdots & 0 \\ 0 & \cdots & 0 & r_{N_A} & 0 & \cdots & 0 \end{pmatrix} \hat{W} \tag{B.70}$$

と、その $\hat{C}$ についてのエルミート共役な関係式を左辺に代入すると、

$$\hat{V} \begin{pmatrix} r_1^2 & 0 & \cdots & 0 \\ 0 & r_2^2 & \ddots & \vdots \\ \vdots & \ddots & \ddots & 0 \\ 0 & \cdots & 0 & r_{N_A}^2 \end{pmatrix} \hat{V}^\dagger = \begin{pmatrix} p_1 & 0 & \cdots & 0 \\ 0 & p_2 & \ddots & \vdots \\ \vdots & \ddots & \ddots & 0 \\ 0 & \cdots & 0 & p_{N_A} \end{pmatrix} \tag{B.71}$$

となる。ここで両辺を比べることから、$p_1 \geq p_2 \geq \cdots \geq p_{N_A}$ から $\hat{V} = \hat{I}_{N_A \times N_A}$ と $r_n = \sqrt{p_n}$ という関係式を得る。また (B.67) 式から

$$\hat{C}\hat{C}^{\dagger} = \begin{pmatrix} q_1 & 0 & \cdots & 0 \\ 0 & q_2 & \ddots & \vdots \\ \vdots & \ddots & \ddots & 0 \\ 0 & \cdots & 0 & q_{N_B} \end{pmatrix} \tag{B.72}$$

が成り立つ。(B.70) 式を左辺に代入すると

$$\hat{W}^{\dagger} \begin{pmatrix} r_1^2 & 0 & \cdots & 0 & 0 & \cdots & 0 \\ 0 & r_2^2 & \ddots & \vdots & \vdots & \cdots & \vdots \\ \vdots & \ddots & \ddots & 0 & 0 & \cdots & 0 \\ 0 & \cdots & 0 & r_{N_A}^2 & 0 & \cdots & 0 \\ 0 & \cdots & 0 & 0 & 0 & \cdots & 0 \\ \vdots & \vdots & \vdots & \vdots & \vdots & \ddots & \vdots \\ 0 & \cdots & 0 & 0 & 0 & \cdots & 0 \end{pmatrix} \hat{W} = \begin{pmatrix} q_1 & 0 & \cdots & 0 \\ 0 & q_2 & \ddots & \vdots \\ \vdots & \ddots & \ddots & 0 \\ 0 & \cdots & 0 & q_{N_B} \end{pmatrix} \tag{B.73}$$

となる。両辺を比較すると $\hat{W} = \hat{I}_{N_B \times N_B}$ と、$m = 1, \cdots, N_A$ に対して $q_m = r_m^2 = p_m$、そして $m > N_A$ に対して $q_m = 0$ という結果を得る。この結果を (B.70) 式に代入して $\hat{C}^{\dagger}$ とそのエルミート共役 $\hat{C}$ を決定し、その $\hat{C}$ の行列成分 c_{mn} を (B.68) 式に代入すると、(B.65) 式のシュミット分解が証明される。

B.2 パウリ行列

パウリ行列 (Pauli matrices) は

$$\hat{\sigma}_x = \begin{pmatrix} 0 & 1 \\ 1 & 0 \end{pmatrix}, \hat{\sigma}_y = \begin{pmatrix} 0 & -i \\ i & 0 \end{pmatrix}, \hat{\sigma}_z = \begin{pmatrix} 1 & 0 \\ 0 & -1 \end{pmatrix} \tag{B.74}$$

で定義される。この行列には下記の性質がある。

1. 二乗は単位行列：

$$(\hat{\sigma}_x)^2 = (\hat{\sigma}_y)^2 = (\hat{\sigma}_z)^2 = \hat{I}. \tag{B.75}$$

2. 異なる二つの積は残りの行列に比例：

$$\hat{\sigma}_x\hat{\sigma}_y = i\hat{\sigma}_z,\ \hat{\sigma}_y\hat{\sigma}_z = i\hat{\sigma}_x,\ \hat{\sigma}_z\hat{\sigma}_x = i\hat{\sigma}_y. \tag{B.76}$$

3. 反可換性：

$$\hat{\sigma}_x\hat{\sigma}_y = -\hat{\sigma}_y\hat{\sigma}_x,\ \hat{\sigma}_y\hat{\sigma}_z = -\hat{\sigma}_z\hat{\sigma}_y,\ \hat{\sigma}_z\hat{\sigma}_x = -\hat{\sigma}_x\hat{\sigma}_z. \tag{B.77}$$

4. トレースレス：

$$\mathrm{Tr}\left[\hat{\sigma}_x\right] = \mathrm{Tr}\left[\hat{\sigma}_y\right] = \mathrm{Tr}\left[\hat{\sigma}_z\right] = 0. \tag{B.78}$$

5. 行列内積：$a, b = x, y, z$ に対して

$$\mathrm{Tr}\left[\hat{\sigma}_a\hat{\sigma}_b\right] = 2\delta_{ab}. \tag{B.79}$$

6. 固有値は $+1$ と -1。

$\hat{\sigma}_x|\pm_x\rangle = \pm|\pm_x\rangle$ で定義される $\hat{\sigma}_x$ の単位固有ベクトルは

$$|+_x\rangle = \frac{1}{\sqrt{2}}\begin{pmatrix} 1 \\ 1 \end{pmatrix}, |-_x\rangle = \frac{1}{\sqrt{2}}\begin{pmatrix} 1 \\ -1 \end{pmatrix}. \tag{B.80}$$

$\hat{\sigma}_y|\pm_y\rangle = \pm|\pm_y\rangle$ で定義される $\hat{\sigma}_y$ の単位固有ベクトルは

$$|+_y\rangle = \frac{1}{\sqrt{2}}\begin{pmatrix} 1 \\ i \end{pmatrix}, |-_y\rangle = \frac{1}{\sqrt{2}}\begin{pmatrix} 1 \\ -i \end{pmatrix}. \tag{B.81}$$

$\hat{\sigma}_z|\pm\rangle = \pm|\pm\rangle$ で定義される $\hat{\sigma}_z$ の単位固有ベクトルは

$$|+\rangle = \begin{pmatrix} 1 \\ 0 \end{pmatrix}, |-\rangle = \begin{pmatrix} 0 \\ 1 \end{pmatrix}. \tag{B.82}$$

C.1 クラウス表現の証明

ここではまず (6.8) 式のクラウス表現を証明して、その結果を用いて付録 C.2 において (6.6) 式のシュタインスプリング表現を示そう。S 系は N 準位系なの

で、$n = 1, 2, \cdots, N$ とした N 本の基底ベクトル $|n\rangle$ でその状態空間は張られている。このとき任意の密度演算子 $\hat{\rho}$ はこの基底を使って $\hat{\rho} = \sum_{nn'} \rho_{nn'} |n\rangle\langle n'|$ と展開できる。Γ には線形性があるので、

$$\Gamma[\hat{\rho}] = \sum_{nn'} \rho_{nn'} \Gamma[|n\rangle\langle n'|] \tag{C.1}$$

が成り立つ。したがって $\Gamma[|n\rangle\langle n'|]$ の全てがわかれば、任意の $\hat{\rho}$ に対する $\Gamma[\hat{\rho}]$ が再現できる。

ここで N 準位系である補助系 A を考えよう。そして S と A の合成系 $S + A$ における最大量子もつれ状態の一つである

$$|I\rangle_{SA} = \frac{1}{\sqrt{N}} \sum_{n=1}^{N} |n\rangle_S |n\rangle_A \tag{C.2}$$

という量子状態を用意しよう。これに $\Gamma \otimes id$ を作用させると

$$(\Gamma \otimes id)[|I\rangle_{SA}\langle I|_{SA}] = \frac{1}{N} \sum_{nn'} \Gamma[|n\rangle\langle n'|] \otimes |n\rangle\langle n'| \tag{C.3}$$

となる。両辺に $\hat{I} \otimes |n'\rangle\langle n|$ をかけて、A 系についての部分トレースをとると

$$\mathop{\mathrm{Tr}}_{A}\left[\left(\hat{I} \otimes |n'\rangle\langle n|\right)(\Gamma \otimes id)[|I\rangle_{SA}\langle I|_{SA}]\right] = \frac{1}{N}\Gamma[|n\rangle\langle n'|] \tag{C.4}$$

という関係式が得られて、欲しい $\Gamma[|n\rangle\langle n'|]$ が得られる。

そこでこの左辺を調べるのだが、その前に便利な $S + A$ 系の状態ベクトルの行列表現を導入しておく。任意の状態ベクトル $|\psi\rangle_{SA}$ は基底ベクトルを用いて $|\psi\rangle_{SA} = \sum_{nn'} \psi_{nn'} |n\rangle_S |n'\rangle_A$ と展開できる。この展開係数を使って

$$\begin{aligned}
\hat{\psi} &= \begin{pmatrix} \langle 1|\hat{\psi}|1\rangle & \langle 1|\hat{\psi}|2\rangle & \cdots & \langle 1|\hat{\psi}|N\rangle \\ \langle 2|\hat{\psi}|1\rangle & \langle 2|\hat{\psi}|2\rangle & \cdots & \langle 2|\hat{\psi}|N\rangle \\ \vdots & \vdots & \ddots & \vdots \\ \langle N|\hat{\psi}|1\rangle & \langle N|\hat{\psi}|2\rangle & \cdots & \langle N|\hat{\psi}|N\rangle \end{pmatrix} \\
&= \sqrt{N} \begin{pmatrix} \psi_{11} & \psi_{12} & \cdots & \psi_{1N} \\ \psi_{21} & \psi_{22} & \cdots & \psi_{2N} \\ \vdots & \vdots & \ddots & \vdots \\ \psi_{N1} & \psi_{N2} & \cdots & \psi_{NN} \end{pmatrix}
\end{aligned} \tag{C.5}$$

という N 次元正方行列 $\hat{\psi}$ を定義しよう。すると状態ベクトル $|\psi\rangle_{SA}$ は $\hat{\psi}|n'\rangle = \sqrt{N}\sum_n \psi_{nn'}|n\rangle$ から

$$|\psi\rangle_{SA} = \frac{1}{\sqrt{N}}\sum_{n'}\left(\hat{\psi}|n'\rangle\right)_S |n'\rangle_A = \left(\hat{\psi}\otimes\hat{I}\right)|I\rangle_{SA} \tag{C.6}$$

という形に書くことができる。これは以降の (C.8) 式のところで使う。

次にクラウス表現を示そう。(C.4) 式の左辺に現れる $(\Gamma\otimes id)\left[|I\rangle_{SA}\langle I|_{SA}\right]$ は $S+A$ 系の密度演算子である。これを

$$\begin{aligned}(\Gamma\otimes id)\left[|I\rangle_{SA}\langle I|_{SA}\right] &= \sum_{m=1}^{N}\sum_{m'=1}^{N} p_{mm'}|u_{mm'}\rangle_{SA}\langle u_{mm'}|_{SA} \\ &= \sum_{m=1}^{N}\sum_{m'=1}^{N} \sqrt{p_{mm'}}|u_{mm'}\rangle_{SA}\langle u_{mm'}|_{SA}\sqrt{p_{mm'}} \end{aligned} \tag{C.7}$$

とスペクトル分解しよう。$p_{mm'}$ は $(\Gamma\otimes id)\left[|I\rangle_{SA}\langle I|_{SA}\right]$ の固有値で、$|u_{mm'}\rangle_{SA}$ はその単位固有ベクトルである。そして $\sqrt{p_{mm'}}|u_{mm'}\rangle_{SA}$ というベクトルに対応する (C.6) 式の行列表現 $\hat{K}_{mm'}$ を

$$\left(\hat{K}_{mm'}\otimes\hat{I}\right)|I\rangle_{SA} = \sqrt{p_{mm'}}|u_{mm'}\rangle_{SA} \tag{C.8}$$

で定義しよう。これを用いると

$$(\Gamma\otimes id)\left[|I\rangle_{SA}\langle I|_{SA}\right] = \sum_{mm'}\left(\hat{K}_{mm'}\otimes\hat{I}\right)|I\rangle_{SA}\langle I|_{SA}\left(\hat{K}^{\dagger}_{mm'}\otimes\hat{I}\right) \tag{C.9}$$

という関係が示される。これを (C.4) 式に代入することで

$$\Gamma\left[|n\rangle\langle n'|\right] = N\sum_{mm'}\hat{K}_{mm'}\operatorname*{Tr}_A\left[\left(\hat{I}\otimes|n'\rangle\langle n|\right)|I\rangle_{SA}\langle I|_{SA}\right]\hat{K}^{\dagger}_{mm'} \tag{C.10}$$

が得られる。また右辺に現れる $\mathrm{Tr}_A\left[\left(\hat{I}\otimes|n'\rangle\langle n|\right)|I\rangle_{SA}\langle I|_{SA}\right]$ に対しては (C.2) 式から

$$\operatorname*{Tr}_A\left[\left(\hat{I}\otimes|n'\rangle\langle n|\right)|I\rangle_{SA}\langle I|_{SA}\right] = \frac{1}{N}|n\rangle\langle n'| \tag{C.11}$$

という計算ができるため、これを (C.10) 式に代入すると

$$\Gamma\left[|n\rangle\langle n'|\right] = \sum_{mm'} \hat{K}_{mm'}|n\rangle\langle n'|\hat{K}^{\dagger}_{mm'} \tag{C.12}$$

が成り立つ。これを (C.1) 式に代入すると

$$\Gamma\left[\hat{\rho}\right] = \sum_{mm'} \hat{K}_{mm'}\hat{\rho}\hat{K}^{\dagger}_{mm'} \tag{C.13}$$

が得られる。ここで Γ のトレース保存性から

$$\mathrm{Tr}\left[\Gamma\left[\hat{\rho}\right]\right] = \mathrm{Tr}\left[\hat{\rho}\left(\sum_{mm'} \hat{K}^{\dagger}_{mm'}\hat{K}_{mm'}\right)\right] = \mathrm{Tr}\left[\hat{\rho}\right] \tag{C.14}$$

が任意の $\hat{\rho}$ に対して成り立つことから、任意の純粋状態 $\hat{\rho} = |\psi\rangle\langle\psi|$ に対して

$$\langle\psi|\left(\sum_{mm'} \hat{K}^{\dagger}_{mm'}\hat{K}_{mm'}\right)|\psi\rangle = \langle\psi|\hat{I}|\psi\rangle \tag{C.15}$$

というエルミート行列に対する条件が要求される。これから

$$\sum_{mm'} \hat{K}^{\dagger}_{mm'}\hat{K}_{mm'} = \hat{I} \tag{C.16}$$

というクラウス演算子の規格化条件が導かれる。以降では演算子の添え字を $(mm') \to \alpha = 1, 2, \cdots, N^2$ と読み替えることにする。すると

$$\sum_{\alpha=1}^{N^2} \hat{K}^{\dagger}_{\alpha}\hat{K}_{\alpha} = \hat{I} \tag{C.17}$$

を満たすクラウス演算子 $\hat{K}_{\alpha}$ を用いて、クラウス表現

$$\Gamma\left[\hat{\rho}\right] = \sum_{\alpha=1}^{N^2} \hat{K}_{\alpha}\hat{\rho}\hat{K}^{\dagger}_{\alpha} \tag{C.18}$$

を得る。クラウス表現からシュタインスプリング表現を得ることは、付録 C.2 で証明している。

C.2 クラウス表現を持つ Γ がシュタインスプリング表現を持つ証明

付録 C.1 では N^2 個のクラウス演算子が出る場合で議論したが、ここでは

より一般的に $N_K \geq 2$ を満たす任意の正整数 N_K に対して $\sum_{\alpha=1}^{N_K} \hat{K}_\alpha^\dagger \hat{K}_\alpha = \hat{I}$ を満たす N_K 個のクラウス演算子 $\hat{K}_\alpha$ の場合に、シュタインスプリング表現を導出してみよう。状態空間次元が N_K である量子系 A を考える。そして $\{|\alpha\rangle | \alpha = 1 \sim N_K\}$ をその A の正規直交基底とする。また状態空間の次元が N である量子系 S の正規直交基底ベクトル $|n\rangle$ と、このクラウス演算子 $\hat{K}_\alpha$ を用いて、S と A の合成系の N 本のベクトルを $|n\rangle\rangle_{SA} = \sum_{\alpha=1}^{N_K} \hat{K}_\alpha |n\rangle_S |\alpha\rangle_A$ で定義しよう。すると $|n\rangle\rangle_{SA}$ は互いに直交する単位ベクトルであることが、(6.7) 式から

$$\begin{aligned} \langle\langle n|n'\rangle\rangle &= \sum_{\alpha=1}^{N_K} \sum_{\alpha'=1}^{N_K} \langle n|\hat{K}_\alpha^\dagger \hat{K}_{\alpha'}|n'\rangle \langle\alpha|\alpha'\rangle \\ &= \langle n| \left(\sum_{\alpha=1}^{N_K} \hat{K}_\alpha^\dagger \hat{K}_\alpha \right) |n'\rangle = \langle n|\hat{I}|n'\rangle = \delta_{nn'} \end{aligned} \tag{C.19}$$

と確かめられる。したがって $|0\rangle$ を A 系の単位ベクトルとして、$|n\rangle\rangle_{SA} = \hat{U}_{SA}|n\rangle_S|0\rangle_A$ を満たす合成系のユニタリー行列 $\hat{U}_{SA}$ がいつでも存在する。また $\langle\alpha|\alpha'\rangle = \delta_{\alpha\alpha'}$ および $\sum_{\alpha=1}^{N_K} \hat{K}_\alpha |n\rangle_S |\alpha\rangle_A = \hat{U}_{SA}|n\rangle_S|0\rangle_A$ から

$$\begin{aligned} \sum_{\alpha=1}^{N_K} \hat{K}_\alpha |n'\rangle\langle n|\hat{K}_\alpha^\dagger &= \operatorname*{Tr}_A \left[\sum_{\alpha'=1}^{N_K} \sum_{\alpha=1}^{N_K} \hat{K}_{\alpha'}|n'\rangle\langle n|\hat{K}_\alpha^\dagger \otimes |\alpha'\rangle\langle\alpha| \right] \\ &= \operatorname*{Tr}_A \left[\left(\sum_{\alpha'=1}^{N_K} \hat{K}_{\alpha'}|n'\rangle_S|\alpha'\rangle_A \right) \left(\sum_{\alpha=1}^{N_K} \left(\langle n|_S \hat{K}_\alpha^\dagger \right) \langle\alpha|_A \right) \right] \\ &= \operatorname*{Tr}_A \left[\left(\hat{U}_{SA}|n'\rangle_S|0\rangle_A \right) \left(\langle n|_S \langle 0|_A \hat{U}_{SA}^\dagger \right) \right] \\ &= \operatorname*{Tr}_A \left[\hat{U}_{SA} \left(|n'\rangle\langle n| \otimes |0\rangle\langle 0| \right) \hat{U}_{SA}^\dagger \right] \end{aligned} \tag{C.20}$$

と計算できるため、S 系の密度演算子 $\hat{\rho} = \sum_{nn'} \rho_{n'n}|n'\rangle\langle n|$ に対して $\Gamma[\hat{\rho}] = \mathrm{Tr}_A \left[\hat{U}_{SA} \left(\hat{\rho} \otimes |0\rangle\langle 0| \right) \hat{U}_{SA}^\dagger \right]$ というシュタインスプリング表現が示される。このことからクラウス表現を持つ Γ は TPCP 写像でもあることが自動的にわかる。

D.1 フーリエ変換

N を正の整数、成分を $u_n^r = \frac{1}{\sqrt{2N+1}} \exp\left(2\pi i \frac{nr}{2N+1}\right)$ として、$2N+1$ 本の $2N+1$ 次元単位ベクトル $\vec{u}_n$ を以下のように定める。

$$\vec{u}_n = \left(u_n^{-N}, u_n^{-N+1}, \cdots, u_n^{-1}, u_n^0, u_n^1, \cdots, u_n^{N-1}, u_n^N\right).$$

ここで n は $-N$ から N までの整数値をとる。すると $n \neq n'$ を満たす二つの $\vec{u}_n$ と $\vec{u}_{n'}$ は直交することが、$a = \exp\left(2\pi i \frac{(n'-n)}{2N+1}\right)$ と置いた場合の

$$\begin{aligned} & a^{-N} + a^{-N+1} + \cdots + a^{-1} + a^0 + a + \cdots + a^{N-1} + a^N \\ &= a^{-N-1} \sum_{n=1}^{2N+1} a^n = a^{-N} \frac{1 - a^{2N+1}}{1-a} = a^{-N} \frac{1-1}{1-a} = 0 \end{aligned} \tag{D.1}$$

という和の公式から証明できる。したがって $2N+1$ 本の $\vec{u}_n$ はこの $2N+1$ 次元ベクトル空間の正規直交基底ベクトルになっている。このベクトル空間に属する任意のベクトル $\vec{\Psi}$ を考えると、$\vec{\Psi}$ は一意に

$$\vec{\Psi} = \sum_{n=-N}^{N} \psi_n \vec{u}_n \tag{D.2}$$

と展開できて、その展開係数 ψ_n は

$$\psi_n = (\vec{u}_n \cdot \vec{\Psi}) = \sum_{r=-N}^{N} u_n^{r*} \Psi_r = \sqrt{\frac{1}{2N+1}} \sum_{r=-N}^{N} \Psi_r \exp\left(-2\pi i \frac{nr}{2N+1}\right) \tag{D.3}$$

と求まる。ここで $(\ \cdot\ )$ はこの複素ベクトル空間の内積であり、Ψ_r は $\vec{\Psi}$ の r 番目の成分である。(D.3) 式は Ψ_r の離散的なフーリエ変換と呼ばれ、(D.2) 式の成分表示である

$$\Psi_r = \sum_{n=-N}^{N} u_n^r \psi_n = \sqrt{\frac{1}{2N+1}} \sum_{n=-N}^{N} \psi_n \exp\left(2\pi i \frac{nr}{2N+1}\right) \tag{D.4}$$

は、その逆フーリエ変換と呼ばれる。

次に長さ L のリング上に $2N+1$ 等分した格子点を考えよう。点 $x=-L/2$ と点 $x=L/2$ を同一視するように x 座標を入れる。r を $-N$ から N までの整数値をとる変数とすると、格子間隔 $\epsilon=\frac{L}{2N+1}$ に対して $x=r\epsilon$ という場所に格子は現れている。ここで関数 $\Psi(x)$ のこの格子点上の値を $\Psi(x=r\epsilon)=\Psi_r/\sqrt{\epsilon}$ で定義しよう。L を固定して $\Psi(x=r\epsilon)$ が有限になるように Ψ_r の $N\to\infty$ の極限、つまり $\epsilon\to 0$ 極限をとると、この格子分布は稠密になり、実質的に円周上の関数 $\Psi(x)$ が与えられたことになる。同様に u_n^r から格子点上の関数 $u_n(x)$ の値 $u_n(x=r\epsilon)$ を

$$\frac{1}{\sqrt{\epsilon}}u_n^r=\sqrt{\frac{1}{(2N+1)\,\epsilon}}\exp\left(2\pi i\frac{nr\epsilon}{(2N+1)\,\epsilon}\right)$$

で定義すると、円周上に

$$u_n(x)=\frac{1}{\sqrt{L}}e^{2\pi in\frac{x}{L}} \tag{D.5}$$

という関数が与えられる。(D.3) 式は、この極限で

$$\psi_n=\int_{-L/2}^{L/2}u_n^*(x)\Psi(x)dx=\frac{1}{\sqrt{L}}\int_{-L/2}^{L/2}\Psi(x)e^{-2\pi in\frac{x}{L}}dx \tag{D.6}$$

という円周上の積分に置き換わる。この ψ_n を関数 $\Psi(x)$ の円周上のフーリエ変換と呼ぶ。一方 (D.4) 式からは

$$\Psi(x)=\sum_{n=-\infty}^{\infty}\psi_n u_n(x)=\frac{1}{\sqrt{L}}\sum_{n=-\infty}^{\infty}\psi_n e^{2\pi in\frac{x}{L}} \tag{D.7}$$

が導かれる。これを $\Psi(x+L)=\Psi(x)$ を満たす周期関数 $\Psi(x)$ のフーリエ級数と呼ぶ。

ここで (D.6) 式と (D.7) 式から周期 L の任意の周期関数 $\Psi(x)$ に対して

$$\Psi(x)=\int_{-L/2}^{L/2}\left(\frac{1}{L}\sum_{n=-\infty}^{\infty}\exp\left(2\pi in\frac{x-x'}{L}\right)\right)\Psi(x')dx' \tag{D.8}$$

という完全性の関係が成り立つ。これは一見

$$\frac{1}{L}\sum_{n=-\infty}^{\infty}\exp\left(2\pi in\frac{x-x'}{L}\right)\to\delta\left(x-x'\right) \tag{D.9}$$

とも読めそうだが、ここで注意が必要なのは、この左辺が x についての周期 L の周期関数であることである。したがってこの右辺も x についての周期 L の周期関数であるべきなので、正確には

$$\frac{1}{L}\sum_{n=-\infty}^{\infty}\exp\left(2\pi in\frac{x-x'}{L}\right)=\sum_{k=-\infty}^{\infty}\delta\left(x-x'+kL\right) \tag{D.10}$$

という関係になっている。

さらに $\Psi(x)$ が $x\to\pm\frac{L}{2}$ で急速に零へと減衰する関数ならば、$k=\frac{2\pi n}{L}$ と置いて (D.6) 式と (D.7) 式の無限大の円周極限 $(L\to\infty)$ を考えることができる。このとき $\Psi(x)$ は実数軸上の関数とみなせる。同様に $\sqrt{\frac{L}{2\pi}}\psi_n$ も $n=kL/(2\pi)$ から $-\infty<k<+\infty$ の実数軸上の関数 $\psi(k)$ とみなせ、(D.6) 式から

$$\psi(k)=\frac{1}{\sqrt{2\pi}}\int_{-\infty}^{\infty}\Psi(x)e^{-ikx}dx \tag{D.11}$$

という関係を得る。これは $\Psi(x)$ の**フーリエ変換** (Fourier transformation) と呼ばれる。また (D.7) 式はその逆フーリエ変換

$$\Psi(x)=\frac{1}{\sqrt{2\pi}}\int_{-\infty}^{\infty}\psi(k)e^{ikx}dk \tag{D.12}$$

を与える。この導出でわかるように、フーリエ変換と逆変換は一つのベクトル空間の基底を変えたときのベクトル成分の変換の関係式に過ぎない。基底の交換でも元々のベクトルの長さは変化しないので、

$$\int_{-\infty}^{\infty}\left|\Psi(x)\right|^2dx=\int_{-\infty}^{\infty}\left|\psi(k)\right|^2dk \tag{D.13}$$

も成り立っていることが確認できる。この証明は下で述べる (D.23) 式を用いてもできる。

D.2 デルタ関数

素早く減衰する滑らかな実軸上の任意関数 $f(x)$ に対して、次の性質を持つ $\delta(x)$ をディラックの**デルタ関数** (delta function) と呼ぶ。

$$\int_{-\infty}^{\infty} f(x)\delta(x-x_o)dx = f(x_o). \tag{D.14}$$

この $\delta(x)$ の素朴なイメージは、$x=0$ 以外では 0 であり、$x=0$ 近傍における積分が

$$\int_{-\infty}^{\infty} \delta(x)dx = 1 \tag{D.15}$$

となるように $x=0$ での値が発散しているというものである。(D.14) 式は超関数の意味で $f(x)\delta(x-x_o) = f(x_o)\delta(x-x_o)$ という表記もしばしば用いる。デルタ関数は

$$\Theta(x>0)=1,\ \Theta(x=0)=\frac{1}{2},\ \ \Theta(x<0)=0 \tag{D.16}$$

というヘビサイド階段関数の導関数としても書かれる。

$$\frac{d}{dx}\Theta(x) = \delta(x).$$

これは $\int_{-\infty}^{\infty} f(x)\frac{d}{dx}\Theta(x)dx = f(0)$ が部分積分を用いて示せるためである。$f^{(n)}(x)$ を $f(x)$ の n 階導関数とすると、

$$\int_{-\infty}^{\infty} f(x)\delta^{(n)}(x)dx = (-1)^n f^{(n)}(0) \tag{D.17}$$

という公式も成り立つ。また $x\delta(x)=0$ の両辺を微分すれば

$$-x\frac{d}{dx}\delta(x) = \delta(x) \tag{D.18}$$

という公式が得られる。またデルタ関数は普通の関数の極限形として表現することもできる。関数 $D(x)$ が $x\to\pm\infty$ で十分早く減衰し、かつ

$$\int_{-\infty}^{\infty} D(x)dx = 1 \tag{D.19}$$

を満たすならば、正数 ϵ を用いた

$$\lim_{\epsilon\to+0}\frac{1}{\epsilon}D\left(\frac{x}{\epsilon}\right) = \delta(x) \tag{D.20}$$

という関係も成り立つ。これは滑らかな任意の関数 $f(x)$ に対して

$$\lim_{\epsilon\to+0}\int_{-\infty}^{\infty} f(x)\frac{1}{\epsilon}D\left(\frac{x}{\epsilon}\right)dx = \lim_{\epsilon\to+0}\int_{-\infty}^{\infty} f(\epsilon y)D\left(y\right)dy$$

$$= f(0)\int_{-\infty}^{\infty} D\,(y)\,dy = f(0) \tag{D.21}$$

となるためである。ここで最初の変形では $y = \frac{x}{\epsilon}$ という積分変数を使った。

これ以外にも、振動型の関数の極限でデルタ関数を表すこともできる。例えば逆フーリエ変換 (D.12) 式にフーリエ変換 (D.11) 式を代入すると

$$\Psi(x) = \int_{-\infty}^{\infty}\left(\int_{-\infty}^{\infty}\frac{dk}{2\pi}e^{ik\left(x-x'\right)}\right)\Psi(x')dx' \tag{D.22}$$

が得られる。したがって

$$\frac{1}{2\pi}\int_{-\infty}^{\infty} e^{ik\left(x-x'\right)}dk = \delta(x-x') \tag{D.23}$$

という公式が証明される。そして (D.23) 式と

$$\lim_{\Lambda\to\infty}\int_{-\Lambda}^{\Lambda}\frac{dk}{2\pi}e^{ikx} = \lim_{\Lambda\to\infty}\left[\frac{e^{i\Lambda x}-e^{-i\Lambda x}}{2\pi i x}\right] = \lim_{\Lambda\to\infty}\frac{\sin\left(\Lambda x\right)}{\pi x} \tag{D.24}$$

から、

$$\lim_{\Lambda\to\infty}\frac{\sin\left(\Lambda x\right)}{\pi x} = \delta(x) \tag{D.25}$$

という公式も得られる。この極限をとる前の関数 $\frac{\sin(\Lambda x)}{\pi x}$ は $x=0$ 以外においてもその値は消えていないが、激しく零の周りを振動する関数になっている。この $\sin(\infty x)$ の振動のために、$x=0$ 以外の領域では積分において平均操作が生じてその寄与が互いに打ち消しあって消える構造になっている。

E 角運動量合成の例

$l=\frac{1}{2}, s=\frac{1}{2}$ の場合の角運動量合成は次のようになる。

$$|1,1\rangle\rangle = |1/2,1/2\rangle|1/2,1/2\rangle,\ \ |1,-1\rangle\rangle = |1/2,-1/2\rangle|1/2,-1/2\rangle. \tag{E.1}$$

$$|1,0\rangle\rangle = \frac{1}{\sqrt{2}}|1/2,-1/2\rangle|1/2,1/2\rangle + \frac{1}{\sqrt{2}}|1/2,1/2\rangle|1/2,-1/2\rangle. \tag{E.2}$$

$$|0,0\rangle\rangle = \frac{1}{\sqrt{2}}|1/2,-1/2\rangle|1/2,1/2\rangle - \frac{1}{\sqrt{2}}|1/2,1/2\rangle|1/2-1/2\rangle. \tag{E.3}$$

$l=1, s=\frac{1}{2}$ の場合の角運動量合成は次のようになる。

$$|3/2,3/2\rangle\rangle = |1,1\rangle|1/2,1/2\rangle, \quad |3/2,-1/2\rangle\rangle = |1,-1\rangle|1/2,-1/2\rangle. \tag{E.4}$$

$$|3/2,1/2\rangle\rangle = \sqrt{\frac{2}{3}}|1,0\rangle|1/2,1/2\rangle + \sqrt{\frac{1}{3}}|1,1\rangle|1/2,-1/2\rangle. \tag{E.5}$$

$$|3/2,-1/2\rangle\rangle = \sqrt{\frac{1}{3}}|1,-1\rangle|1/2,1/2\rangle + \sqrt{\frac{2}{3}}|1,0\rangle|1/2,-1/2\rangle. \tag{E.6}$$

$$|1/2,1/2\rangle\rangle = \sqrt{\frac{1}{3}}|1,0\rangle|1/2,1/2\rangle - \sqrt{\frac{2}{3}}|1,1\rangle|1/2,-1/2\rangle. \tag{E.7}$$

$$|1/2,-1/2\rangle\rangle = \sqrt{\frac{2}{3}}|1,-1\rangle|1/2,1/2\rangle - \sqrt{\frac{1}{3}}|1,0\rangle|1/2,-1/2\rangle. \tag{E.8}$$

F　ラプラス演算子の座標変換

平坦な D 次元空間での直交座標系 $\left(x^1,\cdots,x^D\right)$ の**ラプラス演算子** (Laplace operator) Δ を $(u^1,\cdots,u^D)$ という一般座標系で書くと

$$\Delta = \sum_{a=1}^{D}\left(\frac{\partial}{\partial x^a}\right)^2 = \sum_{\mu=1}^{D}\sum_{\nu=1}^{D}\frac{1}{\sqrt{g}}\frac{\partial}{\partial u^\mu}\left(\sqrt{g}g^{\mu\nu}\frac{\partial}{\partial u^\nu}\right) \tag{F.1}$$

となる。ここで $g_{\mu\nu}$ は

$$g_{\mu\nu} = \sum_a \frac{\partial x^a}{\partial u^\mu}\frac{\partial x^a}{\partial u^\nu} \tag{F.2}$$

で定義される計量テンソルである。また $g^{\mu\nu}$ は

$$g^{\mu\nu} = \sum_a \frac{\partial u^\mu}{\partial x^a}\frac{\partial u^\nu}{\partial x^a} \tag{F.3}$$

であり、$[g_{\mu\nu}]$ の逆行列の成分に一致しているため

$$\sum_\lambda g_{\mu\lambda}g^{\lambda\nu} = \delta_\mu^\nu, \ \sum_\lambda g^{\mu\lambda}g_{\lambda\nu} = \delta_\nu^\mu \tag{F.4}$$

が成り立つ。g は計量テンソルの行列式 $\det\left(g_{\mu\nu}\right)$ で定義される。(F.1) 式を下記で順を追って示していこう。まず微分の連鎖則から

$$\frac{\partial}{\partial u^\mu} = \sum_a \frac{\partial x^a}{\partial u^\mu} \frac{\partial}{\partial x^a} \tag{F.5}$$

という関係がある。これを (F.1) 式の右辺に代入すると

$$\sum_{\mu\nu} \frac{1}{\sqrt{g}} \frac{\partial}{\partial u^\mu} \left(\sqrt{g} g^{\mu\nu} \frac{\partial}{\partial u^\nu} \right) = \sum_{ab} \sum_\mu \frac{1}{\sqrt{g}} \frac{\partial x^a}{\partial u^\mu} \frac{\partial}{\partial x^a} \left(\sqrt{g} \left(\sum_\nu g^{\mu\nu} \frac{\partial x^b}{\partial u^\nu} \right) \frac{\partial}{\partial x^b} \right) \tag{F.6}$$

を得る。ここで右辺に

$$\sum_\nu g^{\mu\nu} \frac{\partial x^b}{\partial u^\nu} = \sum_a \frac{\partial u^\mu}{\partial x^a} \left(\sum_\nu \frac{\partial u^\nu}{\partial x^a} \frac{\partial x^b}{\partial u^\nu} \right) = \sum_a \frac{\partial u^\mu}{\partial x^a} \delta_{ab} = \frac{\partial u^\mu}{\partial x^b} \tag{F.7}$$

という関係を代入して

$$\sum_{\mu\nu} \frac{1}{\sqrt{g}} \frac{\partial}{\partial u^\mu} \left(\sqrt{g} g^{\mu\nu} \frac{\partial}{\partial u^\nu} \right) = \sum_{ab} \sum_\mu \frac{1}{\sqrt{g}} \frac{\partial x^a}{\partial u^\mu} \frac{\partial}{\partial x^a} \left(\sqrt{g} \frac{\partial u^\mu}{\partial x^b} \frac{\partial}{\partial x^b} \right) \tag{F.8}$$

とできる。さらに

$$\sum_\mu \frac{\partial x^a}{\partial u^\mu} \frac{\partial u^\mu}{\partial x^b} = \delta^a_b \tag{F.9}$$

を使いながら変形をすると

$$\begin{aligned} \sum_{\mu\nu} \frac{1}{\sqrt{g}} \frac{\partial}{\partial u^\mu} \left(\sqrt{g} g^{\mu\nu} \frac{\partial}{\partial u^\nu} \right) =& \sum_a \left(\frac{\partial}{\partial x^a} \right)^2 \\ &+ \sum_{ab} \sum_\mu \frac{1}{\sqrt{g}} \frac{\partial x^a}{\partial u^\mu} \left(\frac{\partial}{\partial x^a} \sqrt{g} \frac{\partial u^\mu}{\partial x^b} \right) \frac{\partial}{\partial x^b} \end{aligned} \tag{F.10}$$

となる。右辺第一項は直交系でのラプラス演算子に既になっているので、右辺第二項が消えることを以下では示そう。

$$\frac{\partial}{\partial x^a} \left(\sqrt{g} \frac{\partial u^\mu}{\partial x^b} \right) = \frac{\partial \sqrt{g}}{\partial x^a} \frac{\partial u^\mu}{\partial x^b} + \sqrt{g} \frac{\partial^2 u^\mu}{\partial x^a \partial x^b} \tag{F.11}$$

と

$$\frac{1}{\sqrt{g}} \frac{\partial \sqrt{g}}{\partial x^a} = \frac{\partial \ln \sqrt{g}}{\partial x^b} = -\frac{1}{2} \frac{\partial \ln \left(g^{-1} \right)}{\partial x^b} \tag{F.12}$$

を使えば

$$\sum_a \sum_\mu \frac{1}{\sqrt{g}} \frac{\partial x^a}{\partial u^\mu} \left(\frac{\partial}{\partial x^a} \sqrt{g} \frac{\partial u^\mu}{\partial x^b} \right) = -\frac{1}{2} \frac{\partial \ln \left(g^{-1} \right)}{\partial x^b} + \sum_a \sum_\mu \frac{\partial x^a}{\partial u^\mu} \frac{\partial^2 u^\mu}{\partial x^a \partial x^b} \tag{F.13}$$

という形まで変形できる。(B.60) 式で x^b の偏微分を考え、そして $\hat{A} = (g^{\mu\nu})$ と置き、$g^{-1} = \det (g^{\mu\nu})$ を使うと

$$\begin{aligned} \frac{\partial \ln \left(g^{-1} \right)}{\partial x^b} &= \sum_{\mu\nu} g_{\mu\nu} \frac{\partial g^{\nu\mu}}{\partial x^b} = \sum_{aa'} \sum_{\mu\nu} \frac{\partial x^a}{\partial u^\mu} \frac{\partial x^a}{\partial u^\nu} \frac{\partial}{\partial x^b} \left(\frac{\partial u^\nu}{\partial x^{a'}} \frac{\partial u^\mu}{\partial x^{a'}} \right) \\ &= 2 \sum_a \sum_\mu \frac{\partial x^a}{\partial u^\mu} \frac{\partial^2 u^\mu}{\partial x^a \partial x^b} \end{aligned} \tag{F.14}$$

という関係が成り立っているので、これを (F.13) 式右辺第一項に代入しよう。すると

$$\sum_a \sum_\mu \frac{1}{\sqrt{g}} \frac{\partial x^a}{\partial u^\mu} \left(\frac{\partial}{\partial x^a} \sqrt{g} \frac{\partial u^\mu}{\partial x^b} \right) = 0 \tag{F.15}$$

が示せて、(F.1) 式の証明は終わる。

例として円柱座標系 $x = r \cos \phi, y = r \sin \phi, z = z$ を考えると、その計量テンソルは

$$ds^2 = dx^2 + dy^2 + dz^2 = dr^2 + r^2 d\phi^2 + dz^2 \tag{F.16}$$

で定まる。するとラプラス演算子は

$$\frac{\partial^2}{\partial x^2} + \frac{\partial^2}{\partial y^2} + \frac{\partial^2}{\partial z^2} = \frac{1}{r} \frac{\partial}{\partial r} r \frac{\partial}{\partial r} + \frac{1}{r^2} \frac{\partial^2}{\partial \phi^2} + \frac{\partial^2}{\partial z^2} \tag{F.17}$$

と書けることがわかる。

なお (F.1) 式は $ds^2 = \sum_{\mu=1}^D \sum_{\nu=1}^D g_{\mu\nu}(x) dx^\mu dx^\nu$ という一般の計量で記述される

$$\Delta = \sum_{a=1}^D \nabla^a \nabla_a = \sum_{\mu=1}^D \sum_{\nu=1}^D \frac{1}{\sqrt{g}} \frac{\partial}{\partial u^\mu} \left(\sqrt{g} g^{\mu\nu} \frac{\partial}{\partial u^\nu} \right) \tag{F.18}$$

という曲がった空間のラプラス演算子に拡張できることが知られている。二次元単位球面上の計量は $ds^2 = d\theta^2 + \sin^2 \theta d\phi^2$ と書けるので、そのラプラス演算子は

$$\Delta_{\theta\phi} = \frac{1}{\sin \theta} \frac{\partial}{\partial \theta} \left(\sin \theta \frac{\partial}{\partial \theta} \right) + \frac{1}{\sin^2 \theta} \frac{\partial^2}{\partial \phi^2} \tag{F.19}$$

となる。

G.1 シュテルン＝ゲルラッハ実験を説明する隠れた変数の理論

銀原子などの二準位スピン系のシュテルン＝ゲルラッハ実験（SG 実験）では、z 軸の上向き状態に揃えられたスピンのビームを、z 軸から角度 θ だけ傾いた z' 軸方向の SG 装置に入射させることができる。SG 装置から出てくる上下二つの各ビーム中の粒子数を元の入射ビーム中の粒子数で割って得られる比を考え、実験を繰り返して全粒子数を非常に大きくすると、一つの粒子のスピンが z' 軸での上向き状態にある確率 $p_{+z'}(\theta)$ と、z' 軸での下向き状態にある確率 $p_{-z'}(\theta)$ が、小さな誤差の範囲で計測される。そして実験から

$$p_{+z'}(\theta) = \cos^2\left(\frac{\theta}{2}\right), \tag{G.1}$$

$$p_{-z'}(\theta) = \sin^2\left(\frac{\theta}{2}\right) \tag{G.2}$$

となることが判明している。以下ではこれを説明できる隠れた変数の理論を考えてみよう。

G.1.1 棒磁石モデル

スピンを持った粒子を、小さな棒磁石だと考えてみよう。そして棒磁石の方向を示す単位ベクトルを $\vec{d} = (d_x, d_y, d_z)$ としよう。棒磁石の磁気モーメント $\vec{\mu}$ は $\vec{d}$ に比例する。この $\vec{d}$ の d_x, d_y, d_z の各成分も隠れた変数の一部であり、一つの棒磁石に対して時刻毎にそれぞれは確定した値をとっているとする。棒磁石がビーム源から出たときに、各棒磁石の $\vec{d}$ はビーム源の熱揺らぎのせいでバラバラな値をとっている。最初に SG 装置の設置方向を z 軸方向とする。そこで入射直前の $\vec{d}$ の z 成分 d_z が正だったら、棒磁石は磁場から上向きの力を受けて装置の上方から出てくるとし、d_z が負の場合には、逆に下方から出てくると仮定してみよう。

しかしこれだけの仮定だけだと、磁気モーメントの z 成分である μ_z の値は入射してくる棒磁石の向きに応じて連続的に異なるため、$F_z = \mu_z \frac{dB}{dz}$ という外部磁場が棒磁石に及ぼす力も μ_z に応じて連続的に分布してしまう。するとビームも z 方向に連続的に散らばって装置から出てくるはずなので、ビーム幅

が絞られた二つの上下のビームだけが出てくる実験結果を説明できない。そのために、この棒磁石には我々がまだ知らない新しい力の法則が働いていて、それが μ_z の符号だけで決まる二つの細いビームに収斂させていると仮定しよう。棒磁石は未知のミクロな対象だから、そのくらいのことはあってもよいだろうと許容して、理論を考えてみよう。詳しく実験するとその謎の力のことも後でわかるだろうと、素朴に信じるのである。

さらに、この棒磁石には次の性質も仮定してみよう。未知ではあるが決定論的な、なんらかのミクロな機構のために、溶媒中のコロイド粒子が起こすブラウン運動のように装置中では棒磁石の $\vec{d}$ がふらふらと揺らぐ。一つ一つの棒磁石の $\vec{d}$ は時間とともに向きを変える。多数の棒磁石に対してある方向周辺を向いている棒磁石が何個見いだされるかという確率を用いて、この $\vec{d}$ の揺らぎは定量化される。ここで $\vec{d}$ が z 軸と成す角度を λ としよう。装置に入射するスピンの $\vec{d}$ の z 成分 d_z が正、つまり $0 \leq \lambda < \frac{\pi}{2}$ である棒磁石の集団の場合には、棒磁石が装置中にいる間に、ある平衡分布 $p_+(\lambda)$ に落ち着くとする。図 G.1 には $p_+(\lambda)$ の確率分布を濃淡で表した。また d_z が負である、つまり $\frac{\pi}{2} < \lambda \leq \pi$ である棒磁石の集団の場合には、平衡分布 $p_-(\lambda)$ に落ち着くとしよう。その後、装置からその棒磁石は出てくる。

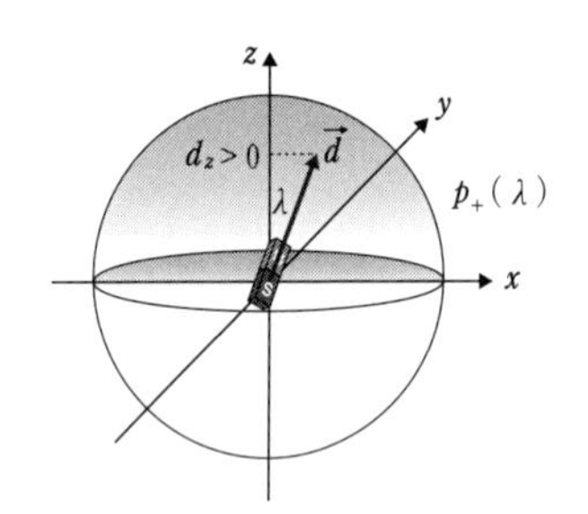

図 G.1 上向き状態における棒磁石の確率分布

この棒磁石は変わっており、$\frac{\pi}{2} < \lambda \leq \pi$ に対して $p_+(\lambda) = 0$ となる性質を持っているとしよう。この点がこのモデルの肝になる。このおかげで図 G.2 のように、$p_+(\lambda)$ で分布する z 軸方向上向き状態のスピンの棒磁石に対して、繰り返し z 軸方向のスピンを測定しても、100% の確率で上向き状態のスピンとして観測される。同様に $0 \leq \lambda < \frac{\pi}{2}$ に対しては $p_-(\lambda) = 0$ としよう。このた

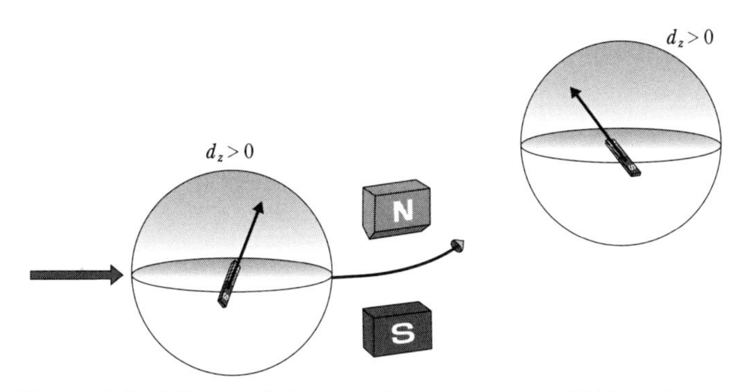

図 G.2 上向き状態にある棒磁石が SG 装置を通過すると必ず上側から出てくる

め、$p_-(\lambda)$ で分布する z 軸方向下向き状態のスピンの棒磁石に対して、繰り返し z 軸方向のスピンを測定しても、100% の確率で下向き状態のスピンとして観測される。

この棒磁石モデルは人為的に見える仮定をいくつか置いているが、以下で述べるように、なんとか先に述べた z 軸方向のスピン成分の連続測定の実験結果を正しく再現できるものにはなっている。変な量子力学を信じるくらいならば、少しはましな棒磁石という局所的な実在を信じたほうがよいという立場の理論である。

G.1.2 傾けた SG 装置に入射する棒磁石

この棒磁石モデルでは、$p_\pm(\lambda)$ をある具体的な関数に定めると、(G.1) 式と (G.2) 式の実験結果を再現することができる。図 G.3 のように、最初の SG 装置の上側に出てきた棒磁石を、角度 $-\theta$ だけ x 軸を中心に回転させた二番目の SG 装置を通過させる解析を行えばよい。二つ目の SG 装置は z' 軸方向を向いている。$\vec{d}$ の z' 軸の成分である $d_{z'}$ が正であった棒磁石には、二つ目の SG 装置の中で z' 軸に対して上方向に力がかかり、$d_{z'}$ が負ならば下方向の力がかかる。

G.1.3 棒磁石モデルにおける (G.1) 式と (G.2) 式の導出

ここでは上で述べた棒磁石のモデルが、(G.1) 式と (G.2) 式の結果を再現できることを確認しよう。まず $\vec{d}$ に対して図 G.4 のような球座標を導入して

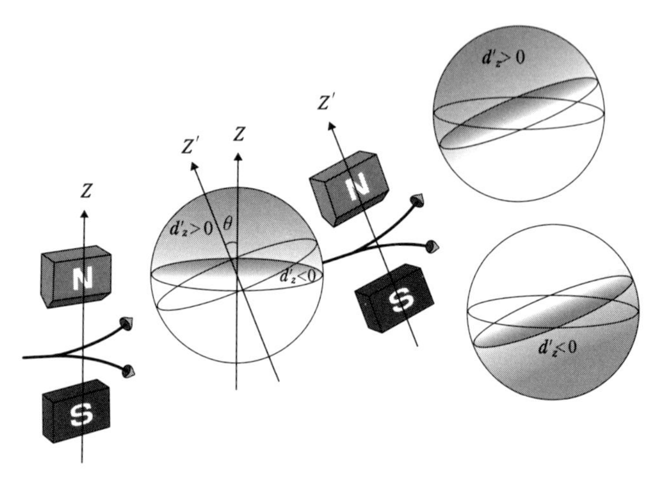

図 G.3 上向き状態の棒磁石が傾けた SG 装置を通過する場合

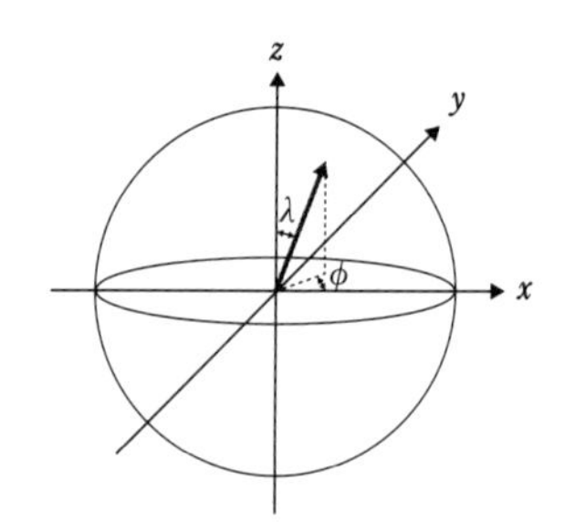

図 G.4 棒磁石の方向を示す球座標の角度

おく。

$$d_x = \sin\lambda\cos\phi, \tag{G.3}$$

$$d_y = \sin\lambda\sin\phi, \tag{G.4}$$

$$d_z = \cos\lambda. \tag{G.5}$$

λ は z 軸から $\vec{d}$ がどれだけ傾いているかという角度であり、$0 \leq \lambda \leq \pi$ の間の値をとる。ϕ は $\vec{d}$ を xy 平面に射影して得られるベクトルが x 軸と成す角度であり、$0 \leq \phi \leq 2\pi$ の間の値をとる。λ と ϕ は単位球面上の球座標とも見ることができ、その球面上での面積素は $dS = \sin\lambda d\lambda d\phi$ と計算され、球面全体の

積分は $\int dS = 4\pi$ で与えられる。

この球座標を用いて計算を行う。特に $p_+(\lambda)$ を

$$p_+\left(0 \leq \lambda \leq \frac{\pi}{2}\right) = \frac{1}{\pi}\cos\lambda, \tag{G.6}$$

$$p_+\left(\frac{\pi}{2} \leq \lambda \leq \pi\right) = 0 \tag{G.7}$$

とし、また $p_-(\lambda)$ を

$$p_-\left(0 \leq \lambda \leq \frac{\pi}{2}\right) = 0, \tag{G.8}$$

$$p_-\left(\frac{\pi}{2} \leq \lambda \leq \pi\right) = -\frac{1}{\pi}\cos\lambda \tag{G.9}$$

とすれば、(G.1) 式と (G.2) 式の結果は再現されることが、以下の手順でわかる。なおここで $\vec{d}$ について全球面上で積分すると 1 になるように、$p_\pm(\lambda)$ は規格化されている。

$$\int p_\pm(\lambda)\,dS = \int_0^{2\pi} d\phi \int_0^{\pi} d\lambda \sin\lambda p_\pm(\lambda) = 2\pi \int_0^{\pi} p_\pm(\lambda)\sin\lambda d\lambda = 1. \tag{G.10}$$

では (G.6) 式と (G.7) 式の確率分布を満たす棒磁石の集団を考えよう。二つ目の SG 装置を単位ベクトル $\vec{n} = (0, \sin\theta, \cos\theta)$ で指定される z' 軸方向に傾ける。このとき棒磁石の方向ベクトル $\vec{d} = (\sin\lambda\cos\phi, \sin\lambda\sin\phi, \cos\lambda)$ に対して

$$d_{z'} = \vec{n}\cdot\vec{d} = \sin\theta\sin\lambda\sin\phi + \cos\theta\cos\lambda \tag{G.11}$$

が正の場合には、その棒磁石は傾いた SG 装置の上方から出てくる。そして $d_{z'}$ が負の場合は下方から出てくる。下方に出てくる棒磁石の場合でも、最初の SG 装置の上方から出てきたビームを傾いた SG 装置へ入射しているので、入射直前の $\vec{d}$ の z 成分は正 $(d_z > 0)$ だった。そして二つ目の SG 装置に入射後は z' 方向下向きの力を受けているため、その z' 成分は負 $(d_{z'} < 0)$ となっている。したがって棒磁石が二つ目の SG 装置の下方から出てくる場合は、$d_z > 0$ と $d_{z'} < 0$ で指定される単位球面上の領域 $A(\theta)$ の中に棒磁石の $\vec{d}$ の先端が属している場合に対応している。図 G.5 で、その $A(\theta)$ の領域を図示している。この $A(\theta)$ の領域で $p_+(\lambda)$ を面積分すれば、棒磁石が下方に出てくる確率が計算されて、以降で見るように確かに (G.2) 式が再現されることが確認できる。

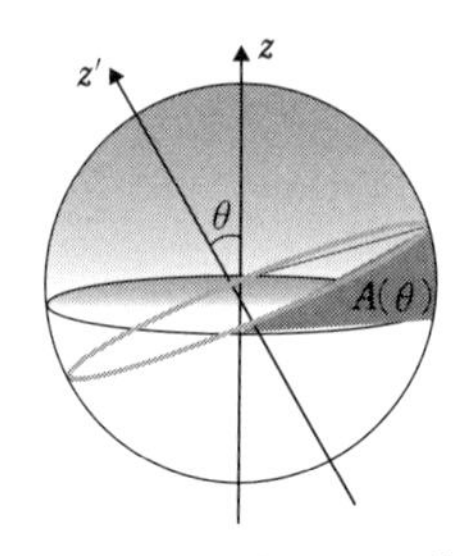

図 G.5 上向き状態の棒磁石が傾いた SG 装置を通過した後に、下側から出てくる確率を求める積分領域

そして $p_{+z'}(\theta) = 1 - p_{-z'}(\theta) = \cos^2\left(\frac{\theta}{2}\right)$ から (G.1) 式の結果も出てくる。

では実際に $p_{-z'}(\theta)$ を具体的に求めて、それが (G.2) 式と一致することを見てみよう。$0 \leq \theta \leq \pi/2$ を満たす θ に対して、$A(\theta)$ を λ, ϕ の変数で指定するために、$\vec{n}$ と直交する平面が単位球面と交差する曲線を考えよう。この曲線上の点 $\vec{d}$ は次の連立方程式を満たす。

$$d_x{}^2 + d_y{}^2 + d_z{}^2 = 1, \tag{G.12}$$

$$d_y \sin\theta + d_z \cos\theta = 0. \tag{G.13}$$

この曲線が領域 $A(\theta)$ の上側の境界を指定している。ここで (G.12) 式と (G.13) 式を使って d_y を消去すると

$$d_z = \sqrt{1 - d_x{}^2}\sin\theta \tag{G.14}$$

という関係を得る。(G.14) 式に (G.3) 式と (G.5) 式を代入して変形すると、上側の境界の曲線を表す関数 $\lambda = \lambda(\theta, \phi)$ が

$$\sin\lambda(\theta, \phi) = \sqrt{\frac{\cos^2\theta}{1 - \cos^2\phi\sin^2\theta}} \tag{G.15}$$

から計算される。また対応する $\cos\lambda(\theta, \phi)$ は

$$\cos\lambda(\theta, \phi) = \sin\theta\sqrt{\frac{\sin^2\phi}{1 - \cos^2\phi\sin^2\theta}} \tag{G.16}$$

と計算される。一方 $A(\theta)$ の下側の境界の曲線は $\lambda = \frac{1}{2}\pi, \pi \leq \phi \leq 2\pi$ で表さ

れる。さらに $u=\cos\lambda$ と積分変数を交換してやれば、これらから $p_{-z'}(\theta)$ は以下のように積分できる。

$$
\begin{aligned}
p_{-z'}(\theta) &= \int_{A(\theta)} p_{+}(\lambda)\, dS \\
&= \int_{\pi}^{2\pi} d\phi \int_{\lambda(\theta,\phi)}^{\frac{1}{2}\pi} \frac{1}{\pi}\cos\lambda \sin\lambda d\lambda \\
&= \frac{1}{\pi}\int_{\pi}^{2\pi} d\phi \int_{0}^{\cos\lambda(\theta,\phi)} udu \\
&= \frac{1}{2\pi}\int_{\pi}^{2\pi} \cos^2\lambda(\theta,\phi)\, d\phi. \qquad \text{(G.17)}
\end{aligned}
$$

さらに (G.16) 式を代入すると

$$
p_{-z'}(\theta) = \frac{\sin^2\theta}{2\pi}\int_{\pi}^{2\pi}\frac{\sin^2\phi}{1-\cos^2\phi\sin^2\theta}d\phi = \frac{\sin^2\theta}{2\pi}\int_{-\frac{\pi}{2}}^{\frac{\pi}{2}}\frac{\cos^2\phi'}{1-\sin^2\phi'\sin^2\theta}d\phi' \qquad \text{(G.18)}
$$

という式を得る。ここで第 2 式から第 3 式を出すときには、$\phi\to\phi'=\phi-\frac{3}{2}\pi$ という変数変換を行った。さらに $v=\tan\phi'$ および $v'=v\cos\theta$ という積分変数の変換を順次行い、

$$
\int_{-\infty}^{\infty}\frac{dv}{v^2+1} = [\arctan v]_{-\infty}^{\infty} = \pi \qquad \text{(G.19)}
$$

という定積分の結果を使うと

$$
\begin{aligned}
p_{-z'}(\theta) &= \frac{\sin^2\theta}{2\pi}\int_{-\infty}^{\infty}\frac{\frac{1}{v^2+1}}{1-\frac{v^2}{v^2+1}\sin^2\theta}\frac{dv}{v^2+1} \\
&= \frac{\sin^2\theta}{2\pi}\int_{-\infty}^{\infty}\frac{1}{(v^2+1)(v^2\cos^2\theta+1)}dv \\
&= \frac{1}{2\pi}\left(\int_{-\infty}^{\infty}\frac{dv}{v^2+1} - \int_{-\infty}^{\infty}\frac{\cos^2\theta dv}{v^2\cos^2\theta+1}\right) \\
&= \frac{1}{2\pi}\left(\int_{-\infty}^{\infty}\frac{dv}{v^2+1} - \cos\theta\int_{-\infty}^{\infty}\frac{dv'}{v'^2+1}\right) \\
&= \frac{1}{2\pi}(\pi-\pi\cos\theta) = \frac{1}{2}(1-\cos\theta) \\
&= \sin^2\left(\frac{\theta}{2}\right) \qquad \text{(G.20)}
\end{aligned}
$$

と積分されて、確かに (G.2) 式が導かれる。そして $p_{+z'}(\theta) = 1 - p_{-z'}(\theta) = \cos^2\left(\frac{\theta}{2}\right)$ から (G.1) 式も得られる。

ただもちろん他の隠れた変数の理論と同様に、この棒磁石モデルも以降で見るように二つのスピンに対する CHSH 不等式を満たすため、実験で否定をされている。

G.2 棒磁石モデルにおける CHSH 不等式

最後に、この棒磁石モデルでも CHSH 不等式が満たされることを確認しておこう。このモデルでは、二個の棒磁石の方向ベクトル

$$\overrightarrow{d_A} = (d_{xA}, d_{yA}, d_{zA}) = (\sin\theta_A \cos\phi_A, \sin\theta_A \sin\phi_A, \cos\theta_A), \tag{G.21}$$

$$\overrightarrow{d_B} = (d_{xB}, d_{yB}, d_{zB}) = (\sin\theta_B \cos\phi_B, \sin\theta_B \sin\phi_B, \cos\theta_B) \tag{G.22}$$

に関する確率分布 $p\left(\overrightarrow{d_A}, \overrightarrow{d_B}\right)$ を考えることができる。$p\left(\overrightarrow{d_A}, \overrightarrow{d_B}\right)$ は

$$\int dS_A \int dS_B p\left(\overrightarrow{d_A}, \overrightarrow{d_B}\right) = \int d\theta_A d\phi_A \sin\theta_A \int d\theta_B d\phi_B \sin\theta_B p\left(\overrightarrow{d_A}, \overrightarrow{d_B}\right) = 1 \tag{G.23}$$

を満たす非負の関数である。また SG 装置で読み出される各スピン成分は棒磁石の $\overrightarrow{d_A}$ と $\overrightarrow{d_B}$ の関数であり、ヘビサイドの階段関数

$$\Theta(x > 0) = 1, \Theta(x = 0) = \frac{1}{2}, \Theta(x < 0) = 0 \tag{G.24}$$

を使えば、それらは

$$\sigma_{zA}\left(\overrightarrow{d_A}\right) = (+1)\Theta(d_{zA}) + (-1)\Theta(-d_{zA}), \tag{G.25}$$

$$\sigma_{yA}\left(\overrightarrow{d_A}\right) = (+1)\Theta(d_{yA}) + (-1)\Theta(-d_{yA}), \tag{G.26}$$

$$\sigma_{z'B}\left(\overrightarrow{d_B}\right) = (+1)\Theta(d_{z'B}) + (-1)\Theta(-d_{z'B}), \tag{G.27}$$

$$\sigma_{y'B}\left(\overrightarrow{d_B}\right) = (+1)\Theta(d_{y'B}) + (-1)\Theta(-d_{y'B}) \tag{G.28}$$

という関係を満たす。ここで $d_{z'B}$ は z 軸から $+45°$ 傾いた z' 軸方向の $\overrightarrow{d_B}$ の

成分であり、$d_{y'B}$ は z 軸から $-45°$ 傾いた y' 軸方向の $\overrightarrow{d_B}$ の成分である。例えば (G.25) 式では、$d_{zA}>0$ ならば、$\Theta(d_{zA})=1$ および $\Theta(-d_{zA})=0$ から、$\sigma_{zA}\left(\overrightarrow{d_A}\right)=+1$ が確認できる。同様に $d_{zA}<0$ ならば、$\Theta(d_{zA})=0$ および $\Theta(-d_{zA})=1$ から、$\sigma_{zA}\left(\overrightarrow{d_A}\right)=-1$ が確認できる。CHSH 不等式の検証実験で測られるスピン A とスピン B の間の四つの相関量の期待値は、この棒磁石モデルでは (G.25) 式 ~(G.28) 式を使って、

$$\langle\sigma_{yA}\sigma_{y'B}\rangle=\int\sigma_{yA}\left(\overrightarrow{d_A}\right)\sigma_{y'B}\left(\overrightarrow{d_B}\right)p\left(\overrightarrow{d_A},\overrightarrow{d_B}\right)dS_AdS_B, \tag{G.29}$$

$$\langle\sigma_{yA}\sigma_{z'B}\rangle=\int\sigma_{yA}\left(\overrightarrow{d_A}\right)\sigma_{z'B}\left(\overrightarrow{d_B}\right)p\left(\overrightarrow{d_A},\overrightarrow{d_B}\right)dS_AdS_B, \tag{G.30}$$

$$\langle\sigma_{zA}\sigma_{y'B}\rangle=\int\sigma_{zA}\left(\overrightarrow{d_A}\right)\sigma_{y'B}\left(\overrightarrow{d_B}\right)p\left(\overrightarrow{d_A},\overrightarrow{d_B}\right)dS_AdS_B, \tag{G.31}$$

$$\langle\sigma_{zA}\sigma_{z'B}\rangle=\int\sigma_{zA}\left(\overrightarrow{d_A}\right)\sigma_{z'B}\left(\overrightarrow{d_B}\right)p\left(\overrightarrow{d_A},\overrightarrow{d_B}\right)dS_AdS_B \tag{G.32}$$

と定義される。ここで (1.6) 式の右辺に出てくる同時確率分布 $\Pr(\sigma_{yA},\sigma_{zA},\sigma_{y'B},\sigma_{z'B})$ は、この棒磁石モデルでは

$$\begin{aligned}&\Pr(\sigma_{yA}=+1,\sigma_{zA}=+1,\sigma_{y'B}=+1,\sigma_{z'B}=+1)\\&\quad=\int\Theta(d_{yA})\Theta(d_{zA})\Theta(d_{y'B})\Theta(d_{z'B})p\left(\overrightarrow{d_A},\overrightarrow{d_B}\right)dS_AdS_B,\end{aligned} \tag{G.33}$$

$$\begin{aligned}&\Pr(\sigma_{yA}=-1,\sigma_{zA}=+1,\sigma_{y'B}=+1,\sigma_{z'B}=+1)\\&\quad=\int\Theta(-d_{yA})\Theta(d_{zA})\Theta(d_{y'B})\Theta(d_{z'B})p\left(\overrightarrow{d_A},\overrightarrow{d_B}\right)dS_AdS_B\end{aligned} \tag{G.34}$$

などのように計算される。これは残りの $\Pr(\sigma_{yA},\sigma_{zA},\sigma_{y'B},\sigma_{z'B})$ の確率成分に関しても同様であり、

$$\begin{aligned}&\Pr(\sigma_{yA},\sigma_{zA},\sigma_{y'B},\sigma_{z'B})\\&=\int\Theta(\sigma_{yA}d_{yA})\Theta(\sigma_{zA}d_{zA})\Theta(\sigma_{y'B}d_{y'B})\Theta(\sigma_{z'B}d_{z'B})p\left(\overrightarrow{d_A},\overrightarrow{d_B}\right)dS_AdS_B\end{aligned} \tag{G.35}$$

とまとめられる。(G.29) 式 ~(G.32) 式の右辺に (G.25) 式 ~(G.28) 式を代入し、(G.35) 式を使って整理すれば、(G.29) 式 ~(G.32) 式の四つの量は

$$\langle \sigma_{sA}\sigma_{s'B}\rangle = \sum_{\sigma_{yA}=\pm 1}\sum_{\sigma_{zA}=\pm 1}\sum_{\sigma_{y'B}=\pm 1}\sum_{\sigma_{z'B}=\pm 1}\sigma_{sA}\sigma_{s'B}\,\mathrm{Pr}(\sigma_{yA},\sigma_{zA},\sigma_{y'B},\sigma_{z'B})$$

と書けることが示される。後は本編第 1 章の CHSH 不等式の証明が使えるため、この棒磁石モデルでも、CHSH 不等式を満たすことが証明された。そのためこの棒磁石モデルも実験で否定され、量子力学に軍配が上がっている。

BIBLIOGRAPHY

参考図書リスト

本書はこれまでの量子力学の教科書にはなかった構成をしてあるが、他の視点から量子力学を整理し理解することも、より深い理解に繋がると期待される。現在多数の量子力学の優れた教科書が出版されており、その全てを紹介することはできないが、その中から本書の参考にもなったいくつかの教科書を挙げておく。

[1] **J.J. Sakurai、J. Napolitano 著／桜井明夫訳『現代の量子力学〈上・下〉[第 2 版]』（物理学叢書）吉岡書店、2014–2015**
1985 年の初版刊行以来、世界中で読まれてきた名著。

[2] **清水明『新版 量子論の基礎』（新物理学ライブラリ）サイエンス社、2004**
サポートページ：https://as2.c.u-tokyo.ac.jp/lecture_note/qmbook.html
最初に量子力学の原理（公理）を与えて様々な結果を導くすっきりした論理で、定評のある名著。

[3] **前野昌弘『よくわかる量子力学』東京図書、2011**
サポートページ：http://irobutsu.a.la9.jp/mybook/ykwkrQM/
イメージをしやすいように図やグラフを多用しながら、量子力学を修得させる良書。本書や[2]のスタイルの教科書では分かった気になれなかった初学者にも推薦する。

[4] **崎田文二、吉川圭二『径路積分による多自由度の量子力学』（岩波オンデマンドブックス）岩波書店、2013**
本書では扱わなかった径路積分法に関する良い入門書。

[5] **並木美喜雄、位田正邦、豊田利幸、江沢洋、湯川秀樹『現代物理学の基礎 4 量子力学 II』（岩波オンデマンドブックス）岩波書店、2016**

[6] **新井朝雄『量子現象の数理』（朝倉物理学大系）朝倉書店、2006**
この[5]［6]の 2 冊は、量子力学で使う関数解析を数学的にも厳密に扱っている教科書。

[7] **猪木慶治、川合光『量子力学〈I・II〉』講談社、1994**
質の良い演習問題が多数含まれる良書。

[8] M.A. Nielsen and I.L. Chuang, *Quantum Computation and Quantum Information*, Cambridge University Press, 2000
現在も世界で愛読される量子情報科学の記念碑的な教科書。

[9] **石坂智、小川朋宏、河内亮周、木村元、林正人『量子情報科学入門』共立出版、2012**
量子計算や量子暗号など、量子情報理論の様々なテーマを網羅する良書。

[10] **堀田昌寛『量子情報と時空の物理 [第2版]』(SGC ライブラリ) サイエンス社、2019**
本書の延長線に位置づけられる、大学院生レベルの量子情報物理学の入門書。

INDEX 索引

● さ行 ●

● た行 ●

INDEX
索　引

著者紹介

堀田昌寛（ほったまさひろ）　博士（理学）

1993年　東北大学大学院理学研究科博士課程修了

現　在　東北大学大学院理学研究科 助教

NDC421　297p　21cm

入門（にゅうもん） 現代の量子力学（げんだいのりょうしりきがく） 量子情報・量子測定を中心として（りょうしじょうほう・りょうしそくていをちゅうしんとして）

2021年7月9日　第1刷発行
2024年5月24日　第8刷発行

著　者　堀田昌寛（ほったまさひろ）

発行者　森田浩章

発行所　株式会社　講談社

〒112-8001　東京都文京区音羽2-12-21
販売　(03)5395-4415
業務　(03)5395-3615

KODANSHA

編　集　株式会社　講談社サイエンティフィク
代表　堀越俊一
〒162-0825　東京都新宿区神楽坂2-14　ノービィビル
編集　(03)3235-3701

印刷所　株式会社ＫＰＳプロダクツ

製本所　大口製本印刷株式会社

落丁本・乱丁本は、購入書店名を明記のうえ、講談社業務宛にお送りください。送料小社負担にてお取替えします。なお、この本の内容についてのお問い合わせは、講談社サイエンティフィク宛にお願いいたします。定価はカバーに表示してあります。

Printed in Japan

ISBN978-4-06-523923-0